中国古建筑文化集锦

朱涛 编著

中国建筑工业出版社

图书在版编目（CIP）数据

中国古建筑文化集锦/朱涛编著. —北京：中国建筑工业出版社，2018.10
ISBN 978-7-112-22536-1

Ⅰ.①中… Ⅱ.①朱… Ⅲ.①古建筑-文化-中国 Ⅳ.①TU-092

中国版本图书馆 CIP 数据核字（2018）第 182317 号

　　本书分 3 章，主要内容有：古代建筑文化略序、我国古代建筑内涵、我国古建筑技术等。本书全面介绍了中国古建筑的特点和风格，让广大读者通过建筑的表面现象，了解到中国古建筑的事物本质，即历史成因、文化内涵、艺术价值、建造工艺、各地特色等文化蕴涵。以增强我们中华民族文化自信力，进而探索我们祖先留给后人丰富而又博大的建筑文明的精妙之处。本书以个人的视觉编排目录和内容，强调其文化性、可读性、实用性。

　　本书可供从事古建筑工作的相关人员使用，也可供广大古建筑爱好者参考使用。

责任编辑：胡明安
责任校对：姜小莲

中国古建筑文化集锦

朱涛　编著

*

中国建筑工业出版社出版、发行（北京海淀三里河路9号）
各地新华书店、建筑书店经销
北京光大印艺文化发展有限公司制版
北京京华铭诚工贸有限公司印刷

*

开本：787×1092毫米　1/16　印张：16　字数：330千字
2018年10月第一版　2018年10月第一次印刷
定价：60.00元
ISBN 978-7-112-22536-1
　　　（32619）

前言
PREFACE

　　我国是一个幅员辽阔、历史悠久的多民族国家。我国古代建筑文化在世界历史文化中占有重要的地位，有着极其辉煌的成就。我们祖先在上古时期，就开始用木材和泥土建造居所。以土和木作为我国古代主要建筑材料在我国已经有七千多年的历史了，并且形成了独特的建筑体系。这个体系从个体建筑发展到城镇布局，最后演化成为具有中国特色的建筑风格和形式。早在旧石器时代，我国原始人类居住在岩洞里。到了新石器时代，黄河中游的氏族部落开始穴居，并且逐步利用黄土层为墙壁，用木构架、草泥搭造半穴居所。在长江流域以南，因为潮湿多雨，常有水患兽害，所以那里的先民开始构木为巢了，后来发展为干栏式建筑。据考古发现，大约距今六、七千年前，浙江余姚河姆渡古人就用木材、榫卯构建房屋。同时期，在黄河流域则出现了原始聚落，如西安半坡遗址、临潼姜寨遗址等。这些聚落开始有了平面分区，房屋有圆形、方形、吕字形等，是中国古建筑的初始阶段。我国在夏、商、周时期许多地方都营造了都邑，那时的夯土技术已广泛地应用于筑墙造台的建筑上面了，如河南偃师二里头商都城遗址，就有长、宽均为百米的夯土台，台上建有八开间的殿堂，周围有回廊。另外，木构架技术较之先前的原始社会也有了很大的提高，出现了斧、刀、锯、凿、钻、铲等加工木构件的工具。西周时兴建的丰京、镐京和洛阳的王城、成周，以及进入春秋战国时候，各诸侯国营造的都城，

都开始以宫殿为中心布置城池。当房屋建在夯土台上以后，木构架就成为其主要的结构方式，陶瓦也在坡屋顶上开始使用了，而且木构架上的装饰和彩绘也多了起来，这标志着中国古代建筑已经具备了雏形。到了公元前 221 年，秦始皇并了六国以后，建立了中央集权帝国，并且北筑长城，在陕西咸阳修筑都城、宫殿、陵墓等。今天我们从秦始皇兵马俑列队埋坑，就可以看出当时的工程宏伟浩大。汉代继承了秦朝建筑传统，特别是汉武帝刘彻先后五次大规模修筑长城，开拓了通往西亚的丝绸之路，还兴建了长安城内的桂宫、光明宫和西南郊的建章宫、上林苑，促进了我国古建筑的发展。到了西汉末年，汉王朝虽然由盛转衰，但仍在长安南郊建造了明堂、辟雍。东汉光武帝刘秀在东周都城故址，营建了洛阳城及其宫殿，建筑结构主体是木构架，并且趋于成熟，重要的建筑物普遍使用斗栱了。屋顶形式开始多样化，庑殿、歇山、悬山、攒尖、囤顶均已出现，有的还被广泛的采用。砖、瓦建筑材料的使用，导致建筑有了较大的发展。两晋、南北朝时期，我国历史上出现了又一次民族大融合。也在这时期，我国传统建筑形式开始受佛教影响。据记载：仅北魏时就建有佛寺三万多所，当时洛阳就建有一千三百六十七寺。南朝都城建康也建有佛寺五百多所，不少地区还开凿了石窟寺雕造佛像。重要石窟寺有大同云冈石窟、敦煌莫高窟、天水麦积山石窟、洛阳龙门石窟、太原天龙山石窟、南响堂山和北响堂山石窟等。这一时期，我国建筑融进了许多来自印度（天竺）、西亚的建筑形制和风格。隋唐时，我国建筑继承了前代的成就，但融合了外来影响，形成了独立而又完整的建筑体系，也把我国古代建筑推到了成熟阶段，并影响朝鲜、日本等周边国家的建筑风格。隋朝在建筑上颇有作为，它修建了都城大兴城（唐代长安城），营造了东都洛阳，经营了长江下游的江都（扬州），开凿连通了南起余杭（杭州）、北达涿郡（北京）、东始江都（扬州西南）、西抵长安（西安）的长约 2500km 的大运河。还动用百万人力，修筑万里长城。隋炀帝大业年间（605～618 年），名匠李春在现今河北赵县修建了一座世界上最早的敞肩券大石桥安济桥。唐代，经济繁荣、国力强盛、疆域远拓。在首都长安与东都洛阳继续修建规模巨大的宫殿、苑囿、官署。在全国各地也都出现了许多著名的地方城、商业和手工业城，如广陵（扬州）、泉州、洪州（南昌）、明州（宁波）、益州（成都）、幽州（北京）、荆州（江陵）、广州等。唐代佛教文化也达到了鼎盛阶段，至今还保留着唐代五台山佛光寺大殿、南禅寺佛殿、西安慈恩寺大雁塔、荐福寺小雁塔、兴教寺玄奘塔、大理千寻塔，以及一些石窟寺等。此期间，我国建筑技术有了新的发展，朝廷制定了营缮的法令，设置有掌握绳墨、绘制图样和管理营造的官员。从晚唐以后，我国进入了三百多年的分裂战乱时期，先是梁、唐、晋、汉、周五个朝代的更替和十个地方政权的割据，接着又是宋与辽、金南北对峙，致使我国社会经济遭到巨大的破坏，建筑也从唐代的高峰上跌落下来，再没有出现像长安城那么大规模的都城与宫殿了。但是，由于商业、手工业的发展，城市逐渐由前代的里坊制演变为临街设店、按行成街的布局。在建筑方面，自北宋起一改唐代宏大雄浑的气势，而向细腻、纤巧方面发展，建筑装饰也更加讲究了。北宋崇宁二年（1103年），朝廷颁布并刊行了《营造法式》，这是一部有关建筑设计和施工的规范书，是一部完善的建筑技术专著。颁刊的目的是为了加强对宫殿、寺庙、官署、府第等官式建筑的规范和管理，书中总结历代以来建筑技术的经验，制定了"以材为祖"的建筑模数制，宋《营造法式》规定，以"材"作为房屋营造尺度和标准，将建筑的用料尺寸分为八等，按屋宇的大小、主次量身用材，"材"一经选定，木构架部件的尺寸都整套按规定而来，设计施工方便，供料估算也有统一的标准。这部书的颁行，反映出中国古代建筑到了宋代，在工程技术与施工管理方面达到了新的水平。元、明、清三朝达六百多年，元代营建大都和宫殿，明代营造南、北两京和宫殿，在建筑布局方面较之宋代更为成熟。明清时期皇帝和王公大臣、商贾富豪、地主豪绅都大兴苑囿与私家园林，掀起了中国历史上造园的高潮。同时，清代喇嘛教建筑也在蒙、藏、甘、青等地广泛建造，仅承德一地就建有十一座喇嘛庙。明清两朝的帝陵也比较多，如北京十三陵、清东西陵，这些建筑与江南的园林和遍及全国的佛教寺塔、道教宫观以及各地民居、城垣建筑等等，构成了中国古代建筑留存至今的主要篇章。中华民国也是我国历史上大动荡大转变的时期，在特定的历史时期中，建筑所展现的风格也各不相同。一般认为，民国建筑大部分为砖混结构，这种结构是指建筑物中竖向承重结构的墙、附壁柱等采

用砖砌体，大城市中的柱、梁、楼板、屋面板等开始采用钢筋混凝土结构，这样的结构延伸了建筑的使用空间，相比古建筑土木结构更具有承载力大、建筑空间灵活、安全耐久等优点。

从以上略述中我们可以大概地了解到，我国古建筑的起源和发展脉络。常言道：知其然，知其所以然。借此观点，说明我们对中国古建筑既要知道它的形制和做法，但更要知道它为什么是这样的初衷。本书力争全面介绍中国古建筑的特点和风格以后，让广大读者透过建筑的表面现象了解到中国古建筑的事物本质，即历史成因、文化内涵、艺术价值、建造工艺、各地特色等文化蕴涵，达到然也！目的，就是要点燃起当代人对中国古建筑的关注热情，以增强我们中华民族文化自信力，进而探索我们祖先留给后人的丰富而又博大的建筑文明的精妙之处。在此基础上，我们继承传统，开创未来，走出一条具有中国特色的现代化建筑之路！本书整理、借鉴了我国大量的古籍文献、文章图片，以及各地历史沿革、民间故事和民族风俗等遗存，本着历史唯物主义和辩证唯物主义的观点，探讨不同历史时期，不同地域的古建初衷。

本书力争突出其文化性、可读性、实用性，让大家在阅读之余，记住我们祖辈留传下来的建筑文化是何等辉煌，要将其流传下去！在此，对本书所有引用的史料、书籍、文章、图片知名的和不知名的作者，以及我们所有的建筑前辈和同仁们的贡献，表示最崇高的敬意！我自幼受家父（朱学武）建筑设计的影响和熏陶，逐渐地认识了建筑，后来又经过组织培养以及不断的学习和设计实践，体会到一些我国古建筑的博大与精深，特萌发收集、整理我国古建筑文化的想法，现已成书与同行和爱好者们交流学习。由于本人学识浅薄、而且能力有限，书中不当之处甚至谬误难免，敬请各位前辈、老师、同仁、读者批评指正！

2018 年 7 月 7 日朱涛撰写于广西南宁

第 2 章　我国古代建筑内涵

第 ③ 章 我国古建筑技术

第1章
古代建筑文化略序

1.1 我国原始居所演化

1.1.1 旧石器的洞穴遗址

在我国境内的旧石器时代（距今约1万年以前），原始人类曾利用天然洞穴作为居所。如北京人遗址山顶洞（图1.1-1），它展示了世界上最丰富、最系统、最有价值的旧石器早期的人类遗址，因为在龙骨山顶部的山顶洞发现而得名。考古发现，旧石器的原始人群居住的洞穴都靠近水源，而且在洞口处集中居住，洞口标高较高，洞口较干燥，洞口背风。广西桂林甑皮岩遗址（图1.1-2、图1.1-3），也具有北京人遗址山顶洞的特征，它是华南乃至东南亚地区新石器早期时代洞穴遗址的典型代表，遗址年代距今7000～12000年，经过历次考古发掘，出土了石器、陶器、骨器、蚌器、角器等遗物及大量的动植物遗存。

图1.1-1　北京房山周口店龙骨山遗址　　　　图1.1-2　桂林甑皮岩洞穴遗址外景

图1.1-3　桂林甑皮岩洞穴遗址内景

1.1.2 新石器的居所演化

大约从距今1万年前开始的新石器时代。在我国北方黄河中游的氏族部落，开始在土穴上用木架和草泥建造简单的穴居和浅穴居。后来逐步发展为地面上的房屋，并且形成了聚落。在我国南方，巢居逐步发展成为木柱架空的干阑建筑。从新石器时代仰韶文化的西安半坡遗址、临潼姜寨遗址等可以看到当时的聚居点雏形，半坡遗址中显然已能分出居住、烧制陶器、墓葬等区域范围（图1.1-4）。在原始社会期间，中国土木建筑的特点就已经开始萌芽了。半坡遗址中许多小房子全都以一个大房子为中心，这种原始社会的生活方式，竟然如此长久地遗传下来，后来发展成为我国建筑群布局的主要特征。我们祖先从掘地为穴、构木为

图1.1-4　西安半坡遗址

巢开始，逐步走向地面。后来出现的竖穴和地面住所，如蜂巢屋（石块砌成，密集似蜂巢），树枝棚（用树枝搭成穹窿形，有的在外面再抹泥土），帐篷（用树枝和兽皮搭成）等。发现渔猎者多住洞穴，畜牧者多宿帐篷，农耕者多居草屋的特点。我们从中可以看出，中国原始社会的居所也是不断发展演变而来的（图1.1-5、图1.1-6）。

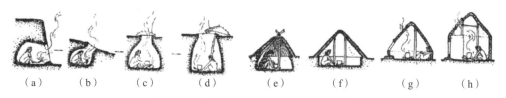

（a）　　　（b）　　　（c）　　　（d）　　　（e）　　　（f）　　　（g）　　　（h）

图1.1-5　穴居到地面房屋演变系列图片

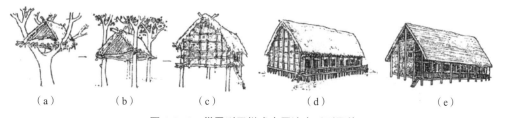

（a）　　　　　（b）　　　　　（c）　　　　　（d）　　　　　（e）

图1.1-6　巢居到干栏式房屋演变系列图片

1.1.3　我国古代居所记载

我国古代居所建筑始于新石器时代，由三支古代居所文化构成：第一支中原古文化：仰韶文化、龙山文化；第二支南方古文化：河姆渡文化、三星堆文化、甑皮岩遗址文化等；第三支北方古文化：红山文化。古文献记述有关居所的居住方式：（1）《易·系辞下》："上古穴居而野处，后世圣人易之以宫室。"（2）《韩非子·五蠹》："上古之世，人民少而禽兽众，人民不胜禽兽虫蛇。有圣人作，构木为巢以避群害，而民悦之，使王天下，号曰有巢氏"。（3）《礼记·礼运》"昔者先王．未有宫室，冬则居营窟，夏则居橧巢"。（4）《孟子·滕文公》"下者为巢．上者为营窟"。（5）《晏子春秋·谏下》"其不为橧巢者，以避风也；其不为窟穴者"。"巢居"是指古人在树上用树枝搭架而居，因类似飞禽动物的筑巢故称"巢居"（图1.1-7）。巢

居发生在我国南方，它适应南方气候环境特点：一是离开湿地有利于通风散热；二是离开地面一般野兽不易侵袭；三是便于就地取材、就地建造等。

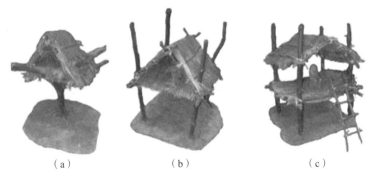

图 1.1-7　巢居演化形式图

（a）单株巢居；（b）多株巢居；（c）干阑式建筑

　　"巢居"是我们祖先在适应环境上的创造，从云南沧源巢居岩画可以看到 2000 多年前的巢居图案（图 1.1-8）。巢居发展到干栏式建筑，除河姆渡遗存以外，南方各地考古也都发现到类似的文化现象，如桂林甑皮岩干栏纹陶片（图 1.1-9）。庵棚也是远古人类巢居形式的遗留。在河南民间当今庵棚形式还在流传，庵棚一般有两种：一种是用木柱子搭起一个半人高的平台，上边架起棚子，叫棚架（图 1.1-10）。另一种是以木棍搭成两个"人"字形，中间架一横木，斜放几根椽子，上边覆以麦草或稻草，叫庵子（图 1.1-11）。

图 1.1-8　云南沧源巢居岩画

图 1.1-9　桂林甑皮岩干栏纹陶片

图 1.1-10　棚架

图 1.1-11　庵子

　　穴居是我国北方先民的主要居住形式，穴居从竖穴，横穴逐步发展到半地穴，随后又被木骨泥墙房屋所代替。在生产力水平低下的状况下，天然洞穴显然是人类原始的"居家"，但它受自然条件的限制还不能满足人类的需要，后来人工洞穴取代了天然洞穴，这样就更加适应人类的生存活动了。我国黄河流域有着广阔深厚的黄土层，土质均匀，含有石灰质，有壁立不倒的特点，便于挖洞穴，黄河流域的古人类就利用这种条件挖地穴居住。到了原始社会晚期，人们开始在竖穴上覆盖草顶，成为这一区域氏族部落广泛采用的一种居住方式。现在山西还有"地坑式"窑洞遗址，即先在地面上挖出下沉式天井院，再在院壁上横向挖出窑洞，这种形式至今在黄土地区仍被广泛的应用。随着原始人营造经验的不断积累和技术提高，穴居从地穴逐步发展到半穴居，最后又被地面泥土墙房屋所代替（图1.1-12）。正是由于我国原始社会的"巢居"、"穴居"不断地发展演化，才有以后我们中华民族建筑的璀璨史诗。历史证明，建筑的演化和发展，当初都是从最本质的生存需求出发的，后来随着社会、经济、文化、技术的进步，使建筑进一步拓展了内涵，达到了物质与精神的融合与统一。

（a） （b） （c）

图 1.1-12 穴居演化形式图
（a）地穴；（b）半地穴；（c）木骨泥墙房屋

1.1.4 原始建筑文化雏形

原始社会是人类社会发展的第一阶段，还没有发现世界上有哪个民族没有经历过原始社会。人类的出现，原始社会也就产生了，由于原始社会生产力低下，所有生产资料都是共有的。随着生产力水平的逐步提高，出现了贫富分化和私有制，原先的共同分配和共同劳动的关系被破坏了，产生了阶级社会。在建筑方面，原始人类为了避风挡雨、防备虫蛇猛兽侵害，所以早期都是住在山洞里，土穴中或树桠上。后来经过不断地演化，古人类才开始在地面上营造房屋、燧木取火、烤制食物等。

据考古发现，我国彩陶最早于1912年在河南渑池仰韶村新石器时代文化遗址中发现，距今大约7000年左右。彩陶图案有大量的几何形纹饰，像今天的渔网、水涡、树叶等图案。经过有关专家学者研究认为：这种图案是原始人内心音乐涌动和视觉理解。当时人们开始把自身体验到的运动、均衡、重复、强弱等节奏感用画笔表现出来，这无疑是神奇的创造。彩陶中的动植物形态一般都用几何形把它概括出来达到图画的状态，双耳四系旋涡纹彩陶罐显示的彩陶艺术，具有写心写意、形神兼备的高超水平（图1.1-13）。

图 1.1-13 双耳四系旋涡纹彩陶罐从甘肃永靖出土距今约 4000～5000 年

新石器时代，人们已经开始在墙面上刻画圆形等各种几何图案用来装饰，地面大多经过夯实、火烤，形成一个光滑平整并有防潮作用的硬土层。后期他们开始使用石灰在墙面和地面上铺刷石灰面层。我国古代历史中有许多远古的传说，"有巢氏"构木为巢，"燧人氏"钻木取火，"伏羲氏"演八卦并且驯服野生动物，"神农氏"尝百草发现可食植物和治病的药材。以后又有黄帝、颛顼、帝喾、尧、舜帝王，其实我国上古还有九黎部落首领蚩尤。九黎是我国远古时期一个部落联盟，居住在黄河中下游以及长江流域一带，蚩尤是他们的大酋长。传说：蚩尤是炎帝姜黎后代，以父姓为氏，故姓黎。蚩尤同母弟八人，连同他自己共九人，故称九黎。《史记正义》"孔安国曰，九黎之君曰蚩尤。"轩辕黄帝联合炎帝部落与蚩尤大战于逐鹿，后蚩尤战败南下与土著苗蛮部落杂居融合在一起。因此，南方苗瑶民族称蚩尤为他们的祖先。距今 5000 ~ 7000 年前龙虬文化，属于中国新石器时代早期的文化。龙虬文化内涵被认为是江淮地区东部同时期文化的典型，它产生了稻作农业，发现了甲骨文系统的古文字，发现大量精细加工的骨角器。居住遗迹发现有两种，一是干阑式建筑，一是地面建筑。地面建筑发现有墙基、柱洞和铺垫一层蚌壳的居住面。发现了泥质黑陶，发现了 7 座男女合葬墓。距今 7800 ~ 8200 年左右，彭头山遗址位于湖南省澧县澧阳平原中部，是长江流域最早的新石器时代文化，年代距今约7800 ~ 8200 年。后李文化遗址位于山东省淄博市临淄区齐陵街道后李官村西北约500m 处，中国古车博物馆坐落在后李文化遗址上，是当代中国首家最系统、最完整、以车马遗址与文物陈列融为一体的古车博物馆。还有很多就不一一表述。从上述我国原始文化的产生和发展过程可以看出，人类的起源是多元一体的，而且每一次进步都伴随着文化的丰富和文明的进步。这无论从考古发现和古代文献记载中都得到了证明。有趣的是，我国新石器文化已由多元区域的发展逐步内向融合，汇聚成以华夏文化为核心的中华文明。

1.2　夏商周时期的建筑

夏、商、周建筑方面的发展，也是从小到大不断完善的过程。夏（公元前2070 ~ 公元前 1600 年）当时的建筑主要是城、宫殿、高台建筑。商代（公元前1600 ~ 公元前 1046 年）建筑是在夏的基础上进一步发展的，主要是城郭、宫殿、陵墓、囿方面的发展。青铜器出现在原始社会末期，发展于夏、繁荣于商、丰富于西周。我国文字起源很早，很多学者认为，原始陶器上的刻画符号就是原始的文字，甲骨文开始出现在河南安阳殷墟，后来在陕西、山东等地也出土了大量商代和西周甲骨文。西周（公元前 1046 ~ 公元前 771 年）有了城市、宫殿、宗庙、住宅，有了瓦、陶土管、斗栱，有了土木结构，有了庭院、中轴线、夯土台阶和中央与四方的等级观念。东周（公元前 770 年 ~ 公元前 256 年），是继西周之后的朝代。东周的前半期，诸侯争相称霸，称为春秋时代；东周的后半期，周天子名存实亡，各诸侯相互征伐，称为战国时代。

1.2.1 夏代建筑茅茨土阶

河南偃师二里头宫殿遗址，东西 108m、南北 100m，东北部折进一角，有 0.4 ~ 0.8m 高的夯土台，封闭庭院。《考工记》和《韩非子》都记载先商宫殿是"茅茨土阶"，复原推测图显示（图 1.2-1、图 1.2-2），可能是重檐无殿草顶、平坦庭院、南正中有大门，围绕殿堂和庭院的四周是回廊建筑，东北部折进有门址一处。"茅茨土阶"是我国古代建筑构造形式，茅茨即茅草盖顶，土阶为素土夯实形成的高台和梯阶。宫殿房间布局由堂、大堂、室、夹（在宫殿两端角部房间）、旁房间组成。

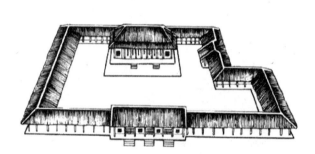

图 1.2-1 河南偃师二里头 1 号宫殿遗址复原鸟瞰图

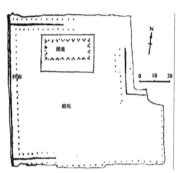

图 1.2-2 河南偃师二里头宫殿 1 号遗址布局图

河南偃师二里头 2 号宫殿遗址复原图（图 1.2-3），也说明我国传统院落格局那时就已经开始形成。偃师二里头 2 号宫殿遗址挖掘时，在殿堂南面的庭院还发现地下排水管道，围绕殿堂和庭院有墙、东廊、西廊，南面有廊和大门，大门中间是门道，两侧为塾。这种由殿堂、庭院、廊庑和大门组成的宫殿建筑格局对我国后世影响很大。王城岗及阳城遗址在河南省登封市告成镇附近。王城岗为龙山文化晚期城址（图 1.2-4、图 1.2-5），阳城为东周城址。王城岗城址经碳十四测定约为公元前 2070 年左右，

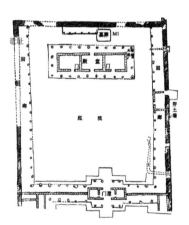

图 1.2-3 偃师二里头 2 号遗址

其年代属夏代初期，其地望（地理位置）在夏代阳城范围之内，与文献《古本竹书纪年》记载"禹居阳城"相符。城址略呈正方形，周长约 400m，城墙基槽夯筑方法也很原始，为卵石夯具夯筑。

图 1.2-4　王城岗城址基槽夯筑

图 1.2-5　王城岗遗址标牌

1.2.2　商代城池殷墟遗存

在商朝五百多年的时间里曾多次迁都，但大部分都城都在河南境内。在河南的安阳市发现了殷墟（图1.2-6），其他地方也发现商朝文化遗存。商朝最早的国都在亳（亳音伯，即今河南商丘），在以后三百年里，共迁都五次，到商朝第二十位国君盘庚从"奄 yǎn"（今山东曲阜）迁至"殷"（今安阳小屯），直至商朝灭亡。

图 1.2-6　河南安阳市殷墟遗址

后人称这段历史为殷朝，此地也称殷都。殷都被西周废弃之后，逐渐沦为废都，故称殷墟。安阳的殷墟遗址于20世纪上半叶被发现后，殷墟出土的甲骨文几乎完全印证了司马迁《史记》中所记载的商王世系，殷墟发掘也印证了中国商王朝的存在。殷墟是中国历史上第一个文献可考、为考古学和甲骨文所证实的都城遗址。1950年由考古学家韩维周发现郑州商城（图1.2-7），后该城墙遗址被确定为商代城市，考古发现城内有宫殿、宗庙，城外有作坊、住宅，说明商城有了功能划分的格局，距今约3600年。北城墙长约1690m，西墙长约1870m，南墙和东墙长度为1700m周长近7km。是我国最早城市遗址。

郑州商城城墙是采取版筑技术（图1.2-8）。版筑法在龙山时代就出现了，版筑施工须先立挡土板，两侧的挡土板名榦（gàn），又名栽；前端的挡土版名桢，在汉代又名楄（yú）。为防止挡土版移动，须在版外立椿（zhuāng），并绕过椿用绳将版缚紧。此绳名缩。将桢、榦等物缚植完毕，即可填土打夯。打夯的动作名筑，打夯的工具为夯杵、夯头，夯杵多为木制，夯头有石质、铁质。夯完后，砍断缩绳，拆去墙板，这道工序称为斩板。夯筑高墙时，须搭脚手架，要在夯层中安置插竿。施工完毕，拆去脚手架，压在夯土中的插竿还能起到加固作用。汉代也有用土坯砌墙之法，土坯墙不及版筑牢固，故常与版筑法互相补充混合使用。

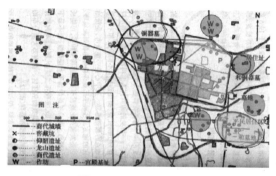

图 1.2-7　郑州商城遗址

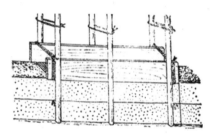

图 1.2-8　郑州商城遗址城墙采取版筑技术

湖北黄陂（bēi）盘龙湖畔盘龙城遗址是一处古代南方商代城址，年代大约为商代前期或称早商、汤商时期，属于距今 3800 年的殷商盘龙城文化。内城总面积约 75400m²（图 1.2-9）。城址南北长 290m，东西宽 260m，周长 1100m（图 1.2-10）。包括宫殿区（图 1.2-11）、居民区、

图 1.2-9　盘龙城遗址图

墓葬区和手工业作坊区几部分。城址内清理出大量遗迹，还有数百件青铜器、陶器、玉器、石器和骨器等遗物。盘龙城遗址的发现，揭示了商文化在长江流域的传播与分布，被专家学者论证为"华夏文化南方之源，九省通衢武汉之根"。盘龙城遗址城墙基宽 21m，现今南、西垣及北垣西端尚有高出地面约 1 ～ 3m 的夯土残垣。城垣的夯筑每层厚 8 ～ 10cm 左右，内侧又有斜行夯土用来支撑夯筑城垣主体时使用的模型

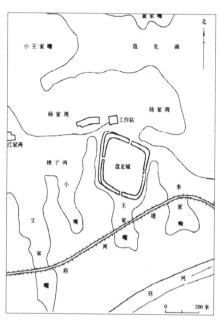

图 1.2-10　湖北黄陂盘龙湖畔盘龙城遗址
位置图

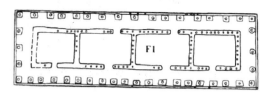

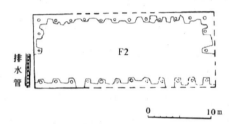

图 1.2-11　盘龙城遗址宫殿建筑
复原图

版。推测城垣原为中间高耸而内侧有斜坡以便登临，外侧较陡以御敌。盘龙城遗址发掘出的三座大型宫殿建筑，体现了我国前朝后寝，即前堂后室的宫殿格局，奠定了我国宫殿建筑的基石。其城墙外陡内缓，体现易守难攻的军事目的明显。由于遗址发掘出大量青铜器，说明这里当时掌握了冶铜技术，并且有铜矿资源。所以，有人认为：商汤讨灭夏桀建立以河南为中心的商王朝后，其势力延伸到长江以南地区，盘龙城就是商朝建立的重要方国都邑。

河南安阳小屯村殷墟遗址总体布局严整，以小屯村殷墟宫殿宗庙遗址为中心（图 1.2-12），沿洹（huán）河两岸呈环形分布。现存遗迹主要包括殷墟宫殿宗庙遗址、殷墟王陵遗址、洹北商城、后冈遗址以及聚落遗址（族邑）、家族墓地群、甲骨窖穴、铸铜遗址、手工作坊等。宫殿宗庙遗址位于河南省安阳市洹河南岸的小屯村、花园庄一带，南北长 1000m，东西宽 650m，总面积 71.5hm²，是商王处理政务和居住的场所，也是殷墟最重要的遗址和组成部分，包括宫殿、宗庙等建筑基址 80 余座。在宫殿宗庙遗址的西、南两面，有一条人工挖掘而成防御壕沟，将宫殿宗庙环抱其中，起到类似宫城的作用（图 1.2-13）。

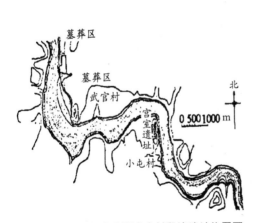

图 1.2-12　河南安阳小屯村殷墟遗址位置图

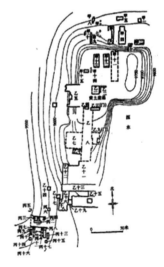

图 1.2-13　河南安阳小屯村殷墟宫殿
遗址平面图

另外，以前被普遍看作蛮夷之地的非中原地区，如成都、广汉为中心的三星堆文化，湖南宁乡的炭河里遗址等出土的文物也证明，在商代时期的长江流域也存在发达的文明。三星堆遗址位于我国四川省广汉市西北的鸭子河南岸，是一座由众多古文化遗存分布点所组成的一个庞大的遗址群。遗址群年代属新石器时代晚期，下至商末周初，上下延续近 2000 年。首次出土的青铜太阳形器等一大批精品文物。它们皆与中原文化有显著区别，这表明三星堆文化不仅是古蜀文化的典型代表，亦是长江上游的一个古代文明中心，从而再次证明了中华文明的起源是多元一体的。

1.2.3 西周国野建筑布局

西周是从周武王灭商后所建立的，至公元前771年周幽王被申侯和犬戎所杀为止，共经历11代12王朝，大约历经275年。定都于镐京和丰京（今陕西西安西南），成王五年营建东都成周洛邑（今河南洛阳）。历史上将东迁之前那一个时期的周朝称为西周。从西周开始，各民族与部落不断地融合，华夏的统一民族也逐步形成，成为汉民族的前身。但还有夷、蛮、越、戎狄、肃慎、东胡等少数民族存在。西周时的建筑文化以国野之制最为典型，到了春秋时期国野之制开始瓦解，进入战国时代则普遍为郡县制。"国"是周王室分封诸侯或征服异族时建立的，是居住着贵族和手工业者和商人等，人称"国人"。"野"即"国"以外的广大地区，居住在"野"的人称作"野人"。国人与野人地位大不相同，前者统治后者，是西周时期阶级矛盾的具体表现。陕西岐山凤雏村出土的"中国第一四合院"，为周代建筑遗址（图1.2-14、图1.2-15），是一座两进的四合院，大门开在中轴线上。凤雏村四合院，门外有屏，前院的堂与后院的寝之间有穿廊相接。两侧为与基地等长的厢房。房屋内用木柱，外为土墙。遗址中发现有少量的瓦，说明西周时已有瓦，有排水陶管和卵石叠筑的暗沟（图1.2-16、图1.2-17）。至此，中国建筑最显著特征中的木构架承重、院落式布局已经出现，说明中国院落建筑的雏形已经具备。凤雏村考古还发现了瓦、版筑土墙和土坯墙、墙面是用白灰、砂、黄泥抹面。也说明早在夏商时期，我国就已经有了瓦和陶管等制品，而且对屋面和地面排水问题都有解决的技术了。

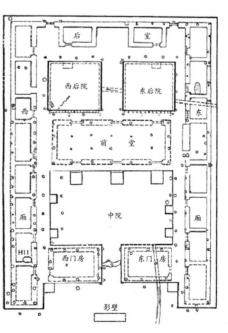

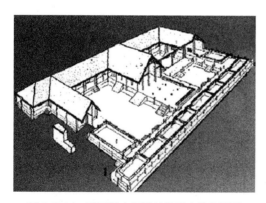

图1.2-14　陕西岐山凤雏村遗址立体复原图

图1.2-15　凤雏村遗址平面图

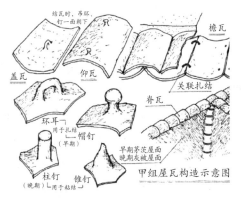

图 1.2-16 凤雏村出土的屋瓦构造示意图

图 1.2-17 河南偃师二里头出土的陶土管图

在湖北省蕲春县城东北 30km 有西周干栏式建筑遗址毛家咀（图 1.2-18），1957 年冬在村西的三个水塘内发现的西周时期长江中下游一带的居住建筑类型。经挖掘发现有西周木构建筑遗迹 5000m² 左右，有直径 20cm 的木桩 280 根，以及一些木板墙和平铺的大木板等考古文物，专家鉴定，属石家河文化。

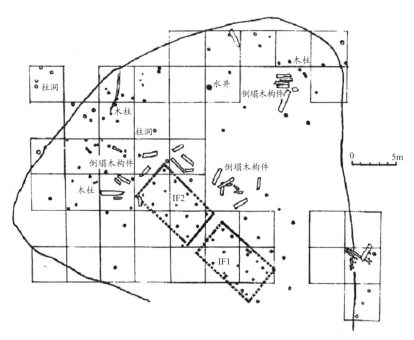

图 1.2-18 湖北蕲春西周干栏式建筑遗址

1.2.4 春秋战国时代分际

春秋战国（公元前 770 年～公元前 221 年）共 549 年。春秋战国分为春秋时期和战国时期，其分水岭是在公元前 453 年，韩、赵、魏三家灭掉智氏，瓜分晋国为标志。春秋时期，指公元前 770 年～公元前 476 年，是属于东周的一个时期。春秋时代周王的势力减弱，诸侯群雄纷争，齐桓公、晋文公、宋襄公、秦穆公、楚庄王相继称霸，史称春秋五霸。战国时期，指公元前 475 年～公元前 221 年，是中国历史上东周后期至秦统一中原前，当时因各国混战不休，故被后世称之为"战国"。这时期，铁器、耕牛开始使用，井田制随之瓦解，手工业和商业相应发展，产生了公输般——鲁班，被后世奉为工匠的祖师爷（图1.2-19）。儒家学派的创始人孔子（图1.2-20），孔子曾受业于老子（图1.2-21），他曾带领弟子周游列国14年，晚年修订六经，即《诗》、《书》、《礼》、《乐》、《易》、《春秋》。老子生于春秋战国时期，当时的环境是周朝势微，各诸侯为了争夺霸主地位，战争不断。严酷的动乱与变迁，让老子目睹到民间疾苦，作为周朝的守藏史，于是他提出了治国安民的一系列主张。其《道德经》亦是道家哲学思想的重要来源。

图1.2-19 鲁班

图1.2-20 孔子

图1.2-21 老子

春秋时代的建筑特色是"高台榭、美宫室"。当时作用是为了防刺客、防洪水以及享受登临之乐的原因，但木构技术还尚不够成熟，高层建筑主要依靠高大的土台累筑。那时，列国都建有都城，如东周王城洛邑、齐国临淄、燕下都、赵国邯郸故城、秦咸阳城、楚郢（yǐng）都、郑韩城等等。各诸侯国为了本身的生存和扩张，都不惜人力、物力精心营造自己的都城，使之成为军事、政治、文化的中心。因各国都城所处的地理位置不同，营建时都因地制宜，所以各有特点。但在很多方面又都是一致的或者是近似的，如宫城都由城墙和壕沟包围着，全城由宫城和郭城两部分组成，宫城的王宫处在全城中轴线最显要的位置，郭城内均有市（商业区），宫城与郭城隔开，左右对称布局，主要建筑按中轴线左右分布等。从建筑成就来说，当时发明了多功能的砖瓦，为建筑的发展提供了极大的方便。由于斗栱的发明与使用，也奠定了中国古建筑特有的美感形式，台榭建筑是那个时代独有的建筑类型。此外，建筑规定了严格的等级限制，也为历代建筑所遵循。这时，有了各种板瓦、筒瓦、瓦当、瓦钉等（图1.2-22）。

由大到小
由精致到粗糙
由雕饰到上轴
由多种规格到少数规格

图1.2-22 春秋战国时期各种瓦件

1.2.5 古代礼制建城理念

礼制对城市规划和宫殿、坛庙、陵寝、民居等建筑产生了深远的影响。比如：东汉赵晔撰《吴越春秋》，是一部记述春秋战国时期吴、越两国史事为主的史学著作。其中就有"筑城以卫君，造郭以守民，此城郭之始也"的记载。《考工记》是中国春秋战国时期记述官营手工业各工种规范和制造工艺的文献，这部著作记述了齐国关于手工业各个工种的设计规范和制造工艺，书中保留有先秦大量的手工业生产技术、工艺美术资料，记载了一系列的生产管理和营建制度，一定程度上反映了当时的思想观念。《考工记》也是《周礼》的一部分。其中就有"匠人营国，方九里，旁三门。国中九经九纬，经涂九轨，左祖右社，面朝后市，市朝一夫。夏后氏世室，堂修二七，广四修一，五室，三四步，四三尺，九阶，四旁两夹，窗，白盛，门堂三之二，室三之一。殷人重屋，堂修七寻，堂崇三尺，四阿重屋。周人明堂，度九尺之筵，东西九筵，南北七筵，堂崇一筵，五室，凡室二筵。室中度以几，堂上度以筵，宫中度以寻，野度以步，涂度以轨，庙门容大扃七个，闱门容小扃三个，路门不容乘车之五个，应门二彻三个。内有九室，九嫔居之。外有九室，九卿朝焉。九分其国，以为九分，九卿治之。王宫门阿之制五雉，宫隅之制七雉，城隅之制九雉，经涂九轨，环涂七轨，野涂五轨。门阿之制，以为都城之制。宫隅之制，以为诸侯之城制。环涂以为诸侯经涂，野涂以为都经涂。"后世按照上述思想绘制的周王城图（图1.2-23）。

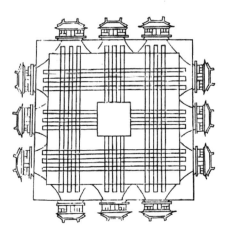

图1.2-23　宋聂崇义绘制的周王城图

一般解释为：都城九里见方，每边辟三门，纵横各九条道路，南北道路，宽九条车轨，东面为祖庙，西面为社稷坛，前面是朝廷寝宫，后面是市场和民居，朝廷宫室市场占地一百亩。文中规定了城市面积、道路宽度、城门数量、功能分区、内部交通、特别用地。今天看来，已经不合时宜，但是，在2000多年前，这是多么重要的思想和规定，是何等的想象和气度啊！《考工记》中的"宫隅之制，为诸侯之城制。环涂为诸侯经涂，野涂为都经涂。"这一段反映出古代城市规划中的严格等级观念。同时，用王宫宫墙四角建制的高度，作为诸侯都城四角高度的标准。用王都环城大道的宽度，作为诸侯都城中南北大道宽度的标准；用王畿野地大道的宽度，作为公和王子弟大都城中南北大道宽度的标准，这就是等级观念。

荀子曰："王者必居天下之中，礼也。"《吕氏春秋》"择天下之中而立国，择国之中而立宫。"上述建城思想都反映出中国古代城市规划中的择中意识。但是，春秋战国时期也有一些法家革新思想，如《管子·乘马》曰："凡立国都，非于大山之下，必于广川之上。高毋近旱而水用足，下毋近水而沟防省。因天材，就地利，故城郭不必中规矩，道路不必中准绳。"该文一般解释：凡是营建都城，不把它建立在大山之下，也必须在大河的近旁。高不可近于干旱，以便保证水用的充足；低不可近于水潦，以节省沟堤的修筑。要依靠天然资源，要凭借地势之利。所以，城郭的构筑，不必拘泥于合乎方圆的规矩；道路的铺设，也不必拘泥于平直的准绳。我国春秋战国时期城市思想是多元的，有保守的传统思想，也有因地制宜的法家思想。因此，客观地分析我国春秋战国时期的建筑文化思想和建设理念，体现出那个时期我国的思想体系呈现出百花齐放、百家争鸣的繁荣景象，建筑创作也出现了因地制宜、不拘一格的理念。同时，也产生了克己复礼、礼崩乐坏的复古思潮。其实，建筑的发展也是社会发展的晴雨表，社会的进步都是在思想的交锋中得到发展，建筑是各个时期思想的物化体现。从我国早期建城理念和各种思想来看，中规中矩和因地制宜的两种不同的思想对后世影响比较深远。

1.3 我国封建社会建筑

封建社会按照我国传统的史学研究认为：我国是从战国时期（公元前 475 年）到 1911 年辛亥革命推翻清王朝，成立中华民国将近 2400 年的历史。在漫长的封建社会中，我国人民创造出丰富多彩的建筑形式，形成了我国独特的建筑风格和文化。

1.3.1 殿和堂的建筑分辨

我国封建社会的建筑是我国古代建筑群中的主体建筑，其中就包括殿和堂两类建筑形式。其中殿为宫室、礼制和宗教建筑所专用，堂、殿称谓出现于周代。"堂"字出现较早，原意是相对内室而言，指建筑物前部对外敞开的部分，堂的左右有序、有夹。这里还要讲一讲宫与室的含义，《尔雅》说，"宫谓之室，室谓之宫"，其实宫和室是相同的意思。室的两旁有房、有厢。"殿"字出现较晚，原意是后部高起的物貌。用于建筑物表示其形体高大地位显著。自汉代以后，堂一般是指衙署和第宅中的主要建筑，在宫殿群、寺观中的次要建筑也可称堂，如南北朝宫殿中的"东西堂"、佛寺中的讲堂、斋堂、罗汉堂等。殿和堂都由台阶、屋身、屋顶三个基本部分构成。殿和堂在形式、构造上是有区别的。殿和堂在台阶做法上的区别出现较早：堂只有阶；殿不仅有阶还有陛，即除了本身的台基之外，下面还有一个高大的台子作为底座，由长长的陛阶联系上下。殿一般位于宫室、庙宇、皇家园林等建筑群的中心或主要轴线上，如其平面多为矩形，也有方形、圆形、工字形等。殿的空间和构件的尺度往往较大，装修做法比较讲究，如北京故宫太和殿（图1.3-1）。堂一般作为府邸、衙署、宅院、园林中的主体建筑，其平面形式多样，体量比较适中，

结构做法和装饰材料等也比较简洁有地域特色，往往表现出更多的地方历史文化特征（图1.3-2）。古人认为，堂者，当也。谓向阳之屋，堂堂高显之义。

图1.3-1　北京故宫太和殿（高台和陛）　　图1.3-2　广西忻城土司衙署（只有台阶）

　　厅堂是从古代单体建筑拆分而成的园林中的独立建筑。在古代建筑中，厅为会客、宴会、行礼用的房间，堂在单体建筑中居中、为向阳而宽大的房间，也是社交活动的场所。厅堂是园林中的主体建筑，一般体形较高大，有良好的观景条件与朝向，常常为园林建筑的主体与构图中心（图1.3-3）。厅的功能还有赏景之用，其多种功能集于一体。厅又有四面厅、鸳鸯厅之分，主要厅堂多采用四面厅，为了便于观景，四周往往不作封闭的墙体，而设大面积隔扇、落地长窗，并四周绕以回廊。鸳鸯厅是用屏风或罩将内部一分为二，分成前后两部分，前后的装修、陈设也各具特色。鸳鸯厅的优点是一厅同时可作两用，如前作庆典后作待客之用，或随季节变化观赏之用，如花厅等。

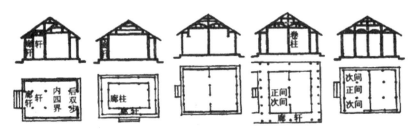

图1.3-3　厅堂是从古代单体建筑拆分而成的

1.3.2　楼阁亭廊中国韵味

　　楼阁是中国古代建筑中的多层建筑物，古代建筑楼与阁在早期是有区别的。楼是指重屋如岳阳楼（图1.3-4），阁是指楼下部架空、底层高悬的建筑如真武阁（图1.3-5）。阁一般平面近方形，两层以上，亦有平坐，在建筑组群中可居主要位置，如佛寺中有以阁为主体的，独乐寺观音阁即为一例（图1.3-6），真武阁属于阁中特例没有平坐。楼在建筑组群中常居于次要位置，如佛寺中的藏经楼，王府中的后楼、厢楼等，处于建筑组群的最后一列或左右厢位置。后世楼阁二字互通，无严格区分，古代楼阁有多种建筑形式和用途。城楼在战国时期即已出现，汉代城楼已高达三层，箭楼又称城门楼，建于城墙之上的门楼（图1.3-7）。市楼，市中楼房，又称旗亭。

古时建于集市中，上立旗帜，以为市吏候望之所（图1.3-8）。阙楼是汉代应用较多的楼阁形式，唐代还保留一些（图1.3-9）。阙是中国古建筑中一种特殊的类型，是最早的地面建筑之一，为帝王宫廷大门外对称的高台，一般有台基、阙身、屋顶三部分，有装饰、瞭望等作用。阙的种类按其所在位置有：宫阙、坛庙阙、墓祠阙、城阙、国门阙等，分别立于王宫、大型坛庙、陵墓、城门和古时的国门等处。阙楼是指供瞭望的楼，属于高台建筑物。

图1.3-4 岳阳楼（湖南省岳阳市）

图1.3-5 真武阁（广西容县）

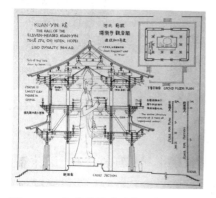

图1.3-6 河北蓟县独乐寺观音阁梁思成
先生手绘稿

图1.3-7 西安的安远门明代城楼亦称箭楼

图1.3-8 山西平遥古城市楼

图1.3-9 唐阙楼图是1971年陕西乾县懿德太子墓
出土的文物

　　独乐寺，又称大佛寺，位于中国天津市蓟县，是中国仅存的三大辽代寺院之一，也是中国现存著名的古代建筑之一。独乐寺虽为千年名刹，而寺史缘始无考，寺庙历史最早可追溯贞观十年（636年）。独乐寺的主体建筑是观音阁，这是一座三层

木结构的楼阁，因为第二层是暗室，且上无檐与第三层分隔，所以在外观上像是两层建筑。阁高23m，中间腰檐和平坐栏杆环绕，上为单檐歇山顶，飞檐深远，美丽壮观。观音阁的整个楼阁梁、柱、斗栱数以千计，但布置和使用很有规律。梁柱接杆部位因位置和功能的不同，而使用了24种斗栱。其大小形状，无论是衬托塑像，还是装修建筑，处理都很协调，显示出辽代木结构建筑技术的卓越成就。此阁虽历经多次大地震，至今仍巍然屹立。它是我国现存的最古老的木结构高层楼阁，并以其建筑手法高超著称。

佛教传入我国大约在汉明帝时期（约在公元纪67年左右），佛教传入也被称为浮屠教。据文献记载，公元1～3世纪之间，在新疆拜城修建的克孜尔千佛洞，是我国境内第一座石窟寺。从这个时候起，佛像开始逐渐在佛教的伽蓝中普遍地供奉起来。并由大月氏经过疏勒、高昌、于阗、龟兹等地逐渐地传到河西四郡（敦煌、张掖、武威、酒泉）和中国内地。当时，佛的形象系雅利安人的特征：高鼻、细眼、薄唇。这种俨然是洋人的容貌特征同古代新疆土著居民典型的蒙古利亚脸型显然是不同的，这说明了我国的佛教是个外来的宗教（图1.3-10）。佛教和佛教艺术的传入则更要早一些。印度的佛教艺术，经过中国的艺术家

图1.3-10 新疆拜城克孜尔佛像

和民间工匠的吸收、融合和再创造，形成了更具中国特点的佛教艺术，从而更容易在中国社会流传和发展。佛像，主要是作为佛教徒供奉和礼拜的对象，因此佛像艺术的发展和流行，于中国佛教的兴衰有着密切的关系。汉魏之际，佛教虽已传入中原，可在史料中关于佛像的记载却极为少见。在出土的佛教文物中，有四川乐山崖墓的佛雕像、彭山崖墓内发现的陶制佛像，这些据考证都是汉代的作品，可是佛教文物遗存极少。东汉末年，下邳相笮（zuó）融建造了一个规模宏大的佛教寺院，据说可容三千余人，其中还安置了身穿锦彩衣物、铜质涂金的佛像，这是中国的造像立寺首次见于正史记载。传入中国汉族地区的佛教，经过长期的经典传译、讲习、融化与中国传统文化相结合，从而形成具有中华民族特点的各种宗派，并外传朝鲜、日本和越南等。

北魏时洛阳永宁寺木塔，高"四十余丈"，百里之外，即可遥见（图1.3-11），为136.7m高，是舍利塔。永宁寺是在北魏后期熙平元年（516）灵太后胡氏所建，永熙三年（534）被焚毁，现已不存，考古探查，基础由夯土筑成，约百米见方，遗址位于今河南省洛阳市东15km的汉魏洛阳城址内。而建于辽代的山西应县佛宫寺释迦塔也有67.31m高，是我国现存最高的古代木构建筑（图1.3-12）。由此看出佛教传入中国后，大量修建的佛塔建筑也是一种楼阁。

图1.3-11 北魏洛阳永宁寺木塔复原图

图1.3-12 辽代应县佛宫寺释迦塔

亭是中国传统建筑中周围开敞的小型点式建筑，供人停留、观览，俗称亭子，出现于南北朝的中后期。亭子是一种中国传统建筑，多建于园林、佛寺、庙宇。盖在路旁或花园里供人休息，避雨，乘凉用的建筑物，面积较小，大多只有顶，没有墙。要说亭子中国最有名的亭子叫绍兴西南渚（zhǔ）山麓兰亭（图1.3-13）。

图1.3-13 浙江绍兴西南渚山麓兰亭

说起亭子在广西南宁还有一段小故事：据说，宋朝武将狄青曾来到广西南宁，他南下时随军带来了山东的一部分老百姓，当部队走到现在广西南宁叫亭子的地方时，狄青发现这里依山傍水，与南宁府只有一江之隔，水陆交通方便，便叫中军传令"停止前进"在此驻扎下来。那时南宁很小，城外一片荒凉，极少人烟，宋军就让从山东来的老百姓在这里垦荒、种地、盖房。从此，他们就在这片陌生的土地上住下了。当时亭子这里还没有地名，人们便借用"停止前进"的典故，给这片赖以生存的土地起个名叫"停止"。不知过了多少年，人们把"停止"改为"亭子"。"亭"又指古代基层行政机构，秦朝时在乡村每十里设一亭。亭长任防御之责，掌治安警卫，兼管停留旅客，治理民事。多以服兵役已满期之人充任。汉高祖刘邦曾在秦朝时担任亭长。亭一般设置在可供停息、观眺的形胜之地，如山冈、水边、城头、桥上以及园林中。还有专门用途的亭，如碑亭、井亭、宰牲亭、钟亭等。陵墓、宗庙中的碑亭、井亭可做得很庄重，如明长陵的碑亭。大型的亭可以做得雄伟壮观，如北京景山的万春亭。小型的亭可以做得轻巧雅致，如杭州三潭印月的三角亭。亭的

不同形式，可以产生不同的艺术效果。亭的结构以木构为最多，也有用砖石砌造的。宋《营造法式》中所载"亭榭斗尖"，是类似伞架的结构。这种做法可以从清代南方的园林中见到。明清以后，方亭多用抹角梁，多角攒尖亭多用扒梁，逐层叠起。矩形亭的构造则基本与房屋建筑相同。亭在古时候是供行人休息的地方。"亭者，停也。人所停集也。"亭在园林设计中往往是个"亮点"，起到画龙点睛的作用。从形式来说有三角、四角、五角、梅花、六角、八角等。《园冶》中说，亭"造式无定，随意合宜则制，惟地图可略式也。"是说，亭子的形式以因地制宜为原则只要平面确定，其形式便基本确定了。

廊是中国古代建筑中有顶的通道，包括回廊和游廊（图1.3-14），较长的廊叫长廊（图1.3-15）。廊的基本功能为遮阳、防雨和供人小憩，廊也是中国古代建筑的重要组成部分之一。殿堂檐下的廊，作为室内外的过渡空间，是构成建筑物造型上虚实变化和韵律感的重要手段。围合庭院的回廊，对庭院空间的格局、体量的美化起重要作用，并能造成庄重、活泼、开敞、深沉、闭塞、连通等不同效果。园林中的游廊则主要起着划分景区、造成多种多样的空间变化、增加景深、引导最佳观赏路线等作用。在廊的细部常配有几何纹样的栏杆、坐凳、鹅项椅（又称美人靠或吴王靠）、挂落、彩画；隔墙上常饰以什锦灯窗、漏窗、月洞门、瓶门等各种装饰性建筑构件。传统形式廊分为：双面空廊、单面空廊、复廊、双层廊、单排柱廊、暖廊。

图1.3-14　苏州园林游廊

图1.3-15　北京颐和园长廊

1.3.3　台榭庙坛塔壁坊表

中国古代将地面上的夯土高墩称为台，台上的木构房屋称为榭，两者合称为台榭。最早的台榭只是在夯土台上建造的有柱无壁、规模不大的敞厅，供眺望、宴饮、行射之用。台榭的遗址颇多，著名的有春秋晋都新田遗址、战国燕下都遗址、邯郸赵国故城遗址（图1.3-16）、秦咸阳宫遗址（图1.3-17）等，都保留了巨大的阶梯状夯土台。后来"台"的做法在中国建筑中大量使用。榭、轩、舫也是中国古建筑的一大奇观。"榭"指四面敞开的较大的房屋。榭，唐以前是建在高土台上的木屋居多，唐以后成为临水建筑居多亦称为水榭，已经完全不同于原来台榭的。榭不但多设在水边，而且还多设于水之南岸，视线向北而观景（图1.3-18）。若反之，则水面反射阳光，很刺眼，而且对面之景是背阳的，也不好看。另外，榭在临水处多设栏，即坐凳栏杆，又叫美人靠、吴王靠。相传是吴王夫差与美人西施游赏观景之用物。

图1.3-16 战国时期赵国国都邯郸古城遗址

图1.3-17 秦咸阳宫遗址

图1.3-18 苏州小园水榭

"轩"指古代一种有围棚或帷幕的车或者是有窗的长廊或小屋。《说文》记载有：轩，曲辀藩车，古代一种有围棚或帷幕的车。轩的类型也较多，有的做得奇特，也有的平淡无奇，如同宽的廊。在园林建筑中，轩也像亭一样，是一种点缀性的建筑。但正因为如此，所以在造园布局时也要考虑如何设轩？"与谁同坐轩"（图1.3-19）是苏州拙政园中的经典建筑，名字取意自苏轼的《点绛唇·闲倚胡床》，其轩之优雅，实属诗情画意。"舫"是仿照船的造型（图1.3-20），在园林的水面上建造起来的一种船型建筑物。似船而不能划动，故而又称之为"不系舟"。

图1.3-19 苏州拙政园与谁同坐轩

图1.3-20 苏州狮子林石舫

"庙"是中国古代的祭祀建筑。形制要求严肃整齐,大致可分为三类:一类祭祀祖先的庙。中国古代帝王诸侯等奉祀祖先的建筑称宗庙。帝王的宗庙称太庙,庙制历代不同。太庙是等级最高的庙类建筑。贵族、显宦、世家大族奉祀祖先的建筑称家庙或宗祠。太庙方位,设于宅第东侧,规模不一。宗祠附近还设置义学、义仓、戏楼,其功能超出祭祀范围。二类奉祀圣贤的庙。最著名的是奉祀孔子的孔庙,又称文庙。孔子尊为儒家始祖,汉以后历代帝王多崇奉儒学,所以孔庙在我国各地广为修建,但是以山东曲阜孔庙规模最大(图1.3-21)。奉祀三国时代名将关羽的庙称关帝庙(图1.3-22),又称武庙。有的地方建三义庙,合祀刘备、关羽、张飞。许多地方还奉祀名臣、先贤、义士、节烈,如四川成都和河南南阳奉祀三国著名政治家诸葛亮的"武侯祠",浙江杭州和河南汤阴奉祀南宋民族英雄岳飞的"岳王庙"和"岳飞庙"等。三类祭祀山川、神灵的庙。中国从古代起就崇拜天、地、山、川等自然物并设庙奉祀,如后土庙。著名的有奉祀五岳——泰山、华山、衡山、恒山、嵩山的神庙,其中泰山的岱庙规模最大。还有大量源于各种宗教和民间习俗的祭祀建筑,如城隍庙、土地庙、龙王庙、财神庙等。

图1.3-21　山东曲阜孔庙大成殿　　　　图1.3-22　山西运城解州关帝庙

"坛"是中国古代主要用于祭祀天、地、社稷等活动的建筑。如北京的天坛(图1.3-23)、地坛(图1.3-24)、日坛、月坛、祈谷坛、社稷坛等。坛既是祭祀建筑的主体,也是整组建筑群的总称。坛的形式多以阴阳五行等学说为依据。例如天坛、地坛的主体建筑分别采用圆形和方形,来源于天圆地方之说。天坛所用石料的件数和尺寸都采用奇数,是采用古人以天为阳性和以奇数代表阳性的说法。祈年殿有三重檐分别覆以三种颜色的琉璃瓦:上檐青色象征青天,中檐黄色象征土地,下檐绿色象征万物。至乾隆十六年改为三层均蓝色,以合专以祭天之意。祭地活动源于远古。起初,是由于人们尚不能认识自然界的众多事物现象,如生老病死、风云雨电、水火灾害等。就臆想出超自然的什么"神鬼",把万物归宿于天地神鬼的造化安排,若遇不解之事就求救天地神鬼给以保佑和恩赐,臆造出"皇天"、"地祇"掌管天、地之一切,是至高无上的。后来,封建君王就利用这些当作统治工具,又编出"天地君亲师",为"五尊",把自己置于天地之下,亲师庶民之上,封自己为"天子",宣扬自己当皇帝是天地造化、祖宗功德。为表谢恩与求助,就出现了拜谢与祈祷天地神之礼仪。这套礼仪制度，曰《周礼》。明清帝王承袭《周礼》之制，每逢阴历夏至凌晨，皇帝亲诣"皇地祇"、"五岳"、"五镇"、"四海"、"四渎"、"五陵山"及本朝"先帝"之神位，曰"大祀方泽"（古时祀典分大祀、中祀、群祀三等级）。每逢国有大事（如皇上登极、大婚、册封帝后、大战获胜、宫廷坛庙殿宇修缮的开工竣工等），皇帝派亲王到此代行"祭告"礼。礼仪比"大祀"稍简。

图 1.3-23　北京天坛

图 1.3-24　北京地坛

"塔"是供奉或收藏佛舍利（佛骨）、佛像、佛经、僧人遗体等的高耸型点式建筑，又称"佛塔"、"宝塔"。塔起源于印度，也常称为"佛图"、"浮屠"、"浮图"等。塔是中国古代建筑中数量极大、形式最为多样的一种建筑类型。塔一般由地宫、塔基、塔身、塔顶和塔刹组成。地宫藏舍利，位于塔基正中地面以下。塔基包括基台和基座。塔刹在塔顶之上，通常由须弥座、仰莲、覆钵、相轮和宝珠组成，也有在相轮之上加宝盖、圆光、仰月和宝珠的塔刹。塔的种类众多，中国现存塔 2000 多座。按性质分，有供膜拜的藏佛物的佛塔和高僧墓塔。按所用材料可分为木塔、砖塔、石塔、金属塔、陶塔等，按结构和造型可分为楼阁式塔、密檐塔、单层塔、刺嘛塔和其他特殊形制的塔。楼阁式塔著名的有西安慈恩寺塔（图 1.3-25）、兴教寺玄奘塔、苏州云岩寺塔等。密檐塔著名的有登封嵩岳寺塔、西安荐福寺塔、大理崇圣寺千寻塔等。单层塔著名的有历城神通寺四门塔、北京云居寺石塔群、登封会善寺净藏禅师塔等。刺嘛塔塔身涂白色，俗称"白塔"。著名的有北京妙应寺白塔（图 1.3-26）、山西五台县塔院寺白塔等。

图 1.3-25　西安慈恩寺塔也叫大雁塔

图 1.3-26　北京妙应寺白塔

"影壁"建在院落的大门内或大门外，与大门相对作屏障用的墙壁，又称照

壁、照墙。影壁能在大门内或大门外形成一个与街巷既连通又有限隔的过渡空间。明清时代影壁从形式上分有一字形、八字形等。北京大型住宅大门外两侧多用八字墙（图1.3-27），与街对面的八字形影壁相对，在门前形成一个略宽于街道的空间；门内用一字形影壁，与左右的墙和屏门组成一方形小院，成为从街巷进入住宅的两个过渡。南方住宅影壁多建在门外。农村住宅影壁还有用夯土或土坯砌筑的，上加瓦顶。宫殿、寺庙的影壁多用琉璃镶砌。明清宫殿、寺庙、衙署和第宅均有影壁，著名的山西省大同九龙壁就是明太祖朱元璋之子朱桂的代王府前的琉璃影壁。北京北海和紫禁城中的九龙壁也很有名（图1.3-28）。"坊表"是中国古代具有表彰、纪念、导向或标志作用的建筑物，包括牌坊、华表等。牌坊又称牌楼，是一种只有单排立柱，起划分或控制空间作用的建筑。在单排立柱上加额枋等构件而不加屋顶的称为牌坊，上施屋顶的称为牌楼，这种屋顶俗称为"楼"，立柱上端高出屋顶的称为"冲天牌楼"。牌楼建立于离宫、苑囿、寺观、陵墓等大型建筑组群的入口处时，形制的级别较高。冲天牌楼则多建立在城镇街衢的冲要处，如大路起点、十字路口、桥的两端以及商店的门面。前者成为建筑组群的前奏，造成庄严、肃穆、深邃的气氛，对主体建筑起陪衬作用；后者则可以起丰富街景、标志位置的作用。江南有些城镇中有跨街一连建造多座牌坊的，多为"旌表功名"或"表彰节孝"。在山林风景区也多在山道上建牌坊，既是寺观的前奏，又是山路进程的标志（图1.3-29）。"华表"是一种中国古代传统建筑形式，属于古代宫殿、陵墓等大型建筑物前面做装饰用的巨大石柱，相传华表是部落时代的一种图腾标志，古称桓表，以一种望柱的形式出现，富有深厚的中国传统文化内涵，散发出中国传统文化的精神、气质、神韵。相传尧时立木牌于交通要道，供人书写谏言，针砭时弊。远古的华表皆为木制，东汉时期开始使用石柱作华表，华表的作用已经消失了，成为竖立在宫殿、桥梁、陵墓等前的大柱。华表为成对的立柱，起标志或纪念性作用。汉代称桓表。元代以前，华表主要为木制，上插十字形木板，顶上立白鹤，多设于路口、桥头和衙署前。明以后华表多为石制，下有须弥座；石柱上端用一雕云纹石板，称云板；柱顶上原立鹤改用蹲兽，俗称"朝天吼"。华表四周围以石栏。华表和栏杆上遍施精美浮雕。明清时的华表主要立在宫殿、陵墓前，个别有立在桥头的，如北京卢沟桥头。明永乐年间所建北京天安门前和十三陵碑亭四周的华表是现存的典型。天安门前的这对华表上都有一个蹲兽，头向宫外（图1.3-30）；天安门后的那对华表，蹲兽的头则朝向宫内，传说，这蹲兽名叫犼，性好望，犼头向内是希望帝王不要成天呆在宫内吃喝玩乐，希望他经常出去看望他的臣民，它的名字叫"望帝出"，犼头向外，是希望皇帝不要迷恋游山玩水，快回到皇宫来处理朝政，它的名字叫"望帝归"。可见华表不单纯是个装饰品，而是提醒古代帝王勤政为民的标志。

图 1.3-27　北京八字影壁

图 1.3-28　北京故宫九龙壁

图 1.3-29　河南嵩山少林寺冲天牌坊

图 1.3-30　北京天安门华表

1.3.4　古建筑类型和通则

学习中国古建筑必须熟知中国古建筑到底有多少种类型，然后再了解其基本通则，这样才能做到心中有数，提纲挈领的抓住总要，摄万目而后得。

1.古建筑类型

古建筑分类，今天看来不可思议，比如：衙署、贡院、窝铺、养济院、阙等。衙署就是古代官吏办理公务的处所，如今叫政府办公楼。贡院是古代会试的考场，即开科取士的地方，今天已经没有专门用于考试的地方了。窝铺是一个汉语词汇，意思是供睡觉的窝棚。据《明史》记载，明代南京城墙有窝铺两百多座；洪武元年（1368），朝廷下令，内地有部队驻扎的城池，"每二十丈置一铺；边境城，每十丈置一铺；其总兵官随机应变增置者不在此限……"也就是说，洪武初年，朝廷命令，内地有部队驻扎的城池城头上，每二十丈设置一座窝铺；边境城池的城头上，每十丈置一座窝铺。总兵官根据城池的具体情况，随机应变，增加窝铺的数量是不受限制的。这条记载反映了朝廷对窝铺的设置非常重视，准许多设不许少设。养济院是我国古代收养鳏寡孤独的穷人和乞丐的场所，与育婴堂、安济坊、居养院、福田院、漏泽园等都为古代的福利慈善机构。阙是中国古建筑中一种特殊的类型，是最早的地面建筑之一，为帝王宫廷大门外对称的高台，一般有台基、阙身、屋顶三部分，有装饰、瞭望等作用。其他的古建筑类型比较容易理解就不一一解释了。古建筑分类如下：

（1）居住建筑：宫殿、衙署、贡院、邮铺、驿站、公馆、军营、窝铺等；

（2）礼制建筑：坛殿、坛庙、太庙、家庙、陵庙、圣贤庙等；

（3）宗教建筑：寺院、宫观、教堂、清真寺等；

（4）商业与手工业建筑：商铺、会馆、旅店、酒楼、作坊、水磨坊、造船厂等；

（5）教育、文化建筑：官学、书院、观象台、藏书楼、文会馆、戏台、戏场等；

（6）园林与风景建筑：皇家园林、衙署园圃、寺庙园，以及楼、馆、亭、台等；

（7）市政建筑：鼓楼、钟楼、望火楼、路亭、桥梁、养济院、公墓等；

（8）标志建筑：城垣、城楼、串楼、墩台等；

（9）古代建筑还有：宫、殿、门、府、衙、埠、亭、台、楼、阁、寺、庙、庵、观、阙、邸、宅等。

2.我国古代建筑通则

千百年来，我国古代房屋都遵循着一些法则进行建造，但是由于朝代更迭、地域广阔、建筑类型不断增加，建筑法则也不断变换。所以，清代以前也没有统一的建筑通则，到了清代才有了比较统一的建筑通则，主要涉及以下几个方面：面宽与进深，柱高与柱径，面宽与柱高，收分与侧脚，上出与下出，步架与举架，台明高度，歇山收山，庑殿推山，建筑物各部构件的权衡比例关系等。这些统一的建筑通则是确定建筑各部分尺度、比例所遵循的共同法则。这些法则规定了各部位之间的比例关系和尺度关系。它与各种不同形式的建筑保持统一风格的原则：

（1）面阔：按门尺吉字定明间面阔尺寸，次间按明间面阔的8/10定尺寸；

（2）进深：小式建筑不超五檩四步，七檩房则增加前后廊来处理，大式建筑按斗栱攒数定；

（3）柱高、柱径确定：柱高为明间面阔的8/10，柱径为柱高的1/11；

（4）收分、侧脚：小式建筑收分为柱高的1/100，大式建筑收分为柱高的7/1000。外柱脚为柱高的1/100（或7/1000），金柱和中柱均无侧脚；

（5）上出、下出（出水、回水）：无斗栱大式或小式建筑上出为檐柱高的3/10，檐椽为上出的2/3，飞椽为上出的1/3。小式下出做法为上出的4/5，大式做法为上出的3/4；

（6）台明高度：小式建筑为1/5柱高或2D（D为柱径），大式建筑为挑尖梁底高的1/4；

（7）步架、举架：廊步架一般为4D～5D，金、脊步架一般为4D，顶步架不小于2D也不大于3D。举架小式五檩房一般为五举、七举；七檩为五举、六五举、八五举等等；

（8）五架梁：高1.5D，厚1.2D或金柱径1寸，长为四步架加2D五架梁划线程序：

（9）三架梁：三架梁高为0.8檩径或0.65檩径，抬头为1/2或1/3檩径三架梁用料；

（10）桁、檩：桁也称"檩"，是清代的叫法，宋代称槫。檩径一般为D或0.9D（大式带斗栱做法为4～4.5斗口）。身长按面阔，一端加榫长按自身直径的3/10。

下有重叠构件时均需做出"金盘"，金盘宽为 3/10 檩径；

（11）瓜柱及角背：脊瓜柱高为脊檩和上金檩的垂直距离减掉三架梁的抬头和熊背高度，另外再加下榫长，上面加脊檩椀高（按 1/3 檩径）瓜柱厚为三架梁厚的 8/10，宽为一份檩径脊瓜柱上端也应留鼻子，宽度可按瓜柱宽的 1/4，高同檩椀角背制作：凡瓜柱自身高度等于或大于宽度 2 倍时都须按角背，以增强其稳定性，角背长为一步架，高为瓜柱高 1/3 ~ 1/2。厚为自身高的 1/3 或瓜柱厚的 1/3 角背与瓜柱相交部分，在上部刻去高度的 1/2，两侧做出包掩（俗称"袖"），包掩为构件厚的 1/10 角背与梁背叠合，两端还应栽木销固定；

（12）抱头梁：长为廊步架加梁头长一份。高由平水（0.8 檩径）、抬头（0.5 檩径）、熊背（1/10 梁高）三部分组成，约 1.5D 其后尾做半榫插入金柱，半榫长为金柱径的 1/3 ~ 1/2，榫厚为梁厚的 1/4 梁后尾与金柱接触处肩膀有撞肩和回肩两部分，通常做法为"撞一回二"，即将榫外侧部分三份，内一份做撞肩与柱子相抵，外两份向反向画弧做回肩；

（13）额枋（檐枋）：额枋，分大额枋和小额枋，也是清式叫法，相当于宋代的阑额和由额。起连接柱子的作用。高 D，厚 0.8D，燕尾榫头部宽和长相等为 1/4 ~ 3/10 柱径，根部按每面宽度的 1/10 收分，使榫成大小头燕尾榫两侧分三等分，一份为撞肩。两分为回肩，反向画弧枋子底面的燕尾榫头部和根部均应比枋子上部每面收分 1/10，使榫上大下小（称为收溜）；

（14）金、脊枋：一般高为 0.8D，宽为 0.65D，做法与额枋（檐枋）相同；

（15）箍头枋：用于稍间或山面转角处，做箍头榫与角柱相交的檐枋或额枋称箍头枋箍头枋的头饰大式做"霸王拳"。小式作"三岔头"箍头榫长度，霸王拳由柱中外加一柱径。三岔头外加 1.25 柱径箍头榫厚应同燕尾榫，为柱径的 1/4 ~ 3/10 霸王拳（或三岔头）宽窄高低均为枋子正身部分的 8/10，先画出扒腮线，将箍头两侧按原枋厚各去掉 1/10，高度由底面去掉枋高的 2/10 肩膀处按"撞一回二"画出撞肩和回肩；

（16）门尺：门尺 1 尺 =1.44 营造尺 =46.08cm。1 门尺均分为 8 寸，每门尺的 1 寸 =5.76cm 八个寸位分别为财、病、离、义、官、劫、害、本每寸分为 5 份。

中国古建筑一般追求 5：3 的比例，常见的有两种分别是分心槽和金厢斗底槽。所以不能以柱子来定尺寸。一般中国古建筑均为坡屋顶，建筑高度要按照最高的屋脊的结构外皮计算。在测量复杂屋顶时需要确定一个最方便定位的屋脊，再将其他屋脊于此标准进行比对测量。斗口是清代的建筑叫法。斗口原指斗栱（清式平身科，就是中间的一组斗栱）的坐斗中承托昂、翘的卯口，卯口的宽度一般就是栱材方料的宽度。斗口的尺寸从 1 寸到 6 寸都有，以适应不同规模和类型的建筑。槽，不是指空间，指的是与斗栱出挑成正交的斗栱与列柱的中心线。无论是单槽、双槽、金厢斗底槽、分心槽都是指柱网与空间无关（图 1.3-31）。北宋《营造法式》给出了四种典型的"地盘分槽"方式：分心槽、金箱斗底槽、单槽、双槽，实际上，可以简单地理解为柱网如何布置。

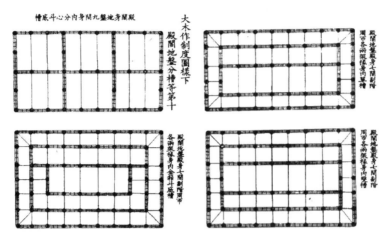

图 1.3-31　分心槽、金箱斗底槽、单槽、双槽

　　从图 1.3-31 可见，分心槽就是在建筑中心设一列中柱，金箱斗底槽就是殿身内有一圈柱网围出一圈空间，单槽、双槽就是内柱分别分割出一列或两列空间。金箱斗底槽实例：山西五台山佛光寺东大殿、日本奈良唐招提寺金殿。面宽与进深，四根柱子围成的空间就是一间，一间的宽度为"面宽"，又称"面阔"，深度为"进深"。若干个单间面宽之和组成一栋建筑的总面宽，称为"通面宽"，若干个单间的进深则组成一座单体建筑的通进深。古建筑面宽（指明间面宽），确定的依据：一要实际需要（即所谓适用的原则）；二要实际可能（如木材长短、径寸等因素）；三要等级制度的限制。北京天安门正立面就是严格按照比例尺度营造。在我国古代，明间面宽的确定还要受到封建思想的束缚，在考虑面宽时，必须让门口尺寸符合门尺上"官""禄""财""义"等吉字的尺寸（图 1.3-32）。古人建房非常重视尺寸，常用压白尺决定房屋整体的空间尺度，如高度、进深、面宽等，木匠则用鲁班尺来丈量裁定门口的尺寸。古建筑设计中，匠师把建筑尺度与九宫的各星宫结合起来，于是尺度便有了"一白二黑三碧四绿五黄六白七赤八白九紫"的说法。按流传说法，其中的三白星属于吉利星，所以尺度合白便吉，如此决定出来的尺度用于建筑设计上，便称"压

图 1.3-32　古代鲁班尺

白"。压白尺法有寸白与尺白之分，寸白就是寸单位的使用方法，尺白就是尺单位的使用方法。鲁班尺又称"门光尺"。在古代，人们认为按着鲁班尺吉利尺寸确定的门户，将会光耀门庭，给家庭带来吉祥好运，所以又将鲁班尺称为"门光尺"。因鲁班尺一尺均分为八寸，寸上都写有表示各种含义的用语，民间又称鲁班尺为"八字尺"、"门尺"、"门公尺"等。堪舆学著作《阳宅十书》称："海内相传门尺数种，

屡经验试，惟此尺（鲁班尺）为真。长短协度，吉凶无差。盖昔公输子班造，极木作之圣研，穷造化之微，故创是尺，后人名为鲁班尺。非止量门可用，一切床房器物，俱当用此。"故宫安门以鲁班尺为准。压白尺法作为匠者是必须要掌握的一项重要内容，被喻为"绳墨"。

中国古代建筑营造尺寸与"五行"之说有关联，营造尺是以十寸为一尺，木工尺亦是十寸尺。两者也有少稍差别，营造尺是历代工部依据律尺颁布的营造用尺；木工尺则是民间木工匠师用尺。使用中为规作的方便，木工尺常做成L形，俗称为"曲尺"。曲尺两边夹角为直角，此即古代所谓的"矩"。曲尺短边长一尺，长边因地因用而长度不同，有长达二尺者，但一般按"方五斜七"定长度（图1.3-33），也的确有一种边长分别五寸和七寸的小曲尺。堪舆家根据北斗七星和辅弼二星，演变出贪狼、巨门、禄存、文曲、廉贞、武曲、破军、左辅、右弼九个堪舆星，并以它们的次序和形态来配五行和八宅格式中的吉凶方位名称。贪狼是生气木，巨门是天医土，禄存是祸害土，文曲是六煞水，廉贞是五鬼火，武曲是延年金，破军是绝

图1.3-33 老酸枝木曲尺

命金，辅弼一体是伏位木。这样八配五，水火各一，木金土各二，其又可与八卦相配。据广东潮汕地区过去曾使用过压白尺法建房。潮州许府是一座大型府第式民居，经有关专家鉴定，其建筑至迟为明代中叶以前之原建物，后虽曾修缮，但平面、梁架并未变动。许府中厅方位南偏东8°，壬山丙向，离卦。潮州地方木工尺1尺=29.7cm。许府中厅实测尺寸及压白推算结果可以看出：主要尺度如脊栋高、面宽等均合吉利值；只用寸白，不用尺白。在潮州的许多清代民居中，实测尺寸与压白尺法的使用是相吻合的。清中叶以后，压白尺法发展的更为完善。实际上，建筑的梁架高度及平面等关键尺度，则要根据建筑的使用功能、地形条件、备料情况，以及建筑的间架比例尺度、结构性能、举架技术等来决定。经过长期经验的积累，工匠将建筑空间尺度，力学比例等与压白尺度在某种程度上吻合起来，使其具备了巧算简便的性质，形成了一个系统的建筑尺度体系，具有一定的建筑模数意义，如湘州地区的杖杆法就是如此。鲁班尺一尺均分为八寸，寸上都写有表示各种含义的用语，民间又称鲁班尺为"八字尺"、"门尺"、"门公尺"等。古代流传下来的鲁班尺并不多见，北京故宫博物院收藏有一把鲁班尺，长46cm与古籍记载的鲁班尺长度非常接近。古人认为八字中财、义、官、吉所在的尺寸为吉利，另外四字所在的尺寸表示不吉利。但在实际应用中，鲁班尺的八个字各有所宜，如义字门可安在大门上，但古人认为不宜安在廊门上；官字门适宜安在官府衙门，却不宜安于一般百姓家的大门；病字门不宜安在大门上，但安于厕所门反而"逢凶化吉"。《鲁班经》认

为，一般百姓家安"财门"和"吉门"最好。单扇门宜开"二尺八寸"，鲁班尺不仅是民间建筑安门的标准，也是皇家建筑安门的标准。清《工部工程做法则例》就开列出124种按鲁班尺裁定的门口尺寸，其中有添财门31个，义顺门31个，官禄门33个，福德门29个。在《鲁班经》和《事林广记》等古籍中，列出了一些门户的吉利尺寸。《鲁班经》认为，小单扇门宜开二尺一寸，即67.2cm为义门；单扇门宜开二尺八寸，即89.6cm，为吉门；小双扇门宜开四尺三寸一分，即137.92cm为吉门；双扇门宜四尺三寸八分，即140.16cm，为财门；大双扇门宜开五尺六寸六分，即181.12cm，为吉门。吉利尺寸应用广泛，《事林广记》认为，一寸（3.2cm）为鲁班尺中的"财"；六寸（19.2cm）为"义"；一尺六寸（51.2cm）为"财"；二尺一寸（67.2cm）为"义"；二尺八寸（89.6cm）为"吉"；三尺六寸（115.2cm）为"义"；五尺六寸（179.2cm）为"吉"；七尺一寸（227.2cm）为"吉"；七尺八寸（249.6cm）为"义"；八尺八寸（281.6cm）为"吉"；一丈一寸（323.2cm）为"财"，这些都是吉利的尺寸，可应用在室内布局各个方面。次间面宽酌减，一般为明间的8/10，或按实际需要确定。"进深"宋以前也没有明确的规定，《营造法式》中讲到"椽每架平"即指进深方向每两根檩木之间的水平距离，一般为五~六尺。只要知道屋架所布置的檩木根数，进深尺寸即可得出。清《工程做法则例》的进深尺寸在规定面阔时，也同时规定了进深，即大式带斗栱建筑：明间的阔深比为1：1.75~1：1.8。对不带斗栱和小式建筑：明间阔深比为1：1.62~1：1.2。因此，大式建筑的进深一般为明间面阔的1.6~2倍，小式建筑的进深一般为明间面阔的1.1~1.2倍。

柱高与柱径，古建筑柱子的高度与直径是有一定比例关系的，柱高与面宽也有一定比例。小式建筑，如长檩或六檩小式，明间面宽与柱高的比例为10：8，即通常所谓面宽一丈，柱高八尺。柱高与柱径的比例为11：1。如清工部《工程做法则例》规定："凡檐柱以面阔十分之八定高，以十分之七（应为百分之七）定径寸。如面阔一丈一尺，得柱高八尺八寸，径七寸七分。"五檩、四檩小式建筑，面阔与柱高之比为10：7。根据这些规定，即可进行推算，已知面宽可以求出柱高，知柱高可以求出柱径。相反，已知柱高、柱径也可以推算出面阔。

收分和侧脚，中国古建筑圆柱子上下两端直径是不相等的，除去瓜柱一类短柱外，任何柱子都不是上下等径的圆柱体，而是根部（柱脚、柱根）略粗，顶部（柱头）略细。这种根部粗、顶部细的做法，称为"收溜"，又称"收分"。要柱做出收分，既稳定又轻巧，给人以舒适的感觉。各式建筑收分的大小一般为柱高的1/100，如柱高3m，收分为3cm，假定柱根为27cm，那么，柱头收分后直径为24cm。大式建筑柱子的收分，《营造算例》规定为7/1000。

出水与回水，中国古建筑出檐深远、出檐大小也有尺寸规定。清式则例规定：小式房座，以檐檩中至飞檐椽外皮（如无飞檐至老檐椽头外皮）的水平距离为出檐尺寸，称为"上檐出"，简称"上出"，由于屋檐向下流水，故上檐出又形象地被称为"出水"。无斗栱或小式建筑上檐出尺寸定为檐柱高的 3/10，如檐柱高 3m，则上檐出尺寸分为三等份，其中檐椽出头占 2 份，飞椽出头占一份。

有台基出水，中国古建筑都是建在台基之上的，台基露出地面部分称为台明，小式房座台明高为柱高的 1/5 或柱径的 2 倍。台明由檐柱中向外延出的部分为台明出沿，对应屋顶的上出檐，又称为"下出"，下出尺寸，小式做法定为上出檐的 4/5 或檐柱径的 2 倍，大式做法的台明高台明上皮至挑尖梁下皮高的 1/4。大式台明出沿为上出檐的 3/4。古建筑的上出大于下出，二者之间有一段尺度差，这段差叫"回水"，回水的作用在于保证屋檐流下的水不会浇在台明上，从而起到保护柱根、墙身免受雨水侵蚀的作用。

步架和举架，清式古建筑木构架中，相邻两檩中～中的水平距离称为步架。步架依位置不同可分为廊步（或檐步）、金步、脊步等。如果是双脊檩卷棚建筑，最上面居中一步则称为"顶步"。在同一幢建筑中，除廊步（或檐步）和顶步在尺度上有所变化外，其余各步架尺寸基本是相同的。清式古建筑木构架中步架尺寸（即相邻两檩中～中的水平距离），小式廊步架一般为 4D～5D，金脊各步一般为 4D，顶步架尺寸一般都小于金步架尺寸，以四檩卷棚为例，确定顶步架尺寸的方法一般是：将四架梁两端檩中尺寸均分五等份，顶步架占一份，檐步架各占二份，顶步架尺寸最小不应小于 2D，最大不应大于 3D，在这个范围内可以调整。所谓举架，构架相邻两檩中－中的垂直距离（举高）除以对应步架长度所得的系数，清代建筑常用举架有五举、六五举、七五举、九举等等。表示举高与步架之比为 0.5, 0.65, 0.75, 0.9 等。清式做法的檐步（或廊步），一般定为五举，称为"五举拿头"。小式房屋或园林亭榭，檐步也有采用四五举或五五举的，要视具体情况灵活处理。小式房脊步一般不超过八五举。大式建筑脊步一般不超过十举，古建筑屋面举架的变化决定着屋面曲线的优劣，所以在运用举架时应十分讲究，要注意屋面曲线的效果，使其自然和缓。千百年来，古建筑匠师们在举架运用上已积累了一套成功经验，形成了较为固定的程式。如小式五檩房，一般为檐步五举、脊步七举。七檩房，各步分别为五举、六五举、八五举等等。大式建筑各步可依次为五举、六五举、七五举、九举等。

1.3.5 我国古建筑的影响

中国古建筑对我国现代建筑的影响是深远的，仅从建筑符号的角度理解和认识，就可以产生中国特色的建筑形式。而且，中国建筑文化博大精深，建筑艺术丰富多彩。中国自汉唐以来就建立了中华大文化圈，东南亚各国包括日本、朝鲜、韩国等都受到过中国传统建筑文化的影响，总体上归属东方建筑文化。韩国古城门建筑是代表了韩国在古典建筑的经典，最著名的是首尔南面另一世界遗产水原华城（图 1.3-34）。水原华城正门的八达门是韩国古建筑中最具标志性的造型，半圆形的瓮城建筑具有非常高的美学价值。日本古代建筑有奈良中期迁都平城京后，大力吸

收唐代中国文化，在各诸侯国建立国分寺，在平城京建造总国分寺——东大寺（图1.3-35）。东大寺的大殿面阔 11 间，高约 40m，佛像高 20m 左右，是当时日本最宏伟的建筑物。平城京是日本奈良时代的京城，地处今奈良市西郊。710 年（和铜三年、唐景云元年），元明天皇迁都于此。东南亚建筑文化由于受到中印两大建筑文化和宗教的影响下，再加上其他地域文化的进入，形成了他们各自独特的风格。比如：东南亚的泰国（图1.3-36）、柬埔寨（图1.3-37）、老挝以佛教为国教，缅甸也以佛教为主（图1.3-38），佛教徒约占总人口的 80% 以上，他们建筑多半是采用多角屋坡屋顶；马来西亚、文莱的建筑是以伊斯兰教尖顶塔楼为主；印度尼西亚建筑在印度教、佛教影响下，建筑主要是砖石的人造房屋，表现为"塔祠"的形式，塔祠上都刻有各种神鬼罗刹的雕像。后来印尼随着国际贸易和新的文化交融（来自中国、葡萄牙、荷兰和英国的文化与原来的印度教和伊斯兰教文化的交融），形成了印尼折衷的独特的建筑风格和城市模式。菲律宾、东帝汶是西方格调多一些；越南是法国同中国样式的相结合（图1.3-39）。总之，中国的建筑体系除了在我国各民族、各地区广为流传以外，也是世界古代建筑中传播范围比较广泛的体系之一。

图 1.3-34　韩国水原华城正门

图 1.3-35　日本奈良平城东大寺

图 1.3-36　泰国大皇宫

图 1.3-37　柬埔寨王宫

图 1.3-38　缅甸民居

图 1.3-39　越南顺化古建筑

第 2 章

我国古代建筑内涵

2.1　古建筑的文化特点

我国古代建筑不但具有完善的使用功能，也有深邃的文化内涵，这是中华文明的重要表现之一。从传统建筑的规模、布局、形制，就体现出礼制内涵，如：天圆地方、前朝后寝、前朝后市和前堂后室等。在群体建筑上突出中轴线对称，体现尊卑有序的等级差别。四合院的轴线贯穿其中，布局中既有内向性，又有开放性的庭院建筑，反映出中国北方民族坚韧、内敛的性格和中规中矩的礼制。斗栱与彩绘则表现了中国建筑层级和严谨与精美、技术于艺术的统一。我国古代建筑具有深邃的文化底蕴，这是我们都不要忽视的问题，建筑不仅仅是一门技术，它还有着强烈的文化内涵、社会背景、民俗民风、道德伦理等一系列精神层面的体现。我们要充分地认识到它的独特性，才能创造出具有中国特色的诗、书、画、形一体的建筑。中国古代建筑多由单体建筑组合而成，大到宫殿，小到宅院，莫不如此。它的布局通常为南北方向，也有少数建筑群因受地形地势限制采取变通形式，有些地方建筑由于受到了宗教信仰或风水思想的影响而变异方向的。中国古代建筑群以一条纵轴线为主线，将主要建筑物布置在轴线上，次要建筑物则布置在主要建筑物的两侧，东西对称，组成为一个方形或长方形院落。这种院落布局既满足了安全与向阳通风、防风寒的生活需要，也符合中国古代社会宗法和礼教的制度。当一组庭院不能满足需要时，可在主要建筑前后延伸布置多进院落，在主轴线两侧布置跨院（辅助轴线）。曲阜孔庙在主轴线上布置了十进院落，又在主轴线两侧布置了多进跨院。至于坛庙、陵墓等礼制建筑布局，那就更加严整了。这种严整的布局并不呆板僵直，而是将多进、多院落空间，布置成为变化的颇具个性的空间系列。北京的四合院住宅，它的四进院落各不相同。第一进为横长倒座院，第二进为长方形三合院，第三进为正方形四合院，第四进为横长罩房院，后罩房是正房后面隔了一定距离平行的一排房子。四进院落的平面各异，配以建筑物的不同立面，在院中莳花植树，置山石盆景，使空间环境清新活泼，宁静宜人。我国古代建筑对于装饰极为讲究，凡一切建筑部位或构件都要美化，所选用的形象、色彩因部位与构件性质不同而不同。比如：台基和台阶本是房屋的基座和进屋的踏步，但给以雕饰，配以栏杆，就显得格外庄严与雄伟了。屋面装饰可以使屋顶的轮廓形象更加优美。像故宫太和殿，重檐庑殿顶，五脊四坡，正脊两端各饰一龙形大吻，张口吞脊，尾部上卷，四条垂脊的檐角部位各饰有九个琉璃小兽，增加了屋顶形象的艺术感染力和文化想象力。门窗、隔扇、板壁、多宝格、书橱等除了分隔室内外空间外，以其各种形象、花纹、色彩增强了建筑物的艺术效果。另外，各种罩，如几腿罩、落地罩、圆光罩、花罩、栏杆罩等，有的还要安装玻璃或糊纱，绘以花卉或题字，使室内充满书卷气味。天花即室内的顶棚，是室内上空的一种装饰。一般民居房屋制作较为简单，多用木条制成网架，钉在梁上，再糊纸，称"海墁天花"。重要建筑物，如殿堂，则用木支条在梁架间搭制方格网，格内装木板，绘以彩画，称"井口天花"。藻井是比天花更具有装饰性的一种屋顶内部装饰，它结构复杂，下方上圆，由三层木架交构组成一个向上隆起如井状的顶棚，多用于殿堂、佛坛的上方正中，交木如井，绘有藻纹，故称藻井。彩绘是中国古代建筑的一个重要特征，是建筑物不可缺少的一项艺术装饰。它原是施之于梁、柱、门、窗等木构件之上用以防腐、防蠹的油漆，后来逐渐演化为彩画。古代在建筑物上施用彩画，有严格的等级区分，庶民房舍不准绘彩画，就是在紫禁城内，不同性质的建筑物绘制彩画也有严格的区分。其中和玺彩画属最高一级，内容以龙为主题，用于主要殿堂，格调华贵。旋子彩画是图案化彩画，画面布局素雅灵活，富于变化，常用于次要宫殿及配殿、门庑等建筑上。再一种是苏式彩画，以山水、人物、草虫、花卉为内容，多用于园苑中的亭台楼阁之上。讲到中国古建筑，不能不谈一下中国古典园林建筑。中国古典园林它与中国诗词、绘画、音乐一样重在写意，有诗情画意、步换景移之说。中国古典园林重在造景，它充分利用山水、岩壑、花木、建筑表现境界，故中国古典园林有写意山水园之称。中国造景以无法之法，它摄取万象，塑造典型，托寓自我，通过观察、提炼，尽物态，穷事理，把自然美升华为艺术美，以表现自己的情思。观景者在景的触发下也会引起某种思考，进而升华为一种意境，故赏景也是一种艺术再创作。这个艺术再创作，是赏景者借景物抒发感情，寄寓情思的自我表现过程，是一种精神升华，达到较高层次的思想境界。中国古典园林中大体分为：治世境界、神仙境界、自然境界。治世境界多见于皇家苑囿，如圆明园四十景中约有一半属于治世境界，几乎包含了儒学的哲学、政治、经济、道德、伦理的全部内容。自然境界主要反映在文人园林之中，如宋代苏舜钦的沧浪亭，司马光的独乐园。神仙境界则反映在皇家园林与寺庙园林中，如圆明园中的蓬岛瑶台、方壶胜境、青城山古常道观的会仙桥、武当山南岩宫的飞升岩。总之，中国古建筑的发展是不断完善土木材料技术和性能的过程，以此演变成许许多多各种各样的建筑，这些古建筑或多或少的在各个部位、各种材料的制作中，把本地的文化和艺术融入到建筑中，为建筑又注入了新的内涵。

2.1.1 古建筑与文字关系

20世纪初，殷墟因发现甲骨文而闻名于世。甲骨文中有关房屋的字，都和房屋的建筑形式和使用功能有直接关系，比如甲骨文：

：甲骨文这个字叫"享"，是指在方形台基上建有房子，殷周时贵族的墓前常建有房子叫"享堂"，是向死者供奉祭品的地方，认为死者能在这个房子接受

祭品并且享用它，由此演化出享子。名十三陵、清东陵、清西陵都还有这样的建筑。

食：甲骨文这个字叫"京"，和享字相似，是指高台式建筑，也都是建在墓地的建筑。《吕氏春秋·禁塞》中说：为"京丘"若山陵。解释为：将死尸用土堆筑起来做成"京丘"，像山陵一样高大。这个京字就是炫耀战功的建筑，后来引申为统治者的都城。经考，河北易县燕下都就有数十个高约 10m，直径数十米的圆形夯土台里面就有数万颗布满枪、箭创伤的人头骨，说明这一点。

禽：甲骨文这个字叫"高"，是指下部是有窗，上部有顶的楼房。

禽：甲骨文这个字也叫高字也表示楼房。

亚：甲骨文这个字叫"亚"，商周时不设常备军队，遇到战事时由族长率领族人组成队伍，族长担任指挥官叫亚。古代一个大家族常住在一个院子里，甲骨文的亚字很像院子的平面图。

邑：甲骨文这个字也叫"邑"，上面方形表示城，下面的人形表示这个城是住人的。《史记·五帝本纪》中说：舜十分受人们爱戴，他走到哪，人们就跟到哪，以致"一年而居成聚，二年成邑，三年成都"。邑比都市小，比聚落大。

鄙：甲骨文这个字也叫"鄙人"，这个字上面的方形表示城，下面是个房子，是指城外的房子有郊外的意思。古人将居住在郊外的人称为荒鄙之人，自谦的称呼为"鄙人"。

鄙：甲骨文这个字也叫鄙字。

門：甲骨文这个字也叫"门"。

户：甲骨文这个字也叫"户"表示门的一半，是一扇门。古人称双扇为门，单扇为户。

向：甲骨文这个字也叫"向"，表示一个有窗的房子，《说文解字》中说："向，北出牖也"，上古的"窗"专指开在屋顶上的天窗，开在墙壁上的窗叫"牖"

甲骨文还有与建筑有关的文字，如：

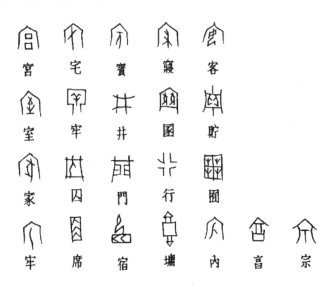

从上述甲骨文中有关房屋的字可以看出，中国文字是从形到字的演化而成。而建筑内涵从上古到如今都与文化、文字离不开的，所以，我们要想深入了解中国古建筑，就要先了解中国文字的产生演变不无益处，这些都是建筑创作的源泉，是丰富和深邃的不可不知的底蕴。有了这些文化底蕴作积淀，建筑创作就有了宽广的思路和启发，再加上我们利用现代技术的方法和表现，一个中国特色的现代建筑就会落地于中国的广袤大地上。

2.1.2 古建筑文化的产生

我国古代建筑文化，可以从近百年以前上溯到六七千年的上古时期。在河南安阳发掘出来的殷墟遗址（图2.1-1），是商代后期的都城，距今有四千多年了。遗址上有大量夯土的房屋台基，上面还排列着整齐的卵石柱础和木柱的遗迹。说明我国木构架形式在那时已经初步形成。木构梁柱系统大约在春秋时期就广泛的采用，到

图2.1-1 河南安阳发掘的殷墟遗址

了汉代更加成熟。木构结构大体可分为抬梁式、穿斗式、井干式，以抬梁式采用最为普遍。抬梁式结构是沿房屋进深在柱础上立柱，柱上架梁，梁上重叠数层瓜柱和梁，再于最上层梁上立脊瓜柱，组成一组屋架。平行的两组构架之间用横向的枋联结于柱的上端，在各层梁头与脊瓜柱上安置檩，以联系构架与承载屋面。檩间架椽子，构成屋顶的骨架。这样，由两组构架可以构成一间，一座房子可以是一间，也可以是多间。斗栱是中国木构架建筑中最特殊的构件。斗是斗形垫木块，栱是弓形短木，它们逐层纵横交错叠加成一组上大下小的托架，安置在柱头上用以承托梁架的荷载和向外挑出的屋檐。到了唐、宋，斗栱发展到高峰，从简单的垫托和挑檐构件发展成为联系梁枋置于柱网之上的一圈"井"字格形复合梁。它除了向外挑檐，向内承托顶棚以外，主要功能是保持木构架的整体性，成为大型建筑不可缺少的部分。宋以后木构架开间加大，柱身加高，木构架结点上所用的斗栱逐渐减少。到了元、明、清，柱头间使用了额枋和随梁枋等，构架整体性加强，斗栱的形体变小，不再起结构作用了，排列也较唐宋更为丛密，装饰性作用越发加强了，形成为显示等级差别的饰物。为了保护木构架，屋顶往往采用较大的出檐。但出檐有碍采光，以及屋顶雨水下泄易冲毁台基，因此后来采用反曲屋面或屋面举折、屋角起翘，于是屋顶和屋角显得更为轻盈活泼。穿斗式结构又称立贴式结构，其特点是沿房屋的进深方向按檩数立一排柱，每柱上架一檩，檩上布椽，屋面荷载直接由檩传至柱。每排柱子靠穿透柱身的穿枋横向贯穿起来，成一榀构架。每两榀架构之间使用斗枋和纤子连在一起，形成一间房间的空间构架。斗枋用在檐柱柱头之间，形如抬梁构

架中的阑额；多用于民居和较小的建筑物。因此，在中国南方长江中下游各省，保留了大量明清时代采用穿斗式构架的民居建筑。井干式结构是一种不用立柱和大梁的中国房屋结构。这种结构以圆木或矩形、六角形木料平行向上层层叠置，在转角处木料端部交叉咬合，形成房屋四壁，形如古代井上的木围栏，再在左右两侧壁上立矮柱承脊檩构成房屋。中国商代墓椁中已应用井干式结构，汉墓仍有应用。目前所见最早的井干式房屋的形象和文献都属汉代。在云南晋宁石寨山出土的铜器中就有双坡顶的井干式房屋。《淮南子》中有"延楼栈道，鸡栖井干"的记载。经考古发掘证实，早在新石器时期的母系氏族社会中，黄河流域、长江流域的广大地区已发现有相当规模的氏族聚落的建筑群，从陕西省西安市半坡村遗址和近年发掘出的浙江省余姚县河姆渡遗址中，可以看出当时木结构建筑已具有相当的规模和水平。河姆渡遗址发现的建筑木构件（图2.1-2），证实中国的祖先很早就已掌握了完善的榫卯连接技术，也说明木结构在此之前已经历了很长的使用和发展过程。中国古代木结构除广泛用在宫殿、庙宇、民居等各种低层建筑外，还用来建造多层或高楼巨阁。早在春秋时已有重屋的建造，在出土文物中战国时期的铜器上可以看到不少雕刻有二层、三层的建筑图案。秦、汉朝以来多层楼阁有所增加，北朝时期楼阁式木塔的建造，盛极一时，其中最著名的是北魏熙平年间建造的洛阳永宁寺塔。据《洛阳伽蓝记》载："寺中有九层浮图一所，架木为之，举高九十丈，有刹，复高十丈，合去地一千尺，去京师百里已遥见之。"而在《水经注》及《魏书》中，对这座塔的高度都记为四十余丈，实际当时的四十丈即已超过100m，足以证明6世纪初，中国在高层木结构方面所取得的卓越成就。可惜此塔建成不久，即焚于火。现存高层木结构实物，当以山西省应县佛宫寺释迦塔习称应县木塔为代表，塔身外观五层，内有四个暗层，共为九层，高67余米，平面呈八角形，建于辽朝清宁二年（1056年），结构采用内外两圈木柱网，每层用梁、坊、斗栱组成平面网架，层层重叠而成，坚固异常，自建成至今，已有900余年，并经历多次地震的考验，仍巍然屹立。但是，从上述我国独特的建筑结构来看，中国古代建筑的文化性也在其中了。因为，我们古人为了满足生存需要从山洞走出，开始构木为巢、掘地为穴，到后来房屋的出现，以致建筑的完善、丰富和发展，都是以功能、材料、技术为依托的进步。从历史发展的过程来看，人始终主导建筑的物质发展和进步。所以，建筑物质与人们的精神需求逐渐融合，达到物质与精神的高度统一，建筑文化也就产生了！而且，我国各朝各代又不断地完善它，到了宋代由于《营造法式》的出现，规定了木构的规制、方法、技术等，使土木结构走向了成熟，也展现出中国建筑文化的广泛性和独特性。秦汉时期房屋由屋顶、屋身和台基三部分组成。梁柱交接开始使用斗栱和平坐、栏杆的形式都表现得很清楚，说明我国古代建筑的许多主要的特征都已形成，建筑文化也就基本形成。汉石阙（图2.1-3）即汉代皇宫门前两边的望楼或墓道外的石牌坊。

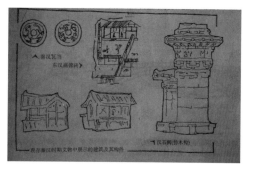

图2.1-2　浙江省余姚县河姆渡遗址出土木构件　　　图2.1-3　现存秦汉瓦当汉石阙

2.1.3　古代的廊院和庭院

廊院又是一种建筑布局形式，在中轴线上设置主建筑和次要建筑，在两侧用回廊把建筑链接起来形成院落。也是指用各种道廊、走廊联成的院落。六朝至唐代，其宫殿、庙宇、邸宅常在主屋与门屋间的两侧都用廊子联成廊院。在园林中也常见各种形式的廊院。廊院的历史很长，从汉代至宋、金，廊院就见于宫殿、祠堂、寺庙、道观和较大的住宅。唐宋时期，大型廊院的组合相当复杂，而晚唐出现了具有廊庑的四合院，即堂下四周的廊屋。廊无壁，仅作通道；庑则有壁，可以住人。逐渐取代了廊院，宋朝以后，廊院逐渐减少。廊院这种布局平面形状都比较简单，经常通过廊、墙等把一幢幢的单体建筑组织起来，形成空间层次丰富多变的建筑群体。此种布局以回廊与建筑相组合，收到了大小、高低与虚实、明暗相对比的艺术效果。可见，廊院的确是中国传统建筑文化中一种特指的布局，是中华传统的建筑文化中不可或缺的一部分，她是历史的、文化的、艺术的。何园（图2.1-4），坐落于江苏省扬州市的徐凝门街66号，又名"寄啸山庄"，是一处始建于清代中期的中国古典园林建筑，被誉为"晚清第一园"，面积1.4万余平方米，建筑面积7000余平方米。何园由清光绪年间何芷舣所造，片石山房系石涛大师叠山作品。何园的主要特色是充分发挥了1500m复道回廊的功能和魅力，是中国园林中少有的景观。退思园（图2.1-5），位于江苏省苏州市吴江区，建于清光绪十一年至十三年（1885～1887年）。退思园建筑设计者袁龙，字东篱，诗文书画皆通。他根据江南水乡特点，因地制宜，精巧构思，历时两年建成此园。退思园占地仅九亩八分，既简朴无华，又素静淡雅，具晚清江南园林建筑风格。退思园布局独特，亭、台、楼、阁、廊、坊、桥、榭、厅、堂、房、轩，一应俱全，并以池为中心，诸建筑如浮水上。其廊院格局紧凑自然，结合植物配置，点缀四时景色，给人以清澈、幽静、明朗之感。退思园因地形所限，更因园主不愿露富，建筑格局突破常规，改纵向为横向，自西向东，西为宅，中为庭，东为园。宅分外宅、内宅，外宅有轿厅、花厅、正厅三进。轿厅、花厅为一般作接客停轿所用，遇婚嫁喜事、祭祖典礼或贵宾来临之时，则开正厅，以示隆重。园主人兰生，字畹香，号南云。庭院是指建筑物（包括亭、台、楼、榭）前后

左右或被建筑物包围的场地通称为庭或庭院。庭院之内涵精神契合了中国传统的价值观、宇宙自然观和审美观。体现在权力空间、中介复合、人工自然和文本象征等四个方面。从形态上可将它们归纳四种基本类型即：居住型庭院（图2.1-6）：（1）空间体现权利意识；（2）多采用中庭式布局；（3）具有私密性和半私密性；（4）满足人们接近自然的心理。宫殿型庭院（图2.1-7）：（1）强调围合建筑的等级秩序；（2）空间体量庞大；（3）完整的庭院空间；（4）平面多为中殿式或与中庭式组合。园林型庭院（图2.1-8）：（1）平面曲折多变；（2）空间层次丰富；（3）空间轮廓不甚分明，具有渗透性；（4）更加强调多种人工、自然元素的引入。宗教型庭院（图2.1-9）：（1）平面构成相对宫殿型庭院来讲自由度较大；（2）空间多功能，具有一定的公共性；（3）有殿堂重置现象。

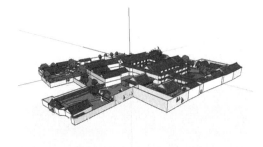

图2.1-4　江苏扬州何园是廊院建筑

图2.1-5　江苏吴江退思园也是廊院建筑

图2.1-6　居住型庭院

图2.1-7　宫殿型庭院

图2.1-8　园林型庭院

图2.1-9　宗教型庭院

中国建筑中的院落元素，如房屋、山水、花木、曲径、游廊等，都是从自己不同的角度，以各自独特的表现方式，体现着中国哲学"天人合一"思想。中国人之所以把"家"叫"家庭"，就是因为家必须有庭院。院落情结已经渗透到中国人的

 中国古建筑文化集锦

血液里，长期影响着中国人的居住心态和形态。

2.1.4 佛教建筑塔寺传入

佛教，是世界三大宗教之一，源于古代印度，西汉末年时传入我国。从此，佛教文化逐渐成为我国传统文化的重要组成部分，而其中的佛教建筑，则更是传统文化的珍贵遗产。我国的佛教建筑主要有寺院，塔、石窟寺等几种形式。寺院是历代佛教信徒拈香顶礼，诵经拜佛的梵宫圣地。最初时，"寺"是中国古代官署的名称。东汉永平十一年（68年），西域僧人摄摩腾和竺法兰，带着佛经、佛像来到洛阳，下榻鸿胪寺暂住后汉明帝敕建僧院，供他们传教之用。因传说中佛经、佛像由白马驮来，故僧院被命名为"白马寺"。以后，随着佛教的发展，"寺"便成了中国僧院的一种泛称。寺院一般以殿堂为主体，建筑形式沿袭古制，较多地采用庑殿、歇山、重檐、悬山、硬山等屋顶。主要建筑位于南北向的中轴线上，而次要建筑安排在轴线东西两侧。宋代时的寺院盛行"伽蓝七堂"制度，即佛殿、法堂、僧堂、库房、山门、西净、浴堂。较大的寺院还有钟鼓楼，罗汉堂等。明清时，山门、天王殿、大雄宝殿、后殿、法堂、罗汉堂、观音殿、钟鼓楼等，已成为寺院的常规述筑。佛教寺院的大门通常称为"山门"。"天下名山僧占多"，因寺院多居山林深处，故有此称。山门一般开有三个门洞，象征"三解脱门"，即空门、无相门、无作门。一般来说东配殿是伽蓝殿，西配殿为祖师殿。但也有许多寺院是专供菩萨的观音殿、文殊殿。三大士殿、地藏殿或药师殿。早期的寺院往往筑有佛塔，一些大的寺院并建有藏经阁。除此外，佛寺中还有僧房，香积厨（厨房）、斋堂（食堂）、职事堂（库房）、茶堂（接待室）、云会堂（禅堂）等附属建筑。

塔，起源于古代印度，梵文称作Stupa，中文译为窣堵波、塔婆、浮图等。当初古印度筑塔是为了埋葬佛的舍利，建筑也很低。但传入中国以后，不断被汉化，成为一种独具一格、丰富多姿的高层纪念性建筑。我国的佛塔，就材料而言，有木、砖、石、铜、铁、琉璃等多种质地，从平面造型看，有方、圆、六角、八角、十二角、菱形等形状，按结构和艺术造型分，又有楼阁式、亭阁式、密檐式、金刚宝座式、过街式、花塔等形式，可谓种类繁多，丰富多彩。楼阁式塔，是我国古塔中最普遍的一种。它是印度的窣堵波与中国古代高层楼阁相结合的产物。其层与层之间的距离较大，每层的门、窗、柱、枋、斗栱、塔檐等，都参照了木结构的形式。塔内一般都设有楼梯供登临远眺。密檐式塔也是一种较高的多层塔。但它的底层特别高大，以上每层间距很小，塔檐紧连，每层之间也无门、窗、柱子等楼层结构，这种塔大多不能登临。亭阁式塔是高僧，和尚的墓塔主要形式。金刚宝座塔是佛教密宗派的塔，在一个高台上建有五座小塔，供奉金刚界五佛并象征须弥山五形，塔座和五座小塔的须弥座上布满了狮、象、马、金翅鸟王和孔雀等五种动物。花塔是由楼阁式塔和亭阁式塔变化而来，其上部装饰着巨大的莲瓣或是密布的佛龛，以及雕刻或塑

出狮、象、蛙等动物形象和其他装饰，远望恰如一束巨花，华丽无比，故称为花塔。过街塔是元代开始发展起来的，一般位于街道或大路上。由于元代大兴喇嘛教，所以过街塔大多为窣堵波式。过街塔在造型上结合了古代城关建筑的特点，下面建成门洞式。按佛教教义所说，行人从塔下经过，就是向佛礼拜。过街塔有单塔、三塔、五塔等多种形式。我国的佛塔虽然形式多种多样，但主要结构不外乎地宫、基座、塔身、塔刹几部分。尤其是塔刹，更是佛塔特有的构件，它是全塔最高的部分，用砖石砌筑的，也有金属浇铸的，意思是土田，代表佛国。塔刹实际上是古代印度窣堵波的变形。

　　石窟寺，是在山崖上开凿洞窟供养佛像的一种寺院。它也是起源于古代印度的佛教建筑，大约在公元 3 世纪时，经由克什米尔、阿富汗一带的大月氏国，在贵霜时代传入我国西部的新疆地区。著名的库木吐喇千佛洞及克孜尔千佛洞，即是这个时期开凿的。此后石窟寺建筑随佛教的发展继续东传，出现了敦煌石窟、云冈石窟、龙门石窟、炳灵寺石窟，麦积山石窟等惊世之作。古代印度有"支提"和"毗诃罗"两种石窟形式。支提是一种内圆外力马蹄形的礼拜堂，其中有一座小型的舍利塔，毗诃罗是僧侣居住的一种石窟，构造为方形的广堂，四壁开有许多小窟，供僧人居住。然而，这两种形式自传入我国后，渐渐与中国传统建筑艺术相融合，形成了灿烂的中国式石窟寺艺术。我国的石窟寺，把支提中的舍利塔改成一根直通窟顶的塔柱，塔后原留作回旋礼拜的空间，也改成了方形。而毗诃罗中僧人居住的小窟，也改为一座座佛龛了。石窟形式的中国化，在窟檐及廊道上表现得最为明显。窟檐廊道虽是依山傍崖凿就，但形式完全模仿中国古代的木结构建筑。甚至在敦煌莫高窟，至今还保留有六座唐宋木窟檐！我国的佛教建筑，不仅体现了辉煌的古代建筑艺术，同时也保留了大量的绘画。雕塑、石刻等反映历代社会生活的艺术佳作。因此，它还具有极高的历史，文物和科学研究价值。从此，佛教文化逐渐成为我国传统文化的重要组成部分。而其中的佛教建筑，则更是传统文化的珍贵遗产。

2.1.5　唐宋建筑变化背景

　　唐代是我国封建社会最繁荣的时期，其农业、手工业的发展和科学文化都达到了前所未有的高度，是我国古代建筑发展的成熟时期。唐代以后又形成了五代十国并列的形势，直到北宋完成了统一，社会经济再次得到恢复发展。北宋总结了隋唐以来的建筑成就，建筑体系有了较大的转变，建筑规模一般比唐代小，但比唐朝建筑更加秀丽富于变化。而且，建筑形式也出现了复杂的殿阁楼台，仿木构建筑形式的砖石塔和墓葬，创造了很多华丽精美的作品。建筑装饰上多用彩绘、雕刻及琉璃砖瓦等，建筑构件开始趋向标准化，并有了建筑总结性著作如《木经》、《营造法式》。唐代建筑规模宏大，规划严整。建筑群处理愈趋成熟，单体建筑形式成熟，群体建筑轴线组成，主次明确，环境存托主体。木建筑解决了大面积，大体量的技术问题，并已定型化，用材制度出现。唐代砖石建筑也有进一步的发展，仿木结构，四边形为主。唐代建筑斗栱宏大，出檐深远，屋顶舒展。斗栱除了表现受力性质以外，还直接表现出建筑美。唐代建筑色彩明快，琉璃剪边为主，常见绿色、黄色、蓝色。唐木建筑解决了大面积，大体量的技术问题，用材制度的出现，反映了施工管理水平进步，艺术加工真实成熟。宋代建筑由于受到城市结构和布局的变化，建筑造型趋向奢华秀气，木构架采用了模数制。建筑组合方面加强了进深方向的空间层次以便衬托出主题建筑。建筑装修与色彩有很大发展，砖石建筑的水平达到新的高度。《营造法式》是王安石变法的产物，目的是为了掌握设计与施工标准，节省国家财政开支，保证工程质量，《营造法式》是我国古代最完整的建筑技术书籍，书中资料主要来自历来工匠传承可行之法，不仅对北宋末年京城的宫廷建筑有直接影响。南宋时，也影响江南一带。唐代多采用板门与直棂窗，宋代则采用格子门，格子窗，明代基本沿用。

2.1.6　宋代营造法式颁布

宋代《营造法式》由政府颁布施行，这是世界上较为完整的建筑著作。《营造法式》是中国第一本详细论述建筑工程做法的官方著作，对考察宋及以后的建筑形制、工程装修做法、当时的施工组织管理，具有无可估量的作用。此书于宋元符三年（1100 年）编成，崇宁二年（1103 年）颁发施行。由少监李诫，字明仲所做。书中规范了各种建筑做法，详细规定了各种建筑施工设计、用料、结构、比例等方面的要求。全书 357 篇，3555 条。是当时建筑设计与施工经验的集合与总结，并对后世产生深远影响。原书《元祐法式》于宋元祐六年（1091 年）编成，但因为没有规定模数制，也就是"材"的用法，而不能对构建比例、用料做出严格的规定，建筑设计、施工仍具有很大的随意性。李诫奉命重新编著，终成此书。《营造法式》是宋崇宁二年（1103 年）出版的图书，是李诫在两浙工匠喻皓《木经》的基础上编成的。浙，即钱塘江，所谓两浙指以钱塘江为界，把浙江分为"浙东""浙西"两块，江之东为"浙东"江之西为"浙西"，史称"两浙"。《营造法式》标志着中国古代建筑已经发展到了较高阶段。《营造法式》的崇宁二年刊行本已失传，南宋绍兴十五年（1145 年）曾重刊，但亦未传世。南宋后期平江府曾重刊，但仅留残本且经元代修补，常用的版本有 1919 年朱启钤先生在南京江南图书馆（今南京图书馆）发现的丁氏抄本《营造法式》（后称"丁本"），完整无缺，据以缩小影印，是为石印小本，次年由商务印书馆按原大本影印，是为石印大本。1925 年陶湘以丁本与《四库全书》文渊、文溯、文津各本校勘后，按宋残叶版式和大小刻版印行，是为陶本。后由商务印书馆根据陶本缩小影印成《万有文库》本，1954 年重印为普及本。《营造法式》中虽未明确列出建筑分类，但从各卷所述内容可以看出实际上官式建筑有四类：第一类：殿阁。包括殿宇、楼阁、殿阁挟屋、殿门、城门楼台、亭榭等。这类建筑是宫廷、官府、庙宇中最隆重的房屋，要求气魄宏伟，富丽堂皇。第二类：厅堂。包括堂、厅、门楼等，等级低于殿阁，但仍是重要建筑物。第三类：余屋。即上述二类之外的次要房屋，包括殿阁和官府的廊屋、常行散屋、营房等。其中廊屋为与主屋相配，质量标准随主屋而可有高低。第四类：规格较低，做法相应从简的房屋建筑。用料方面：殿阁最大，厅堂次之，余屋最小。《营造法式》规定房屋尺度以"材"为标准，"材"有八等，根据房屋大小、等级高低而采用适当的"材"，其中殿阁类由一等至八等，均可选用，厅堂类就不能用一、二等材，余屋虽未规定，无疑级别更低对于同一构件，三类房屋的材用料也有不同的规定：例如柱径：殿阁用二材二栔至三材；厅堂用二材一栔；余屋为一材一栔至二材。梁的断面高度，以四椽栿和五椽栿为例：殿阁梁高二材二栔；厅堂不超过二材一栔；余屋准此加减。抟的直径：殿阁一材一栔或二材；厅堂一材三分，或一材一栔；余屋一材加一、二分。这样就使这三类建筑的用料有了明显差别。《营造法式》的材、分。模数只是确定斗栱部件的细部比例以控制其构件形态，并不决定具体尺寸。注记单位是"分"，而分不是具体长度，只是比例单位。一分 =1/15 材高 =1/10 材宽，而材指的是单栱用料的断面，为长宽比 1.5 ∶ 1 的矩形。至于材宽到底多少，依材等而定（图 2.1-10）：一等材，宽 6 寸；二等材，宽 5.5 寸；三等材，宽 5 寸；四等材，宽 4.8 寸；五等材，宽 4.4 寸；六等材，宽 4 寸；七等材，宽 3.5 寸；八等材，宽 3 寸。

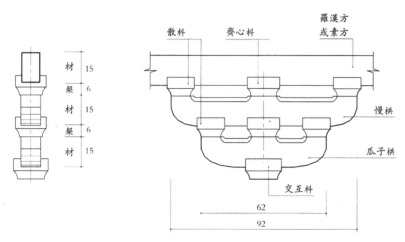

图 2.1-10 宋营造法式材、栔图解

依宋制，一尺长约 310mm，依例折算即可得公制尺寸。假设你选择一等材，那么计算得材宽 6 寸，又因宋一尺长约 310mm，材宽就是 186mm，则 1 分 =1/10 材 =18.6mm，然后按照营造法式对斗栱比例的规定，那个地方长几分，就都有了。比如，已经确定用一等材，那实际上就是确定了材高 9 寸、材宽 6 寸、栔高 3.6 寸、一分为 0.6 寸了，如此整套斗栱的尺寸就确定了。栔（qì）是古代木结构的一种术语，与斗栱结构有关的一个词语。指的是上下栱之间填充的断面尺寸，和"材"一样，是建筑尺度的计量标准。从材、分在派生出"栔"和"足材"栔"高 6 分、宽 4 分，

1 材加 1 契，共高 21 分，称为"足材"。

2.1.7 南方客家围屋形成

在两晋至唐宋时期，因战乱原因，黄河流域的中原汉人被迫南迁，历经五次南下大迁徙，先后定居南方的广东、福建、江西等地。因为离开中原故土，所以这些南下迁移的中原人一直自称为"客"寓为客居他乡之意。故有"逢山必有客、无客不住山"之说。古代当地官员为这些移民登记户籍时，亦立为"客籍"，称为"客户"、"客家"，此为客家人称谓的由来。为防外敌及野兽侵扰，多数客家人聚族而居，形成了围龙屋、走马楼、五凤楼、土围楼、四角楼等，其中以围龙屋存世最多和最为著名，是客家建筑文化的集中体现。围屋始于唐宋，盛行于明清。客家人采用中原传统建筑工艺中的抬梁式与穿斗式相结合的技艺，选择丘陵地带或斜坡地段建造围龙屋，主体结构为"一进三厅两厢一围"。他们的居住地大多在偏远，边远的山区，为防止盗贼的骚扰和土著人的侵袭，故建造了营垒式住宅。形式有三种：第一种砖瓦结构；第二种特殊土坯结构：在土中掺石灰，用糯米饭、鸡蛋清作黏稠剂，以竹片，木条作筋骨，夯筑起墙厚 1m，高 15m 以上的土楼；第三种花岗岩条石结构。普通的围龙屋占地 8 亩、10 亩，大围龙屋的面积已在 30 亩以上，建好一座完整的围龙屋往往需要五年、十年，有的甚至更长时间。一间围龙屋就是一座客家人的巨大堡垒。屋内分别建有多间卧室、厨房、大小厅堂及水井、猪圈、鸡窝、厕所、仓库等生活设施，形成一个自给自足、自得其乐的社会小群体。客家围屋，又称围龙屋、围屋、客家围屋等，是中国客家文化中著名的特色民居建筑。围屋结合了客家古朴遗风以及南方文化的地域特色，是中国五大民居特色建筑之一。只要在客家人聚居之处，都能见到围屋的踪迹，包括广东、江西、福建省、香港新界以及台湾的屏东、云林、台中东势等。客家民居的样式分为三大类：客家围屋、客家排屋、福建土楼。客家围屋是客家民居中最常见、保存最多的一种。客家围龙屋（图 2.1-11）：客家围龙屋一般在大门之内，分上中下三个大厅，左右分两厢或四厢，俗称横屋，一直向后延伸，在左右横屋的尽头，筑起围墙形的房屋，把正屋包围起来，小的十几间，大的二十几间，正中一间为"龙厅"，故名"围龙"屋。小围龙屋一般只有 1～2 条围龙，大型围龙屋则有四条五条甚至六条围龙，在广东兴宁花螺墩罗屋就有一座 6 围的围龙屋。在建筑上围屋的共同特点是以南北子午线为中轴，东西两边对称，前低后高，主次分明，坐落有序，布局规整，以屋前

图 2.1-11 广东兴宁花螺墩围龙屋

的池塘和正堂后的"围龙"组合成一个整体；里面以厅堂、天井为中心设立几十个或上百个生活单元，适合几十个人、一百多人或数百人同居一屋，讲究的还设有书房和练武厅，令人叹为观止。方形围楼（图2.1-12）：四角楼方形的围楼主要分布在赣南和粤北，也称为四角楼。四角楼注重的是建筑的防御性，四条边上一般有二至四层的围楼，四个边角都是碉楼或炮楼，有如堡垒。江西省的赣州等地的围屋也是常见的类型，是典型的客家传统礼制和伦理观念以及风水和哲学思想的具现。围龙式围屋一般背靠山坡而建，其结构以中间的正堂或堂屋为基准。正堂一般是二进至三进，呈方形结构，分为上堂、中堂和下堂（三进）。正堂左右两旁有同样是方正结构的横屋，简称为"横"。自正堂向外以同心半圆形的房屋结构一层层扩张，每一层称为一"围"或一"围龙"。围龙的层数和一侧横屋的排数一般是相等的。普通的围龙屋有"两堂两横一围龙"（中间有个正堂、两侧各有一排横屋、对应一层围龙）、"三堂二横一围龙"、"四横一围龙"（一围龙对应两排横屋）、"四横双围龙"（两层围龙）等等。圆形围楼（图2.1-13）：典型的圆形围楼是福建土楼圆形的围龙屋简称土楼、圆楼或圆寨，主要分布在福建省西部，由于其正圆形的外形和全封闭的黄土筑楼，人们也称之为土楼。土楼与围龙式的客家围屋相比，其圆形更具有较强的防御性作用。圆形土楼需要用当地的特殊黄土和成黄泥堆放三个月，经过发酵过程形成"熟泥"，将煮至融化的糯米浆加入黑糖或蜂蜜，再倒入熟泥中一起搅动，并按一定比例的沙质黏土和黏质沙土拌合，用夹墙板夯筑而成方能使用。椭圆形围楼：据深圳博物馆黄崇岳、杨耀林先生调查，先发现广东省潮州市饶平县等有六座。饶平饶洋蓝畲村的泰华楼（图2.1-14、图2.1-15），兴宁黄陂石氏中山公祠，萝岗刘氏恒丰楼，大埔湖寮黄氏中宪第等，与圆形土楼外形有些变化为椭圆形围楼。其他各式围楼（图2.1-16）：闽西的长汀县涂坊乡的"为南堂"，以及台中东势的围龙屋群落。围龙屋的设计与建造融科学性、实用性、观赏性于一体，显示出客家先人的出色才华及高超技艺。南华又庐（图2.1-17）：位于梅州市梅县区南口镇。清光绪三十年（1904）潘祥初所建。占地面积10000多平方米，外观宏伟，气势不凡。屋内分上、中、下三堂，二横共八堂，左右两侧各四堂（左边中、兴、伊、始，右边长、发、其、祥），上堂后面还有枕屋一排、厨房二座（左右各一座），屋背后有果园，种有各样优良的岭南佳果。右边有花园，建有莲池、石山、奇花异草。全屋总共有118间房，十厅九井。宇安庐（图2.1-18、图2.1-19）：位于梅州市梅县区南口镇。三堂四横，围屋外半径为15.1m，内径为11.2m，共15个扇形房间；花胎、围屋内是呈半圆的斜坡地，用卵石砌筑地面，并种上常青观赏花木；上堂进深较大，中堂则比上堂下堂宽广，两边有八柱擎托栋宇，下堂前为大门，后为天井，用雕刻精致的木屏风隔开；屋内空气清爽，厅房内外互相融洽，遥相呼应。外大门为独立式的门楼，内大门为凹门，附加门罩式，外形美观。

图 2.1-12　江西省赣州市龙南县关西镇新围村围屋

图 2.1-13　福建南靖县书洋乡田螺坑土楼群

图 2.1-14　饶平饶洋蓝畲村的泰华楼一

图 2.1-15　饶平饶洋蓝畲村的泰华楼二

图 2.1-16　闽西的长汀县涂坊乡的"为南堂"

图 2.1-17　梅州市梅县区南口镇南华又庐

第2章　我国古代建筑内涵

47

图 2.1-18　梅州市梅县区南口镇宇安庐

图 2.1-19　宇安庐鸟瞰图

2.1.8　辽金元时期的建筑

960年，宋朝结束了五代十国的分裂局面，实现了中原和南方地区的统一，社会经济得到恢复和发展，但国力和建筑规模均远逊于唐代。宋朝时，北面有契丹族的辽国，东北有女真族建立的金国，西北地区还有党项族的西夏国。宋、辽、金时代，中国南北建筑风格逐渐产生差异，但都趋向华美繁复、细腻精致，发展出多种装饰手法。北宋都城东京开封（图2.1-20），是当时全国最大城市，水陆交通发达，商业、手工业繁盛，人口逾百万。开封的里坊制逐渐废弛，出现了开放的商业街、居民巷体制的街巷制。城市开始疏浚河流、修桥铺路、增加防火设施和殡葬、救济、施药等机构和制度，在当时世界上居于先进地位。由于宋代皇帝崇信道教，当时最大的宫观建筑是玉清昭应宫（真宗时）和上清宝宫、神霄万寿宫、艮岳（徽宗时）等。北宋木构建筑总趋向是结构精巧，组合复杂，装饰多样，以太原晋祠圣母殿、正定隆兴寺摩尼殿为代表。小木作制品如藻井、帐龛、门窗、经橱、勾阑之类，日趋华美繁缛。北宋陵墓区在嵩山北麓，今河南巩县境内。陵制模仿唐代，但规模远逊，又因受风水之说的支配，一反常规陵墓选前高后低的地形。西夏王陵位于国都兴庆府（今银川）以西贺兰山麓，是我国现存规模最大，地面遗址最完整的帝王陵园之一，由于受到佛教建筑的影响，其陵园风格体现出汉族文化、佛教文化、党项族文化的有机结合。宋代佛教日益中国化、世俗化，各地普遍修筑寺、塔。现存砖塔多数创建于宋代，其类型繁多，巧思迭出，结构合理，是砖塔发展的高峰时期。大塔如河北定县开元寺塔（图2.1-21），历史上定县是宋、辽交界的军事重镇，宋曾利用此塔瞭望敌情，故又称料敌塔。还有景县开福寺塔、山东长清县灵岩寺塔。砖木混合塔如松江兴圣教寺塔、杭州六和塔（南宋）、苏州报恩寺塔（南宋），琉璃塔如开封国寺塔等。宋代铸造铁塔工艺精美，以湖北当阳玉泉寺铁塔（图2.1-22）为代表。赵县陀罗尼经幢，雕刻精致，尺度高大，在中国古代首屈一指。北宋木构建筑总趋向是结构精巧，组合复杂，装饰多样，以太原晋祠圣母殿（图2.1-23）、正定隆兴寺摩尼殿（图2.1-24）为代表。小木作制品如藻井、帐龛、门窗、经橱、勾阑之类，日趋华美繁缛。契丹族原是辽河上源西拉木伦河流域游牧民族，建立辽国后设置五京：上京临潢府（今内蒙古林东）、中京大定府（今辽宁宁城）、东京辽阳府（今辽宁辽阳）、南京析津府（今北京）、西京大同府（今山西大同）。辽上京、中京城（见辽中京）遗迹尚存，辽陵在上京附近。辽南京城是明清北京城的最早基础，附近有大批辽墓、辽塔［北京天宁寺塔（图2.1-25）、易县泰宁寺塔、涿县智度寺塔等］。从蓟县独乐寺山门（图2.1-26、图2.1-27）和观音阁木构楼阁可以清楚地看到辽对唐代建筑的继承关系。辽宁义县的辽代奉国寺大殿，是现存古代最大木构建筑之一。西京大同及其附近，目前还留存下来一批珍贵的辽代木构建筑，如华严寺下寺薄伽教藏殿、善化寺大殿、应县佛宫寺释迦塔等。释迦塔历经地震、大风、炮击的危害，屹立近千年，为中国仅存的大型木塔。辽代建筑保留了浓厚的唐代遗风，但是密檐砖塔则很特殊，形制多是实心，底层立于须弥座、平坐勾阑和莲瓣之上，塔身有八角或六角，仿木构的斗、柱、枋、门窗，上作层檐。辽塔一般色白或浅黄，金代颇多仿建。金朝先建都上京会宁府（今黑龙江阿城），迁中都大兴府（今北京）。金朝初年，改北宋东京为汴京，开封府建置依旧。金海陵王贞元元年（1153年），改汴京为南京，最后迁至南京开封府为金国陪都。中都建设规模宏伟，宫殿用汉白玉为台基栏杆，绿琉璃瓦，色彩强烈，装饰华丽，奠定了元、明宫殿建筑的基本风格。我国现存重要的金代建筑有大同善化寺的三圣殿（图2.1-28）和山门，五台佛光寺文殊殿（图2.1-29），朔县崇福寺，繁峙岩山寺等。后两者还保存大幅金代壁画，是现存最早的寺院壁画遗物。金代统治者崇儒，修复曲阜孔庙，又修缮诸岳庙、渎庙和后土庙。金代建筑颇富创造性，所谓"制度不经"，如采用大额承重梁架，大量减柱移柱（如佛光寺文殊殿、崇福寺弥陀殿），对元代建筑颇有影响。宋、辽、金时期仿木砖作常见于砖石塔、砖石墓室。侯马金代董氏墓中的砖雕舞台场景是中国剧场建筑的最早资料。南宋建筑：南宋偏安江南，以杭州为"行在"，改称临安，发展为拥有百万人口的城市。其他重要城市有成都、襄阳、寿州、明州、广州、泉州等，后三者是对外贸易港口。广州有大量阿拉伯侨民，建立了最早的清真寺建筑，如广州怀圣寺光塔等。苏州的平江府图碑（图2.1-30）和桂林的《静江府修筑城池图》，考定该图是宋代胡颖修筑城池时主持刻绘的。（图2.1-31）刻石，都是宋代州府级城市的子城制度的实证。元代建筑：元朝历史从至元八年（1271年）蒙古族元世祖忽必烈建立元朝开始，到洪武元年（1368年）秋，明太祖朱元璋北伐攻陷大都为止，前后共计98年，元朝在全国的统治结束。元朝的前身为大蒙古国，成吉思汗元年（1206年）成吉思汗统一漠北诸部，建立大蒙古国。成吉思汗二十二年（1227年）8月攻灭西夏，元太宗六年（1234年）3月攻灭金朝，完全领有华北。蒙古先后发动三次西征，使蒙古帝国称霸欧亚大陆。元宪宗九年（1259年）元宪宗蒙哥于征伐宋战争去世，领有汉地的四弟忽必烈与受漠北蒙古贵族拥护的七弟阿里不哥为了争夺汗位而发生战争，最后于至元元年（1264年）由忽必烈获胜。忽必烈于至元八年（1271年）改国号为"大元"，建立元朝，即元世祖。至元十三

年（1276 年）元朝攻灭南宋，统一全中国，结束自唐末以来 400 多年的分裂局面。元代建筑上承宋、辽、金，下启明、清。元大都的规划是继隋唐长安城、洛阳城以后，中国最后一座平地起建的都城，是按街巷制布局建造的。大都城水源充足，并且利用城内河道和预建的下水道网排水便利，街道和居住区布置适宜，反映了当时城市规划的先进水平。元代开凿自大都经通州、临清抵达杭州的大运河，使南北经济联系加强。急递铺和驿站都由大都辐射全国各地，这些措施都被明清继承下来，奠定了 600 多年以北京为中心的统一国家的基础。元大都，突厥语称为"汗八里"意为"大汗之居处"，由元代科学家刘秉忠规划建设，自元世祖忽必烈至元四年（1267 年）至元顺帝至正二十八年（1368 年）为元朝国都其城址位于今北京市市区，北至元大都土城遗址，南至长安街，东西至二环路。元大都街道的布局，奠定了今日北京城市的基本格局（图 2.1-32、图 2.1-33）。元代宫殿形制继承宋、金形制，而元代宫殿室内布置却仍然表现出蒙古族习俗的特点，个别也出现了中亚、阿拉伯的浴室、畏兀儿殿堂等建筑特点，反映出元代的政治、文化背景。汉族传统的祭奉天地、社稷、宗庙、五岳、四渎的坛庙祠祀建筑和孔庙、学宫等也都得到恢复或重建。现存元代最大木构建筑是曲阳的北岳庙德宁殿（图 2.1-34、图 2.1-35）。以及位于保定城北的慈云阁（图 2.1-36），原名大悲阁，其始建年代不详，其形制为上檐斗栱双下昂重栱造，第一层昂为昂嘴形华栱，其华头子尾不平置，而斜上挑起，承托于第二昂之尾下与曲阳德宁殿下檐斗栱相似。元代佛教中嘛教寺庙最盛，忽必烈在大都建万安寺，建筑比拟宫殿，其中主要建筑是尼泊尔名匠阿尼哥设计的大圣寿万安寺塔，明代称妙应寺白塔。嘛教建筑的装饰题材和装銮方法传入中原。但江南地区佛寺仍继承南宋以来的特点，现存如上海真如寺大殿、浙江金华天宁寺、武义延福寺大殿。西藏地区的寺院，如夏鲁寺在藏式建筑加上汉式殿屋顶带有元代特点，反映出汉藏建筑艺术的交融特征。道教在元代也受到尊信，为元代皇帝祈福而建的永乐宫由官府工匠参加建设，基本反映金元之际官式建筑的特点。元代伊斯兰教建筑随色目人移民遍布全国各地，重要遗存有新疆吐虎鲁克玛扎、泉州清净寺、杭州真教寺等。出现中亚样式与中国传统建筑相结合的趋势，至明代遂发展出采用汉族建筑式样为主的清真寺。天文学在元代有很大发展，科学家郭守敬曾主持修建大都司天台和河南登封测景台。元代一般寺庙建筑加工粗糙，用料草率，常用弯曲的木杆作梁架构件，许多构件被简化了，或者取消斗栱，使柱与梁直接连结，斗栱用料减少，不用梭柱、直梁、月梁，而用直柱、直梁，即使用草栿做法或弯料做梁架也不加天花等等，都反映了社会经济凋零和木材短缺的情况。（材料短缺，在祠庙殿宇中抽去若干柱子就是减柱、移柱法。构件简化，省略斗栱，用直梁、直柱）。请看山西洪洞广胜下寺（图 2.1-37、图 2.1-38）和山西永济永乐宫（图 2.1-39、图 2.1-40）。永乐宫于元代定宗贵由二年（1247 年）动工兴建，元代至正十八年（1358 年）竣工，施工期达 110 多年。

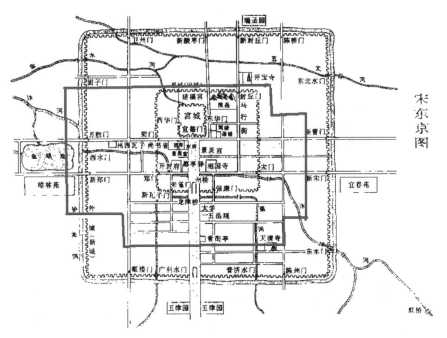

图 2.1-20 宋代东京汴梁现在称为开封

图 2.1-21 河北定县开元寺砖塔"料敌塔"

图 2.1-22 湖北当阳县铁塔

图 2.1-23 山西太原晋祠北宋圣母殿

图 2.1-24　河北正定隆兴寺北宋摩尼殿

图 2.1-25　北京辽代天宁寺塔

图 2.1-26　天津市蓟县独乐寺山辽代山门

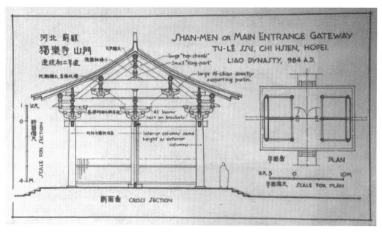

图 2.1-27　1932 年，梁思成完成了他的第一篇中国古建筑考察报告《蓟县独乐寺观音阁山门考》

图 2.1-28　山西大同善化寺金代三圣殿

图 2.1-29　山西五台佛光寺文殊殿唐宋悬山顶

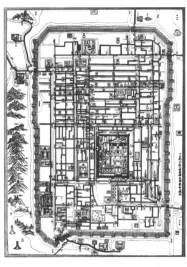

图 2.1-30 苏州平江府图碑

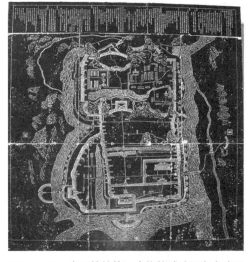

图 2.1-31 广西桂林静江府修筑城池图考定该图

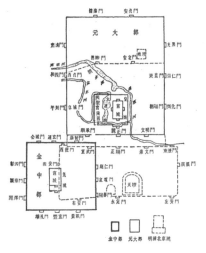

图 2.1-32 元大都发展图

图 2.1-33 元大都规划图

图 2.1-34 保定市北岳庙德宁殿

图 2.1-35　北岳庙德宁殿斗栱

图 2.1-36　定兴县元代慈云阁斗栱

图 2.1-37　广胜下寺山门木牌坊由两根戗柱支撑

图 2.1-38　广胜下寺转角斗栱，单昂四铺作

图 2.1-39　山西永济"永乐宫"的三清宫

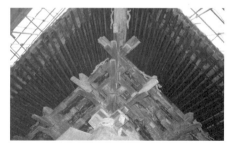

图 2.1-40　三清宫转角斗栱单昂四铺作

元中统三年（1261）扩为"大纯阳万寿宫"。金、元时期，道观的兴建也具有一定的规模。元大都的道观达 52 宫、70 观。但是，整个建筑做法简单，做工比较粗糙。

永乐宫于元代定宗贵由二年（1247 年）动工兴建，元代至正十八年（1358 年）竣工，施工期达 110 多年。元中统三年（1261 年）扩为"大纯阳万寿宫"。金、元时期，道教得到统治者的利用和支持，道观的兴建也具有一定的规模。元大都的道观达 52 宫、70 观。但是，整个建筑做法简单，做工比较粗糙。

2.1.9　明清时期建筑风格

明朝（1368 ～ 1644 年）从朱元璋建立西吴政权到崇祯皇帝自缢，明朝前后延续 276 年。元朝顺帝统治时期，爆发了红巾军起义，朱元璋参加了红巾军，并且南征北战。1368 年朱元璋以应天府（今南京）为京师，建立了明朝，国号大明，年号洪武。1398 年（洪武三十一年），朱元璋病逝，享年 71 岁，庙号太祖，谥号高皇帝，葬南京明孝陵。明朝共传 16 位皇帝。明朝的领土曾囊括今日内地十八省之范围，并曾在今东北地区、新疆东部等地设有羁縻机构。明初以应天府为京师，明成祖朱棣以顺天府（今北京）为京师，应天府改为留都。明朝初年国力强盛，北进蒙古，南征安南。1644 年，李自成率军攻占北京，崇祯帝自缢。明朝的经济文化在历史上属于较发达的阶段。明朝早期君主集权强化，皇帝大权独揽。但是，在明宣宗以后，皇权开始削弱，权力在内阁与宦官之间争夺。从明朝开始，西方伴随着文艺复兴、地理大发现和宗教改革，在世界的地位逐渐与东方平起平坐。同时，西学也随着一批传教士来到中国，为东西文化的交流开辟了窗口与机会。明朝时期砖石普遍用于居民砌墙，琉璃面砖，琉璃瓦的质量也提高了许多，应用面更加广泛。木结构方面，经元代简化，斗栱的结构作用减小，梁柱构架的整体性加强，构件卷杀简化。这期间，建筑群的布置更为成熟。官僚地主的私家花园比较发达。官式建筑的装修、彩画日趋定型化。清朝，是由满族人建立的国家，它被普遍认为是中国的最后一个封建王朝。清朝初期，它积极改革明朝宦官乱政等弊政，鼓励生产，经济得到一定恢复，这一时期也被称为"康乾盛世"。清朝统治者对内：采取了民族分治的政策；对外：实行海禁，闭关锁国，拒绝外国先进思想和技术。这些政策导致了其统治时期内的民族问题和末期的国家极度贫弱，成为殖民国家侵略扩张的对象。导致以英国为首的西方国家，先后发动了两次鸦片战争。清政府被迫与之签订了一系列的不平等条约。后来，晚清政府开展了"师夷长技以制夷"的"洋务运动"，奠定了近代中国脆弱的民族工业。同时，建筑风格也产生了一些"洋化"形式，如东南沿海一带的骑楼建筑，以及银行、商场、电影院、舞厅、宾馆、教堂等大量出现。明清时期，官式建筑已经完全定型化、标准化。明清建筑突出了梁、柱、檩的直接结合，减少了斗栱这个中间层次的作用。这不仅简化了结构，还节省了大量木材，从而达到了以更少的材料取得更大建筑空间的效果。明清建筑还大量使用砖石，促进了砖石结构的发展，如南京明代灵谷寺无梁殿（图 2.1-41）。明代五台山显通寺内的无量殿（图 2.1-42）也是用砖砌成的仿木结构重檐歇山顶的建筑，高 20.3m。这座殿分上下两层，明七间暗三间，面宽 28.2m，进深 16m，砖券而成，三个连续拱并列，左右山墙成为拱脚，各间之间依靠开拱门联系，型制奇特，雕刻精湛，宏伟壮观，是我国古代砖石建筑艺术的杰作。无量殿正面每层有七个阁洞，阁洞上嵌有砖雕匾额。无量殿有着很高的艺术价值，是我国无梁建筑中的杰作也是建筑的进步体现。明清时期，城市数量迅速增加，都市结构也趋复杂，全国各地均出现了因各种手工业、商业、对外贸易、军事据点、交通枢纽，而兴起的各类市镇，如景德镇、扬州、威海卫、厦门等，此时大小城市均有建砖城、护城河、省城、府城、州城、县城，皆各有规则。现存保存比较完好的是明西安城墙，它始建于明洪武三至十一

年（1370～1378年），是在唐长安皇城的基础上扩建而成的，明隆庆四年（1570年）又加砖包砌，留存至今。明清到达了中国传统建筑最后一个高峰，呈现出形体简练、细节繁琐的形象。也反映了明朝以来砖产量的增加和砖券技术的发展。清朝政府颁布了《工部工程作法则例》以后，各地区建筑特色开始明显。官式建筑由于斗栱比例缩小，出檐深度减少，柱的比例细长，生起、侧脚、卷杀不再采用，梁坊比例沉重，屋顶柔和的线条消失，因而呈现出拘束但稳重严谨的风格，建筑形式精炼化，符号性增强。此时期，建筑组群采用院落重叠纵向扩展，与左右横向扩展配合，以通过不同封闭空间的变化来突出主体建筑，其中以北京明清故宫为典型。此时的建筑工匠组织空间的尺度感相当灵活敏锐，明代的官式建筑已经高度标准化、定型化，而清代则进一步制度化，不过民间建筑的地方特色也十分明显。明清佛寺多数为两代重建或新建，遍及全国。汉化寺院显示出两种风格：一是位于都市内的，特别是敕建的大寺院，多为典型的官式建筑，布局规范单一，总体规整对称。大体是：山门殿、天王殿，两者中间的院落安排钟、鼓二楼；天王殿后为大雄宝殿，东配殿常为伽蓝殿，西配殿常为祖师殿。有此二重院落及山门、天王殿、大殿三殿者方可称寺。法堂、藏经殿及生活区之方丈、斋堂、云水堂等在后部配置或设在两侧小院中。如北京广济寺（图2.1-43）即是。二是各地佛刹多因地制宜，布局在求规整中有变化。分布于四大名山和天台、庐山等山区的佛寺大多属于此类。明清大寺多在寺侧一院另辟罗汉堂（图2.1-44），现全国尚存十多处，尚有新建重者。为了便于七众受戒，经过特许的某些大寺院常设有永久性的戒坛殿。明、清时代，在藏族、蒙古族等少数民族分布地区和华北一带，新建和重建了很多喇嘛寺。它们在不同程度上受到汉族建筑风格的影响，有的已经相当汉化了，但总体还保留着基本特点。

图2.1-41　南京明代灵谷寺无梁殿

图2.1-42　山西五台山显通寺明代无梁殿"无量殿"

图2.1-43　北京广济寺大雄殿

图2.1-44　浙江天台国清寺罗汉堂

清朝政府颁布了《工部工程作法则例》以后，各地区建筑特色开始明显。官式建筑由于斗栱比例缩小，出檐深度减少，柱的比例细长，生起、侧脚、卷杀不再采用，梁坊比例沉重，屋顶柔和的线条消失，因而呈现出拘束但稳重严谨的风格，建筑形式精炼化，符号性增强。此时期，建筑组群采用院落重叠纵向扩展，与左右横向扩展配合，以通过不同封闭空间的变化来突出主体建筑，其中以北京明清故宫为典型。此时的建筑工匠组织空间的尺度感相当灵活敏锐，明代的官式建筑已经高度标准化，定型化，而清代则进一步制度化，不过民间建筑的地方特色也十分明显。明清佛寺多数为两代重建或新建，遍及全国。汉化寺院显示出两种风格：一是位于都市内的，特别是敕建的大寺院，多为典型的官式建筑，布局规范单一，总体规整对称。大体是：山门殿、天王殿，二者中间的院落安排钟、鼓二楼；天王殿后为大雄宝殿，东配殿常为伽蓝殿，西配殿常为祖师殿。有此二重院落及山门、天王殿、大殿三殿者方可称寺。法堂、藏经殿及生活区之方丈、斋堂、云水堂等在后部配置或设在两侧小院中。如北京广济寺（图 2.1-43）即是。二是各地佛刹多因地制宜，布局在求规整中有变化。分布于四大名山和天台、庐山等山区的佛寺大多属于此类。明清大寺多在寺侧一院另辟罗汉堂（图 2.1-44），现全国尚存十多处，尚有新建重者。为了便于七众受戒，经过特许的某些大寺院常设有永久性的戒坛殿。明、清时代，在藏族、蒙古族等少数民族分布地区和华北一带，新建和重建了很多喇嘛寺。它们在不同程度上受到汉族建筑风格的影响，有的已经相当汉化了，但总体还保留着基本特点。明、清佛塔多种多样，形式众多。在造型上，塔的斗栱和塔檐很纤细，环绕塔身如同环带，轮廓线也与以前不同。由于塔的体型高耸，形象突出，在建筑群中起很大作用，丰富了构图，装点了风景名胜。佛塔的意义实际上早已超出了宗教的规定，成了人们一个重要的审美标志。道观、伊斯兰教堂也建造了一些带有自己风格。在民间也造了一些风水塔（文风塔）、灯塔，但在造型、风格、意境、技艺等方面都受到了佛塔的影响。山西洪洞县城东北 17km 广胜上寺飞虹塔（图 2.1-45），是国内保存最为完整的阁楼式琉璃塔。飞虹塔塔身外表通体贴琉璃面砖和琉璃瓦，浓淡不一琉璃，在晴日映照，艳若飞虹，故得名飞虹塔。塔始建于汉，屡经重修，现存为明嘉靖六年（1527 年）重建，天启二年（1622 年）底层增建围廊塔平面八角形，十三级，高 47.31m。塔身青砖砌成，各层皆有出檐，塔身由下至上渐变收分，形成挺拔的外轮廓。同时模仿木构建筑样式，在转角部位施用垂花柱，在平板枋、大额枋的表面雕刻花纹，斗栱和各种构件亦显得十分精致，其形制与结构都体现了明代砖塔的典型风格。塔外部塔檐、额枋、塔门以及各种装饰

图 2.1-45 山西飞虹塔

图案（如观音、罗汉、天王、金刚、龙虎、麟凤、花卉、鸟虫等），均为黄、绿蓝三色琉璃镶嵌，玲珑剔透，光彩夺目，绚丽繁缛的装饰效果，至今色泽如新，显示了明代山西地区琉璃工艺的高超水平。塔中空，有踏道翻转，可攀登而上，为我国琉璃塔中的代表作。

报恩寺又名报恩讲寺，俗称北寺，报恩寺塔（图2.1-46）八角九层，砖身木檐，是南宋平江（即今苏州）城内重要一景，在《平江图》碑中已经刻出（图2.1-47），又称为北寺塔，是苏州城的重要地标。报恩寺塔内部为双层套筒，八角塔心内各层都有方形塔心室，木梯设在双层套筒之间的回廊中；各层有平座栏杆，底层有副阶（围绕塔身的一圈廊道）。这些，都与山西释迦塔相仿。但副阶屋檐与第一层塔身的屋檐是一坡而下，没有重檐，与释迦塔不同。砖砌塔身每面分三间，正中一间设门。木结构部分曾经清光绪年间重修，檐角高耸，又在平座上加了许多擎檐柱，已部分改变了原样。副阶柱间连接有墙，平面直径30m，与释迦塔相近；塔全高达76m，比释迦塔高出将近9m。全塔虽尺度巨大，但层数比释迦塔多出4层，比例也比释迦塔高细，加上檐角高举，在宏伟中也蕴含着秀逸的风韵，仍体现了江南建筑艺术风格。

图2.1-46　苏州北寺报恩古塔

图2.1-47　《平江图》碑中已经刻出报恩寺图形

2.1.10　风水对建筑的影响

早在先秦时期就有相宅活动。一方面是相活人居所，一方面是相死人墓地。《尚书‐召诏序》云："成王在丰，欲宅邑，使召公先相宅。"魏晋产生了管辂、郭璞这样的宗师。管辂是三国时平原人，三国时期曹魏术士，精通《周易》（图2.1-48），善于卜筮、相术，习鸟语，出神入化。流传的《管氏地理指蒙》就是托名于管辂而作（图2.1-49）。郭璞，字景纯，河东郡闻喜县（今山西省闻喜县）人，两晋时期著名文学家、训诂学家、风水学者。他好古文、奇字，精天文、历算、卜筮，长于赋文，尤以"游仙诗"名重当世。《诗品》称其"始变永嘉平淡之体，故称中兴第一"，《文心雕龙》也说："景纯仙篇，挺拔而俊矣"。曾为《尔雅》《方言》《山海经》《穆天子传》《葬经》作注，明人有辑本《郭弘农集》。

图2.1-48　相传周易是周文王姬昌编著

图2.1-49　（魏）管辂原著

　　有学者认为，建筑风水学是中国古代建筑理论三大支柱之一，我认为传统的风水理论要认真地研究并取其精华而应用。先秦相宅没有什么禁忌，后来逐步发展成为一种术数，古人将自然界所观察到的各种变化，与人事、政治、社会的变化结合起来，认为两者有某种内在关系，这种关系可用术数来归纳、推理。《黄帝内经－素问－上古天真论》："上古之人，其知道者，法于阴阳，和于术数。"《汉书－艺文志》将天文、历谱、五行、蓍龟、杂占、形法等六方面列入术数范围。《中国方术大辞典》把凡是运用这种阴阳五行生克制化的数理以行占卜之术的皆纳入术数范围。如：星占、卜筮、六壬、奇门遁甲、相命、拆字、起课、堪舆、择日等等。汉代是一个充斥禁忌的时代，有时日、方位、太岁、东西益宅、刑徒上坟等各种禁忌，墓上装饰有避邪用的百八、石兽、镇墓文。湖北省江陵凤凰山墓出土的镇墓文，江陵丞敢告地下丞，"死人归阴，生人归阳"之语。还出现了《移徙法》、《图宅术机》、《堪舆金匮》、《论宫地形》等有关风水的书籍。有叫青乌子的撰有《青乌子相冢书》，后世风水师奉他为宗祖。风水理论在我国建筑中应用比较广泛，如："山环水抱"和"曲径通幽"两方面体现较充分："山环水抱必有气"是传统风水的重要理论。"山环水抱必有气"为风水大格局。安徽绩溪仁里村（图2.1-50），距县城3km，是个典型的古村落，至今村里还保留着大量的元、明及清代的建筑。据考古发现，早在新石器时代，这里就有人类活动，村南留有龟山遗址。一条数里长的护村坝，蜿蜒如蛇。过去，坝上栽满了柳树桃花，一到阳春三月，便有"绿杨啼宿鸟，晓雾罩桃红"之景象。如果从风水角度来讲，依山傍水是山环水抱必有气的基本条件，也是我国传统风水术选择聚落时重要的原则之一。我国传统风水理论认为，气是万物的本源。太极即气，气积而生两仪，两仪生四象，四象演八卦。一生三而五行具，土得之于气，水得之于气，人得之于气，气感而应，万物莫不如此。先民总结出"山环水抱必有气"，"山环"，即环形山，指三面群山环绕，特别是西北面，一定要有山，南面则要敞开，朝向水草动植物丰茂的地方。山环水抱的地方被认为最能藏风聚气，最有利于人类生息繁衍，进而把藏风聚气作为择址的最高标准。气具有"乘风则散，界水则止"的特点，选择宅基地以"得水为上，藏风次之"。（郭璞《葬经》）认为，大地山河之间存在蓬勃兴旺的"气"即"生气"，可使草木生长茂盛，万物欣欣向荣。同时，有生气的地方修建城镇房屋，叫做"乘生气"。认为只有得到生气的滋润，植物才会欣欣向荣，人类才会健康长寿。宋代黄妙应在《博山篇》一书中说："气不和，山不植，不可扦；气未上，山走趋，不可扦；气不爽，脉断续，不可扦；气不行，山垒石，不可扦。""扦"就是点穴，确定房屋地点。可见，择地蕴藏"生气"之说，对后世村落和建筑选址产生了极大的影响。《阳宅十书》："不居草木不生地！"《青乌子葬经》说："草木郁茂，吉气相随！"中国风水鼻祖郭璞则直言："郁郁青青，贵若千乘，富如万金！"《黄帝宅经》说："地沃，苗茂盛；宅吉，人兴隆"。

图 2.1-50 安徽绩溪仁里村

如果从中国的大地理环境背景来看，中国属于东亚季风气候，冬季刮东北风，夏季刮东南风。当冬天东北风，从大陆上吹过来后空气冷而干燥。而夏天东南风，从太平洋吹来暖湿的水气，空气温暖和湿润。这样的气候条件古人认为：选择建造房子的地方，在偏北方向要有高山阻挡北风，冬天才不会被冷空气侵袭。而房门开在偏东偏南方向，则有利于采光（我们位于北半球大部分的纬度位于北回归线以北，太阳光从南方照射过来）。在闷热的夏天有利于从海洋上刮来凉爽的海风，使人感觉身心舒服。这都是从气候、光照和气流来考虑的。如果从局部小格局来看，其实山环水抱好风水的建筑环境，也有利于小气候的营造。而建筑出现的半圆形，圆形、围合形、凹形，如客家土楼、四合院、南方传统建筑小天井等都有包围性，古人认为：包围性能给人有安全感，还能体现出团结精神，还具有内敛开放性。包围性建筑内院都有一个较大的开敞空间，这样即可以满足采光、通风需要，也能为住户提供一个户外活动场地。如果用传统风水学来解释，就是凹型，圆形的建筑格局有利于聚气，能产生对人类有利的气场。在中华大地，山环水抱的风水宝地不胜枚举，不仅被我国六大古都和名人故居所证实，也被名山大寺甚至著名的帝王陵墓所验证。而四合院建筑的左右两侧的厢房，犹如人的两臂形成环抱之势，也是"山环水抱"的另一种体现。"山环水抱"其理念，就在于其状恰如人伸出双臂表示欢迎姿态，自然就是友情的最好体现，依据"天人合一"的理论，"山环水抱必有气"也就不难理解其中还有聚集人气的缘故了。"曲径通幽"，我们理解"曲径通幽"是指弯弯曲曲的小路通往风景幽静的地方。其实古人认为：人生犹如弯弯曲曲望不到尽头的小路，如果隐藏于弯曲小路的那端幽静处耕读人生，岂不自在！从风水学角度认识"曲径通幽"，就是山有起伏之曲，水有流连忘返之曲，路有柳暗花明之曲，廊有回肠之曲，桥有拱券之曲，曲委婉顺畅、柔和自然，这就是曲径形状的妙解。而从人事来说，屈曲必有情，有情才能簇拥、积蓄、勃发生机。"曲径通幽"有内向、含蓄，幽曲的性格，如江苏省常州市溧阳南山竹海（图2.1-51），它弯曲的小路通到幽深僻静的地方。从中道出一个曲折前进的哲理，好比人生道路是起伏不平、曲曲折折，经过艰苦跋涉才能到达理想的那端。其实，这是古人借用"曲径通幽"寓意说明人生道路的哲理。纵观我国历史，先秦是风水学说的孕育时期，宋代是盛行时期，明清是泛滥时期。风水学在旧中国是大有市场。中华人民共和国成立后受到遏制，随着改革开放以来，我国人民思想不断解放，国际上也对风水加以的重视，以及它的适用性，使风水这门古老的学说焕发出新的活力。我们说当代是风水整合更新时期，应取其精华，剔除糟粕，结合现代自然科学，实事来是地作出科学评价和阐释，从而更好地为人类造福。常言道："风水轮流转"，话虽通俗但是道理显而易见。其实风水也是在不断变化中形成的，它之所以成为广泛流传的民俗，是人们对自然环境的利用和改造过程中，发现了物质世界和精神世界的一些对应关系，这些关系有规律性和特殊性，人们就从趋吉避凶、安居乐业的目的出发加以利用。当然这其中夹杂着许多唯心和主观意识。所以，要批判地继承和发展。

图2.1-51　江苏省常州市溧阳南山竹海

2.2　我国古代建筑特色

2.2.1　南北建筑特色比较

我国幅员辽阔，不同地区的自然条件差别很大。我国古代建筑就是依据不同地区，不同的材料和施工条件，结合自己的需要来建造房屋，形成了我国各地区各式各样的地方特色。由于各地采用不同的材料，以及不同做法，所以建筑外形也就不同了。另外，我国是一个多民族的国家，各个民族生活习惯不同，宗教信仰和文化风俗不同。因此，在建筑上也表现出不同的风格。它常常是与各地方气候、地理特点相结合，形成了因地制宜的建筑特色。但是，从材料系统来分辨，我国的古建筑主要还是以土木建筑构造系列为主，南北建筑的差别主要集中在样式和手法上。今天，我们研究古代建筑特色，就是要分清南北建筑特色它们差别在哪？又如何去理解各自特色。这就需要先了解南北方的设计理念是什么？人文情趣差别在哪里，他们用什么表现手法来呈现自己的理念的。南北建筑特色比较：我国南北方，在建筑上特色鲜明、各成系统。南方建筑一般都是结合环境，因地制宜，造型清秀灵动。讲到南方建筑人们很快就联想到那清清河水，青灰色的房子，昂首的马头墙。而北方建筑多坐北朝南，通常呈现的都是大平原的方正和规矩，整齐的院落布局透出豪迈气势。南方建筑有开敞天井、围屋、吊脚、骑楼等丰富多彩的形式，北方建筑则有四合院、地院、胡同、木格楞等悠久历史文化的坚守。他们都成为了一道道亮丽的风景线和珍贵的文化遗产。如果我们把南北建筑特色比较一下，我们就会发现它们之间的差异性：

一是设计理念，南北方差异：北方建筑强调良好的采光，而南方强调更多的是通风。虽然这两个字眼看似很宽泛，但它却影响了建筑的体型设计、门窗设计和院落设计。对阳光的利用、对通风条件的改善，都会影响到一系列平面图、剖面图、立面图的设计。北方强调采光，从气候和生活的角度来讲，良好采光能够为人们提供温暖舒适的居住环境。同时，还能塑造出一个明显的建筑阴影、轮廓，也是大家常说的"阳光是刻画建筑特色的好把式"。在华北大平原上的许多古老城市，其建筑组群方整规则庭院较大，各栋单体建筑相对独立。建筑造型起伏不大，屋身扁平，屋顶曲线平缓、建筑材料多用砖瓦、多数装修比较简单。比如：北京四合院就是一种正方形或长方形的院落。其特征是外观规矩，中线对称，但用法极为灵活。四合院的围墙和临街的房屋一般不对外开窗，院中的环境封闭而幽静（图2.2-1）。在黄土高原地区包括太行山以西、秦岭以北、青海日月山以东、长城以南的广大地区。跨山西、陕西、甘肃、青海、宁夏及河南等省区，面积约40万km^2，这是中国古代文化的摇篮。这一地区的基本建筑形式也是院落建筑，黄土高原的院落封闭性较强，屋身低矮，屋顶坡度低缓，还有相当多的建筑使用平顶。建筑材料方面，很少使用砖瓦，多用土坯或夯土墙，装修简单。黄土高原之上还常建有窑洞建筑，总体风格是质朴、敦厚。但在回族聚居地，还建有许多清真寺，它们体量高大，屋顶陡峻，装修华丽，色彩浓重，与一般民间建筑有明显的不同。南方建筑则强调通风，主要创造大量的半室外空间，在我国长江中下游地区每年都有梅雨季节非常潮湿，所以防水、防潮就成了问题。而岭南地区阳光又过于强烈和绵长，如广西容县明代真武阁其通风遮阳处理也就体现出来了（图2.2-2）。因此，南方建筑小阁楼、遮阳板、花架也都在建筑上出现了。古代南方阁楼多数不是为了居住使用而建，是为了储藏东西和隔热而建的，如果采用北方挖地下室方法储藏东西，它的防水防潮成本又较高。与北方地区相比，我国南方地区气候炎热，用地狭窄，丘陵和平原相间，建筑材料丰富多样。在长江中下游平原即湖北宜昌以东的长江中下游沿岸，到两湖平原（江汉平原、洞庭湖平原）、鄱阳湖平原、苏皖沿江平原、皖中平原和长江三角洲平原，面积约20万 km^2。一直以来，这个地区地少人多的矛盾比较突出。因此，建筑组群比较密集，庭院狭窄。屋顶坡度陡峻，翼角高翘，装修精致富丽，雕刻彩绘很多。传统建筑的总体风格是清新、通透、秀丽、灵巧。岭南地区，是指越城岭、都庞岭、萌渚岭、骑田岭、大庾岭之南的地区，相当于现在广东、广西、海南全境，以及湖南、江西等省的部分地区。这个地区的民居建筑庭院很小，房屋高大，门窗狭窄，坡屋顶，翼角起翘比长江中下游平原的民居稍小，建筑构造强调遮阳通风的环境特点。南方城镇村落中建筑密集，封闭性很强。房屋装修、雕刻、彩绘同样富丽、繁复，手法细腻。因此，由于南北建筑理念不同，建筑的形式差别也就很大了！

图2.2-1 北京四合院采光良好　　　　　图2.2-2 广西容县真武阁遮阳通风良好

二是人文情趣，南北方差异：我国自古以来，北方掘地为穴，南方构木为巢。但是，纵观我国历史上的房屋建设，一直都是互相学习、融会贯通，这与我国文化发展紧密相连有关系。古人由于生活在不同的自然条件下，所以他们也学会了因地制宜，因材致用的方法。通过运用不同材料，不同做法，创造出不同结构方式和不同的艺术风格的古代建筑。如：山西祁县乔家大院，它就是北方平原地区典型的院落建筑实例。乔家大院位于山西省祁县的乔家堡村，占地面积8700多平方米，建筑面积达3800多平方米，始建于清代乾隆年间。这是一座结构精巧而规模宏大的建筑群。整个院落位于一个方形的围墙之内，四周是全封闭的，墙面由青砖砌筑，

高10多米，上层是女儿墙形式的垛口。由外面还能看到一个个的更楼、眺阁，就像是城墙上的敌楼一样，很有气势。整体看来，在坚实的墙体掩护下，乔家大院就如一座稳固的城堡。乔家大院平面布局呈双喜字，共有六个大院、十个小院，相互穿插、交错，共313间房屋。六个大院落的建筑有先有后，并非营造于同一时期。乔家大院中最大的院落是一号院和二号院，它们的布局形式是祁县一带典型的"里五外三穿心楼院"，具体地说，也就是里院的正房、东西厢房都为五开间，外院的东西厢房都是三开间，里外院之间有穿心厅相连（图2.2-3）。而除了厢房外，倒座房、过厅、正房都是二层楼房。在整体的构成上，乔家大院的房顶非常有韵律。房顶由高到低，起伏变化，抑扬顿挫，在反复、连接、交错、间歇中更是得到了淋漓尽致的表现。南方最具建筑特色当属苏州园林了。比如：苏州拙政园（图2.2-4），是江南民居私家园林的代表，也是苏州园林中面积最大的古典山水园林。此地，初为唐代诗人陆龟蒙的住宅，元朝时为大弘寺。明正德四年（1509年），明代弘治进士、明嘉靖年间御史王献臣仕途失意归隐苏州后将其买下，聘请吴门画派的代表人物文徵明参与设计蓝图，历时16年建成。以后，园主虽屡有变动，但大都保持拙政园之旧。全园包括中、西、东三个部分，其中中部是全园的精华所在，布局疏密自然，其特点是以水为主，水面广阔，楼阁轩榭建在池的周围，其间有漏窗、回廊相连，园内空间处处都有沟通，互相穿插，形成丰富的层次。园南为住宅区，体现典型江南地区传统民居多进的格局。据《王氏拙政园记》和《归园田居记》记载，园地"居多隙地，有积水亘其中，稍加浚治，环以林木"，"地可池则池之，取土于池，积而成高，可山则山之。池之上，山之间可屋则屋之。"充分反映出拙政园利用园地多积水的优势，疏浚为池；望若湖泊，形成晃漾渺弥的个性和特色。拙政园中部现有水面近六亩，约占园林面积的1/3，"凡诸亭槛台榭，皆因水为面势"，用大面积水面造成园林空间的开朗气氛，基本上保持了明代"池广林茂"的特点。园林中的建筑十分稀疏，仅"堂一、楼一、为亭六"而已，建筑数量很少，大大低于今日园林中的建筑密度。竹篱、茅亭、草堂与自然山水融为一体，简朴素雅，一派自然风光。拙政园的园林建筑。早期多为单体，到晚清时期发生了很大变化。首先表现在厅堂亭榭、游廊画舫等园林建筑明显地增加。中部的建筑密度达到了16.3%。其次是建筑趋向群体组合，庭院空间变幻曲折。如小沧浪，从文徵明拙政园图中可以看出，仅为水边小亭一座。而八旗奉直会馆时期，这里已是一组水院。由小飞虹、得真亭、志清意远、小沧浪、听松风处等轩亭廊桥依水围合而成，独具特色。水庭之东还有一组庭园，即枇杷园，由海棠春坞、听雨轩、嘉实亭三组院落组合而成，主要建筑为玲珑馆。在园林山水和住宅之间，穿插了这两组庭院，较好地解决了住宅与园林之间的过渡。同时，对山水景观而言，由于这些大小不等的院落空间的对比衬托，主体空间显得更加疏朗、开阔。上述南北比较说明，人文情趣不同，体现在建筑上风格不同，北方重气势炫财富，南方重巧思展意境。

图2.2-3 山西祁县乔家大院穿心厅　　　　　图2.2-4 苏州拙政园

三是绿化植被，南北差异：北方的庭院设计强调其树木四季变化的特点，因为北方有很多具有鲜明季节特色的树木，一年四季，红、绿、黄，色彩变化很丰富。以北京颐和园为例：他的主体结构万寿山和昆明湖源自北京西山一带的自然山水，因地处华北平原，属于西北山区向东北平原的过渡地带，以温带落叶阔叶林和寒温性针叶林为主，后来随着时代变迁，其原始植被彻底改变。据乾隆《御制诗》中关于清漪园的描绘：湖中遍植荷花，西北的水网地带岸上广种桑树，水面丛植芦苇，水鸟成群出没于天光云影中，呈现一派天然野趣的水乡情调。在建筑物附近和庭院内，多植竹子和各种花卉。根据弘历诗文的片段记载，结合现存的清漪园时期的1662株古树的分布加以考察，得出其植物配置的原则是按不同的山水环境采用不同的植物栽植，以突出各地段的景观特色，渲染各自的意境。在时间上既保持终年常青又注意季节变化，前山以柏为主，辅以松间，这不仅是因为松和柏是当地植物生态群落的基调树种，还有四季常青，岁寒不凋，可作为"高风亮节"、"长寿永固"的寓意象征，而且暗绿色的松柏色调凝重，最宜大片成林栽植作为山体色彩的基调，它与殿堂楼阁的红垣、黄瓦、金碧彩画形成的强烈的色彩对比，更能体现出前山景观恢宏、华丽的皇家气派。后山则以松为主，配合元宝枫、槲树、栾树、槐树、山桃、山杏、连翘、华北紫丁香等落叶树和花灌木的间植大片成林，为点缀景观需要还配植了少量名贵的白皮松，更接近历史上北京西北郊松槲混交林的林相，以使其富于天然植被形象，更具有浓郁的自然气息。颐和园后湖碧水潆回，古松参天，幽静异常。颐和园植物景观为：满山松柏成林，林下缀以繁花，堤岸间种桃柳，湖中一片荷香。即突出了颐和园的湖光山色之美，又提升了颐和园这座皇家园林的艺术价值。湖中遍植荷花，西北的水网岸上广种桑树，水面丛植芦苇，水鸟成群出没于天光云影中，呈现一派天然野趣的水乡情调。岸边有一条模仿江南水乡风情的苏州买卖街。后湖东端通往秀丽精巧的谐趣园。谐趣园仿无锡寄畅园而建，植物景观一派江南风韵，被称为"园中之园"。沿昆明湖堤岸大量种植柳树（至今在西堤上还保存着北京最大的古柳群落），与水波潋滟相映，最能表现江南水乡的景致。"溪弯柳间栽桃"，西堤以柳树、桃树间植而形成桃红柳绿的景观，表现宛若江南水乡的神韵，成一线桃红柳绿的景色（图2.2-5）。而南方善于在湖面、小溪、小河、池塘边，用花卉来体现其的绿化植被的特色。以南方苏州拙政园为例（图2.2-6）：以"林木绝胜"著称，早期王氏拙政园三十一景中，三分之二景观取自植物题材，如桃花片，"夹岸植桃，花时望若红霞"；竹涧，"夹涧美竹千挺"，"境特幽回"；"瑶圃百本，花时灿若瑶华。"明正德初年（16世纪初），因官场失意而还乡的御史王献臣，以大弘寺址拓建为园，取晋代潘岳《闲居赋》中"灌园鬻蔬，以供朝夕之膳……此亦拙者之为政也"意，名为"拙政园"。王献臣死后，其子一夜赌博将园输给阊门外下塘徐氏的徐少泉。此后，徐氏在拙政园居住长达百余年之久，后徐氏子孙亦衰落，园渐荒废。明崇祯四年（1631），园东部荒地十余亩为刑部侍郎王心一购得。王善画山水，悉心经营，布置丘壑，于崇祯八年（1635）落成，名"归田园居"。归田园居也是丛桂参差，垂柳拂地，"林木茂密，石藓然"。每至春日，山茶如火，玉兰如雪。杏花盛开，"遮映落霞迷涧壑"。夏日之荷，清丽雅致，婀娜多姿。秋日芙蓉，映锦成霞，洁白绽放。冬日老梅偃仰屈曲，独傲冰霜。有泛红轩、至梅亭、竹香廊、竹邮、紫藤坞、夺花漳涧等景观。拙政园至今仍然还保持着荷花、山茶、杜鹃为著名的三大特色花卉。仅中部二十三处景观，如远香堂、荷风四面亭的荷（"香远益清"，"荷风来四面"）；倚玉轩、玲珑馆的竹（"倚楹碧玉万竿长"，"月光穿竹翠玲珑"）；待霜亭的桔（"洞庭须待满林霜"）；听雨轩的竹、荷、芭蕉（"听雨入秋竹"，"蕉叶半黄荷叶碧，两家秋雨一家声"）；玉兰堂的玉兰（"此生当如玉兰洁"）；雪香云蔚亭的梅（"遥知不是雪，为有暗香来"）；听松风处的松（"风入寒松声自古"），以及海棠春坞的海棠，柳荫路曲的柳，枇杷园、嘉实亭的枇杷，得真亭的松、竹、柏等等。上述比较说明，北方凸显植物造景基调，南方造景情调为先。

图 2.2-5　颐和园绿化

图 2.2-6　苏州拙政园绿化

四是建筑设计南北差异：北方建筑充分运用地下室的处理，而阁楼主要根据各种造型需要且利用之。古代南方在这两个方面都稍微处于劣势。因为，南方的阁楼在夏天，日晒相当严重，所以，本身的使用是其次。而地下室也比较少，原因是气候潮湿防潮古时较难。北方建筑敦厚粗犷而南方建筑轻盈细腻。南方建筑风格是清新、通透的。北方建筑房顶厚实，翼角短而粗，显得收敛（图2.2-7）。南方建筑房顶相对轻盈薄，翼角纤长，即将振翅高飞（图2.2-8）。从屋顶来看，我国东北的坡屋顶越北越陡，明清时期东北民房屋顶坡度甚至达到45°，主要是为了减轻雪荷重。

但是，西北、华北则是以平屋顶为主，这也是因地制宜的原因。中原地区雨水不大，冬天雪也不大，但是春秋风很大，所以平缓屋顶较合适。而南方建筑屋顶从较陡屋顶开始逐渐平缓下来，后来则能缓则缓30°左右，缓和的坡屋顶水流屋檐时飞得较远，对房屋墙脚起到了保护作用。后来屋顶的坡度南北差异已经不是特别明显了。但是，南北屋檐翘角差别可就大了，北方屋檐翘角挑出较小，翘角不高，显得庄重大方。南方屋檐翘角起翘很高，显得飘逸飞翔。北方建筑雕刻绘画简单明了（图2.2-9），与其质朴厚实的建筑整体风格一致。而南方建筑的雕花精致复杂，变化无穷，与整个建筑环境的意境相呼应。北方古建筑多用暖色（朱红色）+冷色（蓝绿色）对比调和使用（图2.2-10）。南方古建筑木雕精细秀美（图2.2-11）色彩多淡雅，用白墙、灰瓦、栗色、墨绿等（图2.2-12），在炎热的南方夏季显得清凉不烦躁。但也有封建社会等级制度的限制影响。以上说明，从建筑细部、色彩来看南北各有千秋。

图 2.2-7　北方古代阁楼及平缓屋顶曲线

图 2.2-8　湖南岳阳楼轻盈翘角

图 2.2-9　北方古建筑撑栱雕刻

图 2.2-10　北方古建筑绘画

图 2.2-11　南方窗花木雕

图 2.2-12　北京宁寿宫花园碧螺亭仿南方苏式花样

2.2.2　我国古代大型建筑

1. 万里长城

我国古建筑数不清，概括起来多集中于坛庙建筑、宫殿建筑、园林建筑和住宅建筑。但是，从规模宏大来看，要数万里长城。长城是中国古代的军事防御工程，其形式和墙体相近，性质属于防御建筑。长城修筑的历史可上溯到西周时期，发生在首都镐京（今陕西西安）的著名的典故"烽火戏诸侯"就源于此。春秋战国时期列国争霸，互相防守，长城修筑进入第一个高潮，但此时修筑的长度都比较短。秦灭六国统一天下后，秦始皇连接和修缮各国遗留下的长城，始有万里长城之称。明朝是最后一个大修长城的朝代，今天人们所看到的长城多是此时修筑。长城主要分布在河北、北京、天津、山西、陕西、甘肃、内蒙古、黑龙江、吉林、辽宁、山东、

河南、青海、宁夏、新疆等15个省区市。期中陕西省是中国长城资源最为丰富的省份，境内长城长度达1838km。根据文物和测绘部门的全国性长城资源调查结果，明长城总长度为8851.8km，秦汉及早期长城超过1万km，总长超过2.1万km（图2.2-13）。

图 2.2-13 这是我国北方万里长城

其实，长城一向被认为是中原地区用以抵御北方游牧部落的防线，令人意外的是，我国南方也有长城，在湖南湘西也发现了极少见于史端的苗疆长城。中国南方长城始建于明嘉靖三十三年（1554年），竣工于明天启三年（1622年），长城南起凤凰与铜仁交界的亭子关，北到吉首的喜鹊营，全长三百八十二里，被称为"苗疆万里墙"，也是中国历史上工程浩大的古建筑之一。沿着南方长城的古城墙，每三五里便设有边关、营盘和哨卡，以防苗民起义。如：亭子关、乌巢关、阿拉关、靖边关……如今这一线还依稀可见碉堡、炮台和边墙。它把湘西苗疆南北隔离开，以北为"化外之民"的"生界"，规定"苗不出境，汉不入峒"，禁止了苗、汉的贸易和文化交往。明朝，湘黔边境的苗人被划为"生苗"和"熟苗"。"生苗"是那些不服从朝廷管辖的少数民族，他们因不堪忍受苛捐杂税与民族欺压，经常揭竿而起。为了安定边境地区，扼压反抗，明朝廷拨出四万两白银，在"生苗"与"熟苗"之间修筑起了长城。清朝统治者后来也对苗疆长城作了部分增补修建。把苗民分为"生苗"

和"熟苗"两大阵营，恐怕也是当时统治者的一大发明了。南方长城城墙高约3m，底宽2m，墙顶端宽1m，绕山跨水，大部分建在险峻的山脊上。沿途建有800多座用于屯兵、防御用的哨台、炮台、碉卡、关门，当时沿线一般驻有4000～5000人的军队，最多时曾增到7000人左右（图2.2-14）。

图 2.2-14 湖南湘西苗疆长城

2. 紫禁城

紫禁城是中国明、清两代24位皇帝的皇家宫殿（图2.2-15），是中国古代汉族宫廷建筑之精华，无与伦比的建筑杰作，也是世界上现存规模最大、保存最为完整的土木结构的古建筑之一。它有大小宫殿七十多座，房屋九千余间，以太和、中和、保和三大殿为中心。紫禁城宫殿是帝王居住和处理朝政的地方，是皇权的象征。在中国古建筑中是形制最高，最富丽堂皇的建筑类型。金黄色的琉璃瓦，配以红墙和宽大的汉白玉台基，色彩绚丽，各种雕刻精致细腻的天花藻井、汉白玉台基、栏板、梁柱以及周围的建筑小品，豪华壮丽，建筑装饰中随处可见龙的身影。它反映中国古建筑高超的技艺和独特的风格。我国目前保存较完好齐全的主要有北京故宫和沈阳故宫。"故宫"顾名思义就是以前的宫殿，故宫这个词的出现在辛亥革命之后，清灭亡，中国封建社会结束，不存在皇帝，也就不存在皇帝的居所了。所以当初的紫禁城就被称为了"故宫"。"紫禁城"这个名字就和中国古代哲学和天文学有关。中国古人认为："天人感应"和"天人合一"。因此，故宫的造型是模拟传说中的"天宫"构造的。古代天文学把恒星分为三垣，周围环绕着28宿，其中紫微垣（北极星）正处中天，是所有星宿的中心。紫禁城就是"紫微正中"之意，意为皇宫是人间的"正中"。"禁"则指皇室所居，尊严无比，严禁侵扰。1406年，明代永乐帝开始修建故宫。《明史》上说，修建这座世所罕见的巨大皇宫役使了10万最优秀的工匠和100万普通劳工，历时15年才最后完成。此后的明清皇帝又多次重建和扩建，但整体面貌并无多少改动。在故宫里居住的第一位皇帝是明永乐皇帝朱棣，最后一位皇帝是清宣统皇帝溥仪。太和殿、中和殿、保和殿三殿均建筑在巨大的平台上，总面积约85000m^2。其中的太和殿最为高大、辉煌，它宽60.1m，深33.33m，高35.05m。皇帝登基、大婚、册封、命将出征等都要在这里举行盛大仪式，当时数千人山呼"万岁"，数百种礼器钟鼓齐鸣，极尽人间气派。太和殿后的中和殿是皇帝出席重大典礼前休息和接受朝拜的地方，最北面的保和殿则是皇帝赐宴和殿试的场所。内廷包括乾清、交泰、坤宁三宫以及东西两侧的东六宫和西六宫，这是皇帝及其嫔妃居住的地方，一般称为"三宫六院"。在居住区以北还有一个小巧别致的御花园，是皇室人员游玩之所。明朝和清初的皇帝均住在乾清宫，皇后住坤宁宫，交泰殿则是皇后的活动场所。清朝中后期，皇帝和皇后都搬至西六宫等地去了，最著名的是养心殿，从雍正皇帝起，这里就成为帝王理政和寝居之所，慈禧太后也在此垂帘听政，时间长达40余年。故宫房屋有9999间，每个门上的铜门钉也是横竖9颗。这种奇特的数字现象和古代中国人对数字的认识有关。古代人认为"9"字是数字中最大的，皇帝是人间最大的，"9"的谐音为"久"，意为"永久"，所以又寓意为江山天长地久。沈阳故宫是中国仅存的两大宫殿建筑群之一，又称盛京皇宫（图2.2-16），为清朝初期的皇宫，距今近400年历史，始建于后金天命十年（1625年）。清朝入关前，其皇宫设在沈阳，迁都北京后，这座皇宫被称作"陪都宫殿"、"留

都宫殿"。后来就称之为沈阳故宫。它占地面积6万多平方米，有古建筑114座，500多间，至今保存完好。沈阳故宫为努尔哈赤时期建造的大政殿与十王亭，是皇帝举行"大典"和八旗大臣办公的地方。大政殿为八角重檐攒尖式建筑，殿顶满铺黄琉璃瓦且镶绿色剪边，十六道五彩琉璃脊，大木架结构，榫卯相接，飞檐斗栱，彩画、琉璃以及龙盘柱等，是汉族的传统建筑形式。但殿顶的相轮宝珠与八个力士，又具有宗教色彩。大政殿内的梵文天花，又具有少数民族的建筑特点。在建筑布局上与十大王亭组成一组完整的建筑群，这是清朝八旗制度在宫殿建筑上的具体反映。

图 2.2-15　北京故宫

图 2.2-16　沈阳故宫

3. 圆明园

圆明园坐落在北京西郊，与颐和园毗邻，由圆明园、长春园和绮春园组成，所以也叫圆明三园。此外，还有许多小园，分布在圆明园东、西、南三面，众星拱月般环绕在圆明园周围。圆明园是清代著名的皇家园林之一，面积五千二百余亩，一百五十余景。建筑面积达 16 万 m²，有"万园之园"之称。1860 年英法联军洗劫圆明园，文物被抢掠变成一片废墟。康熙四十八年（1709 年），康熙帝（即清圣祖玄烨）将北京西北郊畅春园北一里许的一座园林赐给第四子胤禛，并亲题园额"圆明园"。乾隆帝（即清高宗弘历）即位后，在圆明园内调整了园林景观，增添了建筑组群，并在圆明园的东邻和东南邻兴建了长春园和绮春园（同治时改名万春园）。这三座园林，均由圆明园管理大臣管理，称圆明三园。其中最著名的有上朝听政的正大光明殿，祭祀祖先的安佑宫，举行宴会的山高水长楼，模拟《仙山楼阁图》的蓬岛瑶台，再现《桃花源记》境界的武陵春色。一些江南的名园胜景，如苏州的狮子林，杭州的西湖十景，也被仿建于园中。长春园内还有一组欧式建筑，俗称西洋楼。圆明园还是一座大型的皇家博物馆，收藏着许多珍宝、图书和艺术杰作。咸丰十年（1860 年）8 月，英法联军攻入北京。10 月 6 日，占领圆明园。从第二天开始，军官和士兵就疯狂地进行抢劫和破坏。为了迫使清政府尽快接受议和条件，英国公使额尔金、英军统帅格兰特以清政府曾将英法被俘人员囚禁在圆明园为借口，命令米启尔中将于 10 月 18 日率领侵略军三千五百余人直趋圆明园，纵火焚烧。这场大火持续了两天两夜致使圆明园成了废墟遗址（图 2.2-17）。

图 2.2-17　北京圆明园大水法遗址

图 2.2-18　北京颐和园前身为清漪园

4. 颐和园

是中国清朝时期皇家园林，前身为清漪园，坐落在北京西郊，距城区 15km，占地约 290hm²，与圆明园毗邻。它是以昆明湖、万寿山为基址，以杭州西湖为蓝本，汲取江南园林的设计手法而建成的一座大型山水园林，被誉为"皇家园林博物馆"。北京颐和园，其最早要追溯到辽金时候，就已经开始在北京修建皇家园林了。因为，辽国的南京和金国的中都是今天的北京，当时在万寿山昆明湖一带修建了金山行宫，当时将那里称为金山、金山泊。到了元朝，又将这改名为翁山、翁山泊。而明代初期则改称西湖并修建了园静寺，命名为好山园。到了明万历十六年，也就是 1588 年，这里已经具有一定的园林规模，享有"十里青山行画里，双飞白鸟似江南"的称誉。然而，让这里真正成为一处皇家园林的是清代。在康熙年间就曾在此修建行宫，到了乾隆十四年至二十九年，也就是 1749 ~ 1764 年，就在原来的基础上修建了清漪园，并且扩湖，推山，将湖称为昆明湖，山叫做万寿山（图 2.2-18）。清乾隆十五年（1750 年），乾隆皇帝为孝敬其母孝圣皇后动用 448 万两白银在这里改建了清漪园，形成了从现在的清华园到香山长达 20km 的皇家园林区。咸丰十年（1860 年），清漪园被英法联军焚毁。光绪十四年（1888 年）又重建，改称颐和园，作消夏游乐地。光绪二十六年（1900 年），颐和园又遭"八国联军"的破坏，珍宝被劫掠一空。清朝灭亡后，颐和园在军阀混战和中华民国统治时期，又遭破坏，中华人民共和国成立后又重新大修。颐和园是一座拥山抱水、气象万千的传统造园艺术，也是我国现存最完好、规模最宏大的古代皇家园林。整个颐和园以万寿山上高达 41m 的佛香阁为中心，根据不同的地点和地形，配置了殿、堂、楼、阁、廊、亭等多种形式的建筑。山脚下建有一条长达 728m 的长廊，犹如一条彩带把多种多样的建筑物以及青山、碧波连缀在一起。园林艺术构思巧妙，在中外园林艺术史上地位显著，是举世罕见的园林艺术杰作。

5. 阿房宫

阿房宫被誉为"天下第一宫"（图 2.2-19），是中国历史上第一个大一统的中央集权制国家——秦帝国修建的新朝宫。它们是中国统一的标志性建筑，也是华夏民族开始形成的实物标识。秦二世三年（公元前 207 年）8 月，赵高作乱，秦二世自杀，阿房宫最终完全停工，秦帝国灭亡。阿房宫是秦王朝的巨大宫殿，遗址在今西安西郊 15km 的阿房村一带，始建于公元前 212 年。秦始皇统一全国后，国力日益强盛，

国都咸阳人口增多。秦始皇三十五年（公元前 212 年），在渭河以南的上林苑中开始营造朝宫，即阿房宫。由于工程浩大，秦始皇在位时只建成一座前殿。据《史记·秦始皇本纪》记载："前殿阿房东西五百步，南北五十丈，上可以坐万人，下可以建五丈旗，周驰为阁道，自殿下直抵南山，表南山之巅以为阙，为

图 2.2-19　阿房宫遗址博物馆

复道，自阿房渡渭，属之咸阳。"其规模之大，劳民伤财之巨，可以想见。秦始皇死后，秦二世胡亥继续修建。唐代诗人杜牧的《阿房宫赋》写道："覆压三百余里，隔离天日。骊山北构而西折，直走咸阳。二川溶溶，流入宫墙。五步一楼，十步一阁；廊腰缦回，檐牙高啄；各抱地势，钩心斗角。"可见阿房宫确实是当时非常宏大的建筑群。阿房宫前殿遗址建在一条古代河沟上，这是秦朝帝都咸阳以阿房宫、沣峪口为中轴线的佐证。长期以来，专家认为：阿房宫选址与汉代未央宫、唐代大明宫等宫殿一样都位于高地之上，但 2015 年，在阿房宫遗址上发现了古河沟，说明阿房宫前殿下并不是一片完整的高地。在河沟上修建宫殿，意味着打断原有的水网，使流水改道，再深挖淤泥、回填夯土。河沟一带的阿房宫基础深达 5.8m，工程量非常浩大。阿房宫中心线一直向南，正对着秦岭北麓有名的峪口"沣峪口"。南至沣峪口，北至渭河，阿房宫所在地正是这条轴线上的最高处，与文献的记载意义相合。《史记》上明确写着："项羽引兵西屠咸阳，杀寝降王子婴；烧秦宫室，火三月不灭。"唐诗人杜牧在《阿房宫赋》中更是在浓彩重墨地描写了这座金碧辉煌的宫殿后，无限感慨地歌咏："楚人一炬，可怜焦土。"然而，刚进入 21 世纪，阿房宫考古工地传来了一个出人意料的消息：阿房宫遗址并没有大火焚烧的痕迹。据考古专家称，在他们对阿房宫前殿进行考古勘探和发掘前，曾经在咸阳第一、第二和第三号宫殿建筑的考古发掘中，发现了宫殿遗址被大火焚烧的痕迹。对照史料来看，秦汉时期的文献资料中也并没有项羽火烧阿房宫的记载。《史记·项羽本纪》是这样说的：（项羽）"遂屠咸阳，烧其宫室……"后一次提到，说的也是"烧秦宫室，火三月不灭"。这里所说的"宫室"，应该就是考古发掘中发现被火烧过的秦都咸阳宫和其他秦朝宫室。这个纵火现场在咸阳，而不是在秦时地处渭河以南的上林苑中的阿房宫。中国社会科学院考古研究所和西安市文物保护考古所组建的阿房宫考古工作队，历经两年多时间，对现存的秦代阿房宫前殿遗址进行了"地毯式"的全面考古勘探，结果仅发现了阿房宫的前殿基址等。由此，考古专家认为，当年阿房宫工程只完成了前殿建筑基址和部分宫墙的建设，而宫殿建筑基址以上部分并未来得及营建。

6. 秦始皇陵

秦始皇陵建于公元前 246 年至公元前 208 年，历时 39 年，是中国历史上第一座规模庞大，设计完善的帝王陵寝。有内外两重夯土城垣，象征着都城的皇城和宫城。陵冢位于内城南部，呈覆斗形，现高 51m，底边周长 1700 余米。秦始皇陵是中国历史上第一位皇帝嬴政（公元前 259 ～公元前 210 年）的陵寝，位于陕西省西安市临潼区城东 5km 处的骊山北麓。秦始皇陵是世界上规模最大、结构最奇特、内涵最丰富的帝王陵墓之一。充分表现 2000 多年前中国古代汉族劳动人民的艺术才能，是中华民族的骄傲和宝贵财富。秦始皇陵陵区分陵园区和从葬区两部分，陵园占地近 8km²。陵墓近似方形，顶部平坦，腰略呈阶梯形，高 76m，东西长 345m，南北宽 350m，占地 120750m²。陵园以封土堆为中心，四周陪葬分布众多（图 2.2-20）。秦始皇陵园的总体布局与其他国君陵园相比有以下显著特点：一是布局上体现了一冢独尊的特点。过去发现的魏国国君陵园，其中并列着 3 座大墓，中山国王陵园内也排列着 5 座大墓，秦

图 2.2-20 西安秦始皇陵

始皇陵园内只有一座高大的坟墓，充分显示了一冢独尊的特点。而其他国君陵园的布局则显示了以国君、王后、夫人多中心的特点。这一区别正是秦国尊君卑臣的传统思想在陵寝布局上的反映。二是封冢位置也有别于其他国君陵园。其他国君陵园大多是将封冢安置在回字形陵园的中部，而秦始皇陵封冢位于内城南半部。有学者认为这是按照"以西为上"的礼制安排的。从陵园总体布局来看，始皇陵封冢并不在西半部。封冢围起于陵园南半部的原因正是封冢"树草木以象山"的设计思想决定的。三是陵室严密的防盗系统。秦始皇陵的地宫中有防盗机关，其中暗弩有明确记载，司马迁在《史记》记载：秦始皇陵中设有暗弩，当盗贼进入秦陵触动机关时，就会被强弩射死。与暗弩配合的机关还有陷阱等等。盗墓者即使不被射死，也会掉入陷阱中摔死。此外，秦陵地宫中有大量的水银，水银蒸发的气体中含剧毒，无孔不入防不胜防。

7. 布达拉宫

举世闻名的布达拉宫（图 2.2-21），耸立在西藏拉萨市红山之上，海拔 3700 多米，占地总面积 36 万余平方米，建筑总面积 13 万余平方米，主楼高 117m，共 13 层建造了 999 间房屋的宫宇，其中宫殿、灵塔殿、佛殿、经堂、僧舍、庭院等一应俱全，是当今世上海拔最高、规模最大的宫堡式建筑群。"布达拉"系舟岛，是梵文音译，又译作"普陀罗"或"普陀"，原指观世音菩萨所居之岛。拉萨布达拉宫俗称第二普陀罗山。布达拉宫依山垒砌，群楼重叠，殿宇嵯峨，气势雄伟，有横空

出世、气贯苍穹之势，坚实墩厚的花岗石墙体，松茸平展的白玛草墙领，金碧辉煌的金顶，具有强烈装饰效果的巨大鎏金宝瓶、幢和红幡，交相辉映，红、白、黄3种色彩的鲜明对比，分部合筑、层层套接的建筑型体，都体现了藏族古建筑迷人的特色。布达拉宫是藏建筑的杰出代表，也是中华民族古建筑的精华之作。布达拉宫是一项建筑创作的天才杰作，整体为石木结构，宫墙全部用花岗岩垒砌，最厚处达5m，墙基深入岩层，外部墙体内还灌注了铁汁，以增强建筑的整体性和抗震能力，同时配以金顶、金幢等装饰，巧妙地解决了古代高层建筑防雷电的问题。数百年来，布达拉宫经历了雷电轰击和地震的考验，仍巍然屹立。布达拉宫主要由东部的白宫、中部的红宫及西部白色的僧房组成。红宫前面有一白色高耸的墙面为晒佛台，在佛教的节日用来悬挂大幅佛像挂毯。众多的建筑虽属不同时期建造，但都十分巧妙地利用了山形地势修建，使整座宫寺建筑显得非常雄伟壮观，而又十分协调完整，在建筑艺术的美学成就上达到很高的水平。

图 2.2-21　西藏布达拉宫

2.2.3　我国古代特色建筑

1. 北京天坛

天坛（图 2.2-22）在北京市南部，东城区永定门内大街东侧。占地约 273 万 m²。天坛始建于明永乐十八年（1420 年），清乾隆、光绪时曾重修改建。为明、清两代帝王祭祀皇天、祈五谷丰登之场所。天坛是圜丘、祈谷两坛的总称，有坛墙两重，形成内外坛，坛墙南方北圆，象征天圆地方。主要建筑在内坛，圜丘坛在南、祈谷坛在北，二坛同在一条南北轴线上，中间有墙相隔。圜丘坛内主要建筑有圜丘坛、皇穹宇等等，祈谷坛内主要建筑有祈年殿、皇乾殿、祈年门等。是我国最具特色的古建筑之一，也是最大祭坛建筑群，属于古代礼制性建筑。北京天坛在故宫东南方，比故宫大 4 倍，天坛建筑布局呈"回"字形，由两道坛墙分成内坛、外坛两大部分。外坛墙总长 6416m，内坛墙总长 3292m。最南的围墙呈方形，象征地，最北的围墙呈半圆形，象征天，北高南低，这既表示天高地低，又表示"天圆地方"。

天坛的主要建筑物集中在内坛中轴线的南北两端，其间由一条宽阔的丹陛桥相连结，由南至北分别为圜丘坛、皇穹宇、祈年殿和皇乾殿等；另有神厨、宰牲亭和斋宫等建筑和古迹。设计巧妙，色彩调和，建筑技术高超。祈年殿由 28 根金丝楠木大柱支撑，柱子环转排列，中间 4 根"龙井柱"，高 19.2m，直径 1.2m，支撑上层屋檐；中间 12 根金柱支撑第二层屋檐，在朱红色底漆上以沥粉贴金的方法绘有精致的图案；外围 12 根檐柱支撑第三层屋檐；相应设置三层天花，中间设置龙凤藻井；殿内梁枋施龙凤和玺彩画。祈年殿中间 4 根"龙井柱"，象征着一年的春夏秋冬四季；中层十二根大柱比龙井柱略细，名为金柱，象征一年的 12 个月；外层 12 根柱子叫檐柱，象征一天的 12 个时辰。中外两层柱子共 24 根，象征 24 节气。

图 2.2-22　北京天坛

2. 恒山悬空寺

悬空寺（图 2.2-23）位于山西省大同市浑源县恒山金龙峡西侧翠屏峰的峭壁间，素有"悬空寺，半天高，三根马尾空中吊"的俚语，以如临深渊的险峻而著称。建成于 1400 年前北魏后期，是中国仅存的佛、道、儒三教合一的独特寺庙。悬空寺原来叫"玄空阁"，"玄"取自于中国传统宗教道教教理，"空"则来源于佛教的教理，后来改名为"悬空寺"，是因为整座寺院就像悬挂在悬崖之上，在汉语中，"悬"与"玄"同音，因此得名。是恒山十八景中"第一胜景"。在北魏天兴元年（398 年），魏天师道长寇谦之（365 ～ 448 年）仙逝前留下遗训：要建一座空中寺院，以达"上延霄客，下绝嚣浮"。之后天师弟子们多方筹资，精心选址设计，悬空寺于北魏太和十五年（491 年）建成。唐开元二十三年（735 年），李白游览悬空寺后，在岩壁上书写了"壮观"二字。悬空寺现存建筑是明清两代修缮的遗物。悬空寺呈"一院两楼"般布局，总长约 32m，楼阁殿宇 40 间。悬空寺的总体布局以寺院、禅房、佛堂、三佛殿、太乙殿、关帝庙、鼓楼、钟楼、伽蓝殿、送子观音殿、地藏王菩萨殿、千手观间殿、释迦殿、雷音殿、三官殿、纯阳宫、栈道、三教殿、五佛殿等。南北两座雄伟的三檐歇山顶高楼好似凌空相望，悬挂在刀劈般的悬崖峭壁上，三面的环廊合抱，六座殿阁相互交叉，栈道飞架，各个相连，高低错落。全寺初看上去只有十几根大约碗口粗的木柱支撑，最高处距地面 50m 左右。其中的力学原理是半插横梁为基础，借助岩石的托扶，回廊栏杆、上下梁柱左右紧密相连形成了整体的框架式结构。寺内有铜、铁、石、泥佛像八十多尊，寺下岩石上"壮观"二字，是唐代诗仙李白的墨宝。全寺楼阁间以栈道相通，背倚陡峭的绝壁，下临深谷。寺不大，但巧夺天工，也颇为壮观。殿楼的分布对称中有变化、分散中有联络、曲折回环、虚实相生、小巧玲珑、空间丰富、层次多变、小中见大，不觉得为弹丸之地，布局紧凑、错落相依。悬空寺不仅外貌惊险、奇特、壮观，建筑构造也颇具特色，形式丰富多彩。屋檐有单檐、重檐、三层檐。结构有抬梁结构、平顶结构、斗栱结构，屋顶有正脊、垂脊、戗脊、贫脊。总体外观，巧构宏制，重重叠叠，造成一种窟中有楼，楼中有穴，半壁楼殿半壁窟，窟连殿，殿连楼的独特风格，它既融合了中国园林建筑艺术，又不失中国传统建筑的格局。悬空寺内现存的各种铜铸、铁铸、泥塑，石刻造像中具有早时期的特点，有较高的艺术价值。悬空寺为选址之险，建筑之奇，结构之巧，内涵之丰，堪称世间一绝。它不但是中华民族的国宝，也是人类的珍贵文化遗产。

图 2.2-23　山西恒山悬空寺

3. 容县真武阁

广西容县真武阁（图 2.2-24）位于广西容县城东绣江北岸一座石台上，建于明万历元年（1573）。阁身高 13m，加上台高近 20m，也是周围明显及较高的建筑。真武阁是建筑唐代经略台上，唐乾元二年（759 年），容州刺史、御史中丞、容管经略使元结在容州城东筑经略台，用以操练兵士，游观风光，

图 2.2-24　容县真武阁

取"天子经营天下，略有四海"之义而得名。明朝初年在经略台上建真武庙，明万历元年（1573年）将真武庙增建成三层楼阁，这就是真武阁。我们现在所见到的三层纯木结构真武阁，是明万历元年（1573年）的原物，已有400多年的历史了。真武阁、三层、三檐、屋檐挑出很大而柱高甚低，感觉比一般的楼阁出檐多，很像是一座单层建筑有三重屋檐，但又较一般的重檐建筑层次鲜明简练。再加上屋坡舒缓流畅，角翘简洁平缓，给全阁增加了舒展大度的气魄，非常清新飘逸，是中国建筑屋顶美的杰作。也是我国干栏式建筑穿斗结构加杠杆原理的最高水平的杰作，是木结构斗、栱、升、昂的特殊体现，它底层平面比上二层大出很多，也使楼阁更加稳重，轮廓更显生动。真武阁有三大特色：一是地基既没有坚硬的石头，而是唐代人在砖墙内填上夯实的河沙，建成经略台。实际上真武阁是建在沙堆上，历千年而不倒；二是全楼阁不用一颗钉子，全部是木隼卯结构，以杠杆原理串联吻合，数百年里却稳如泰山；三是二楼中内4根大柱子承受上层楼板、梁、柱和屋瓦的千钧重量，柱脚却悬空不落地，完全利用檐柱的支点平衡内柱与外檐的重量。全楼阁为铁力木纯木结构，通高13.2m，面宽13.8m，进深11.2m，用近3000根铁力木凿榫卯眼，斜穿直套，串联吻合，彼此扶持，互相制约，合理协调组成一个优美稳固的统一整体。这种方法在我国的古建筑中应用较多，而真武阁则用得特别巧妙奇绝。四百多年来，真武阁像一架精确的天平，经历了5次地震、3次特大台风，仍安然无恙，其结构之奇巧，举世无双，被誉为"天南杰构"（图2.2-25）、"天南奇观"、"古建明珠"、"天下一绝"，在当地的民间故事中更是鲁班建造的"神仙楼"（图2.2-26）。

图2.2-25 真武阁被称为天南结构

图2.2-26 真武阁二楼四根金柱悬空

4. 云南傣族竹楼

傣族竹楼是一种干栏式建筑用竹子建造，称之为"竹楼"（图2.2-27）。傣族竹楼是傣族固有的典型建筑。下层高七八尺，四无遮栏，牛马拴束于柱上。上层近梯处有一露台，转进为长形大房，用竹篱隔出主人卧室并兼重要钱物存储处；其余为一大敞间，屋顶不甚高，两边倾斜，屋檐及于楼板，一般无窗。若屋檐稍高则两侧开有小窗，后面开一门。

图2.2-27 云南傣族竹楼

楼中央是一个火塘，日夜燃烧不熄。屋顶用茅草铺盖，梁柱门窗楼板全部用竹制成。建筑极为便易，只需伐来大竹，约集邻里相帮，数日间便可造成；但也易腐，每年雨季后须加以修补。傣族多居住在平坝地区，常年无雪，雨量充沛，年平均温度达21℃，没有四季区分，这种环境很适合建造竹楼。傣族处在亚热带，村落都在平坝近水之处，小溪之畔大河两岸，湖沼四周，凡翠竹围绕，绿树成荫的处所，必定有傣族村寨。大的傣族寨子集居两三百户人家，小的傣族寨子只有一二十人家。房子都是单幢，四周有空地，各人家自成院落。滇西一带，多土墙平房，每一家屋内一间隔为三间，分卧室客堂，这显见是受汉人影响，已非傣族固有的形式；滇南一带则完全是竹楼木架，上以住人，下栖牲畜，式样皆近似一大帐篷。土司贵族的住宅，多不用竹而以木建，式样仍似竹楼，只略高大，不铺茅草而改用瓦来盖顶，瓦如鱼鳞，三寸见方，薄仅二三分，每瓦之一方有一钩，先于屋顶椽子上横钉竹条，每条间两寸许，将瓦挂竹条上，如鱼鳞状，不再加灰固，故傣族屋顶是不能攀登的，若瓦破烂需要更换，只需在椽子下伸手将破瓦除下，再将新瓦勾上就可。傣家竹楼通风很好，冬暖夏凉。屋里的家具非常简单，凡是桌、椅、床、箱、笼、筐，都全是用竹制成。偶然也见有缅地输入的毛毡，铅铁等器，农具和锅刀都仅有用着的一套，少见有多余者，陶制具也很普遍，水盂水缸的形式花纹都具地方色彩。由于天气湿热，竹楼大都依山傍水；村外榕树蔽天，气根低垂；村内竹楼鳞次栉比，竹篱环绕，隐蔽在绿荫丛中。进入傣家竹楼，要把鞋脱在门外，而且在屋内走路要轻；不能坐在火塘上方或跨过火塘，不能进入主人内室，不能坐门槛；不能移动火塘上的三脚架，也不能用脚踏火；忌讳在家里吹口哨、剪指甲；不准用衣服当枕头或坐枕头；晒衣服时，上衣要晒在高处，裤子和裙子要晒在低处；进佛寺要脱鞋，忌讳摸小和尚的头、佛像、戈矛、旗幡等一系列佛家圣物。其建筑特点为，大坡顶、小歇山、重檐、底层架空竹木结构、小青瓦盖顶，外加竹篱笆特色。

5. 四川羌族碉楼

羌族建筑以碉楼、石砌房、索桥、栈道和水利筑堰等最著名。羌语称碉楼为"邛（qióng）笼"。早在2000年前《后汉书·西南夷传》就有羌族人"依山居止，垒石为屋，高者至十余丈"的记载。羌族，自称"尔玛人"，是古代西北地区的一个古老民族，"羌"实际上是他称，也称西羌，是当时中原部落对西部地区游牧民族的泛称，其崇拜原始宗教，盛行万物有灵，且至今一直保留着。在典籍《说文解字·羊部》中记述："羌，西戎牧羊人也"。西汉时期，西北地区的汉阳（今甘肃天水）、金城（今甘肃兰州）、北地郡、陇西郡的羌人口达二十六万户，人口一百万众，建有牦牛国、青衣国，地辖今西昌、甘孜、雅安、乐山一带，国都在宝兴县灵关镇。至唐朝末期的唐僖宗李儇中和元年（大齐皇帝黄巢金统二年，881年），著名的黄巢起义使得唐王朝急速衰败，天下大乱，羌族中的党项羌首领、夏州（今陕西靖边）唐军偏将拓跋·思恭（公元? ～886年待考）乘机建立了夏州政权，辖有夏、绥、银、宥四州，国人以陕、甘、宁、青一带的党项羌为主体，包括了西北其他民族，由此奠定了后世西夏王朝的基石。黄巢起义被镇压之后，拓跋·思恭因功得兼太子太傅，唐僖宗封其为夏国公，赐姓李氏，拜为夏州节度使。夏州政权后因受到吐蕃王朝的不断侵扰，拓跋·思恭的弟弟李思谏（拓跋·思谏）遂向大唐政府申请内迁于陕西、宁夏一带聚居，正式形成了党项族的主体。北宋仁宗赵祯天圣九年（1031 年），党项族的李氏家族第十一世太祖李得明逝世，其子李元昊（赵曩霄，1004 ~ 1048 年）即位，于第二年即北宋天圣十年（西夏景宗李元昊显道元年，1032 年）建立了西夏王朝，所控疆域包括今甘肃西北部、宁夏、陕北、内蒙古一部分地区，与辽国、宋朝形成三家鼎立。随着历史演进，到了明朝时期古羌族的党项族分支绝大多数族人均融合入汉族，少部分族人融入藏族，仅余今西北、西南地区的极少数人保留了羌族这个民族属性至今。自唐朝以来，羌族人民因各种原因向西北迁移，到了西藏和青海，所以现在，羌族碉楼也被称为藏族碉楼。碉楼多建于村寨住房旁，高度 10 ~ 30m，用以御敌和贮存粮食柴草。碉楼有四角、六角、八角几个形式。有的高达十三四层。建筑材料是石片和黄泥土。墙基深 1.35m，以石片砌成。石墙内侧与地面垂直，外侧由下而上向内稍倾斜。修建时不绘图、吊线、柱架支撑，全凭高超的技艺与经验。建筑稳固牢靠，经久不衰。1988 年的四川省北川县羌族乡永安村发现了一处明代古城堡遗址"永平堡"（图 2.2-28），历经数百年风雨，仍保存完好。永平堡古城遗址内还保留着 200 多米长的城墙，200 多平方米的营房遗址和点将台、练兵场。尽管城墙的残高只有 2m 多，但还是能判断出当年曾修建了城台和关口。400 多年前，这里曾驻守着明朝 9000 精兵，扼住了从成都平原进入松潘地区的要道。羌族地区一般居住在山高水险的地方，人们为了便利交通，在 1400 多年前羌民就创造了索挢（绳挢）。两岸建石砌的洞门，门内立石础或大木柱，础与柱上挂骼膊般粗的竹绳，少则数根，多则数 10 根。竹索上铺木板，两旁设高出挢面 1m 多的竹索扶手。羌族的建筑很有特色。因为羌族聚居区位于青藏高原的东部边缘的岷江上游地区，这里山脉重重，地势陡峭。羌寨一般建在高半山，因而羌族被称为"云朵中的民族"。碉楼根据不同的位置，有不同的功用，共分为家碉、寨碉、阻击碉、烽火碉四种。家碉在羌峰寨最为普遍，多修在住宅的房前屋后并与住房紧密相连，一旦战事爆发，即可发挥堡垒的作用。古时，羌峰寨还有这样一种约定俗成的习惯，谁家若生了男孩就必须建一座家碉，同时要埋一块铁在建碉的地基下，男孩每长一岁，就要增修一层碉楼，还要把埋藏的那块铁拿出来锻打一番。直到孩子长到十八岁，碉楼才封顶。在为孩子举行成人礼仪式时，将那块锻打了十八年的铁制成锋利的钢刀送给他。在当时，如果谁家没有家碉，那儿子连媳妇都娶不到，可见羌族的建碉风气早已深入人心。寨碉通常是一寨之主的指挥碉（也常祭拜祖先用）。阻击碉一般建在寨子的要隘处，起到"一碉当关，万人莫开"的作用。烽火碉多在高处，是寨与寨之间传递信号用的，同时也能用于作战。

羌峰寨建设碉楼的主要建筑材料有石、泥、木、麻等。他们将麦秸秆、青稞秆和麻秆用刀剁成寸长，按比例与黄泥搅拌成糊状，便可层层错缝粘砌选好的石料。它那金字塔式的造型结构决定了它稳如泰山般的坚固，加上精湛的工艺，坚固耐腐的材料，素有"百年碉不倒"之说。即使在冷兵器的年代里，用火炮轰也难以伤它筋骨。一般建一座军事碉楼至少耗时 2～3 年。每座碉楼的门都设在离地面数米高的地方，门前放置一活独木梯，供人上下；一旦抽走独木梯，攻者想要进入碉楼，那可比登天还难。碉门十分矮小，成人也须躬身出入，门板坚实厚重，亦有多道带机关的门闩（木制门锁）。碉内分有若干层，每层都有碉窗（用作近距离作战时投掷巨石打击敌人）和枪眼。居高临下，远可射，近可砸，敌在明，我在暗，以守代攻，游刃有余。布瓦黄土碉群位于汶川县威州镇克枯乡布瓦山上，是川西高原藏羌传统军事防御碉的主要形式，被誉为"中国最后的黄泥土碉群"（图 2.2-29）。

图 2.2-28　四川省羌族乡"永平堡"

图 2.2-29　四川省布瓦村碉群

6. 福建土楼

福建永定客家土楼（图 2.2-30）。以生土夯筑、安全坚固、防风抗震、冬暖夏凉。客家土楼主要有 3 种典型，就是五凤楼、方楼、圆寨。以三堂屋为中心的五凤楼含有明确的主卑寓意，从建筑布局来看，它是黄河中游古老院落式布局的延续发展。五凤楼（图 2.2-31）指的是对称布局，"三堂两横"（即三个厅堂，两列"横屋"），平面类似于其他地方的府第式"合院住宅"，如长汀、连城一带的"九厅十八井"。但五凤楼中堂后面不是一样高的"后堂"，而是一座三四层的土楼，两侧横屋则后高前低，层层跌落。整个建筑很为壮观。五凤楼一般大门外有院落，有的还有水塘，大门内是门厅、天井，然后是整座建筑的核心——正厅。正厅高大宽敞，装潢考究，配以楹联、牌匾，展示主人的文化素养和功名地位，正厅中间是祖宗的神龛，体现了客家人孝敬祖宗的传统。正厅用于祭祀、家族聚会议事、婚丧大事和一些公共活动，两边横屋和后堂及楼房用于居住。但是，五凤楼是"土楼"还保持了合院式住宅的传统而已。

图 2.2-30　福建永定客家土楼

图 2.2-31　福建五凤楼

方楼的布局同五凤楼相近，但其坚厚土墙从上堂屋扩大到整体外围，十分明显的是，防御性大大加强。圆寨，尊卑主次严重削弱，它的防御功能上升到首位，俨然成为极有效的准军事工程。客家土楼建筑具有充分的经济性，良好的坚固性，奇妙的物理性，突出的防御性，独特的艺术性等多种优越性。承启楼就是圆寨（图 2.2-32），它直径 73m，走廊周长 229.34m，全楼

图 2.2-32　福建承启楼

为三圈一中心。外圈 4 层，高 16.4m，每层设 72 个房间；第二圈二层，每层设 40 个房间；第三圈为单层，设 32 个房间，中心为祖堂，全楼共有 400 个房间，3 个大门，2 口水井，整个建筑占地面积 5376.17m²。全楼住着 60 余户，400 余人。承启楼以它高大、厚重、粗犷、雄伟的建筑风格和庭园院落端庄洒脱的造型艺术。

7. 下沉式窑洞

在中国的北部地区，分布着世界上最大的黄土高原，著名的中国式窑洞民居就分布在这一广阔的地区，形成了具有北方特色的生土建筑群。生土建筑是利用原状生土材料营造建筑或在原状土中挖凿的窑洞等。它始于人工穴居、半穴居时代历史悠久。生土建筑不包括地下深层的地下建筑。其特点是可以就地取材，易于施工，便于自建，造价低廉，冬暖夏凉，节省能源，节约占地；有利于生态平衡、隔音、减少污染。下沉式窑洞基于风水理论，产生了四合院型建筑设计规则，即闭合环绕的建筑空间带有上见天、下接水的天井。其闭合环绕天井式的建筑模式，阻挡了室外污染的进入从而能保持室内空气清洁干净。开敞的院子能够引进阳光、雨水、新鲜空气（图 2.2-33）。平面布局一般采用南北向布置，辅助用房设在北向。在窑脸上

图 2.2-33　我国西北地区下沉式窑洞

开大窗，白天可以吸收大量的太阳能，提高室温。窗上设保温帘子或窗板，白天卷起，晚间放下。方法虽然很简单，但保温效果却很明显。窑脸上部开高侧小窗，仅用于夏季通风，多数居民在冬季用草帘或土坯将其封闭。窑洞内部民居还使用实心黏土砖、草泥拉合辫等保温材料。窑洞民居主要靠火炕，通过每天三顿饭的生活热来取暖，有时在睡前适量补烧火炕，所用燃料多为植物秸秆、茅草等。炕面温度却在 33～45℃ 之间。即炕面区域始终处于较舒适的温热状态。北方农民的冬季活动范围主要局限于火炕上。他们在炕上用餐、学习、做家务、会客、就寝等。人体对于气温最为敏感的部位是脚，而农民脚部常接触的是炕面。因此，尽管室内大部分空间气温较低，且处于温度不断变化的波动之中，但人们的感觉仍是舒适的。

2.2.4 我国现存最古建筑

1. 唐代五台山佛光寺东大殿

佛光寺创建于北魏孝文帝时期。隋唐之际，已是山西五台名刹，"佛光寺"这个寺名屡见于各种史书记载。845 年，也就是唐武宗会昌五年，发动灭法运动，佛教界称为会昌法难，寺内除几座墓塔外，其余全部被毁。857 年，也就是唐代大中十一年，重建佛光寺。现存东大殿及殿内彩塑、壁画等，即是这次重建后的遗物。佛光寺在唐代重修以后，即随着佛教的衰败而一同沉沦，以后除了宋代有一点壁画和后来建的文殊殿以外就没有任何记载了，佛光寺东大殿也因此基本被外界遗忘。东大殿体现了唐代木构建筑清爽、简单、祥和的气魄（图 2.2-34、图 2.2-35）。

图 2.2-34 五台山佛光寺东大殿

图 2.2-35 五台山佛光寺东大殿佛像群塑

1937 年 6 月，梁思成与夫人林徽因一行 4 人风尘仆仆来到五台山。辗转访问一些寺庙后，他们终于来到佛光寺。在这里，他们惊喜地发现，东大殿南侧有一座砖塔与敦煌壁画上所绘的砖塔一模一样，梁思成凭经验断定属唐代建筑。最后，在寺内僧众帮助下，他们在殿内搭起了架子，拭去千年尘封，终于在大殿木梁找到唐代墨书和殿外的石经幢（chuáng）相互印证，终于确凿无疑地证实：中国有唐代木构建筑，梁思成激动之地称其为"中国第一国宝"。

2. 晚唐建筑山西天台庵

距山西平顺县城东北 25km 处的北耽（dān）车乡王曲村，有一座规模不大的寺院，名为天台庵（图2.2-36）。这座厅堂式建筑始建于唐末天祐四年（907年），是我国目前仅存的唐代木结构建筑之一。天台庵由于它是庵，所以这个建筑本身由设计者精心的将女性爱好体现的建筑上，如瓦件、翼角部、斗

图 2.2-36　晚唐建筑山西天台庵

棋，这些部件细致圆润。天台庵历经千年经过了多次维修，但绝大部分构架保留了唐代特征，也留下了不同朝代的维修印记，天台庵大殿面阔进深各三间，单檐歇山顶，殿顶举折平缓，出檐深广，是唐制建筑向宋制建筑的过渡实例。天台庵建在王曲村中心的坛形孤山顶上，四周村舍一如众星捧月，簇拥着天台庵。天台庵仅存正殿三间与已经漫漶不清的唐碑一通，翼角之下的 4 根擎檐柱，为后世添加。天台庵大殿规模不大，但结构简练，相交严实，没有繁杂装饰之感，在梁架结构上还保持了唐代的结构。天台庵的举折，也就是屋顶，已经比南禅寺和广仁王庙稍高了一点。也就是说，到了晚唐，梁架在往高里做，包括佛光寺东大殿的举高，都比南禅寺高。越早一点的建筑屋顶越比较平缓，越到晚期的建筑屋顶就举高了。

3. 唐代山西芮城广仁王庙

广仁王庙在山西芮城县古魏城遗址，是典型的唐代木结构道教建筑，老百姓俗称五龙庙，它的建筑年代（唐太和五年即 831 年）比佛光寺还早了 23 年，仅晚于五台山南禅寺大殿，在我国现存的四座唐代建筑中名列第二，为河东一带唐代建筑的孤例（图2.2-37）。因庙前曾有五龙泉水，为当地灌溉之水源，民间中青龙又被称为"广仁王"而

图 2.2-37　唐代山西芮城广仁王庙道教建筑

得名。庙宇由正殿、戏台、厢房组成，四周有围墙，东南角辟有小门。据说原来在庙门和照壁之间，有呈八字形的两座石坡为道，后来因为土崖塌陷而被毁，东西厢房也被夷为平地，现在仅存正殿和建于清代的戏楼。广仁王庙的大殿造型端丽、结构简洁，屋顶平缓，板门棂窗，单檐歇山顶，古朴雄浑，显示了唐代的建筑风格。广仁王庙能够历经风雨沧桑保留到今天，实属上苍厚爱。据记载，这座庙 1958 年曾经大修，原打算恢复唐朝的原貌，但由于当时对唐代建筑的风格、结构、周围环境及其布局，都没有认真加以研究，加上财力不足等原因，在修复过程中出现一些

错误，比如正脊的花纹无所依据，鸱尾的式样不太对头，台基和檐墙也采用了新式条砖。但斗和梁架仍保存了唐代木构建筑的特点。在现存于世的四座唐代木构建筑中，广仁王庙是唯一的一座道教建筑。直到1983年以前，这座正殿还是村小学的教室。庙里的塑像也就在那时被毁坏了。

4. 唐代山西五台山南禅寺

山西五台山南禅寺大殿是唐代武宗灭法前，唯一保存下来的佛殿，是我国现存最早的木结构大殿，也是亚洲最古老的木结构建筑（图2.2-38）。南禅寺大殿建于唐建中三年（782年），比佛光寺还早75年。其中佛像为唐塑，1999年不幸被毁、被盗，被称为"南禅劫"。唐建大佛殿，为南禅寺主殿，外观秀丽、古朴。方整的基台几乎占了整个院落的一半，全殿共用檐柱12根，殿内没有顶棚，也没有柱子，梁架制作极为简练，墙身不负载重量，只起隔挡的作用。南禅寺的屋顶是全国古建中最平缓的屋顶，与明清时崇尚的"陡如山"明显不同。也就是说，从唐代到清代，年代越近，建筑的屋顶越陡峭。纵观南禅寺，最普通的板门，最简单的直棂窗，屋顶只是一片静悄悄的灰色布瓦，除了鸱尾，正脊与垂脊上没有任何花纹装饰。殿内17尊唐塑佛像姿态自然、表情逼真，同敦煌莫高窟唐代塑像如出一辙。南禅寺中最著名的文物，是大殿里那几尊唐代塑像。除了甘肃莫高窟外，这些都是内地现存最早的佛教塑像，非常珍贵。可惜近年发生了大规模的文物抢劫，据《中国文物报》报道，1999年11月24日晚7点左右，3名歹徒闯进南禅寺，将保管人员打伤捆绑起来，割断电话线，砸开佛坛的钢网门锁。大殿里的唐代佛像被当胸挖开，腹内宝物被偷走，文殊菩萨的后背也被掏开，其余几尊塑像同样受到破坏。唐代特有的两尊最美丽的"似宫娃"供养菩萨被锯断劫走，狮童塑像也从脚跟处被掰断劫走。

图2.2-38 唐代山西五台山南禅寺大殿

5. 山西太谷安禅寺藏经殿

安禅寺位于山西省太谷县城西南隅。寺名源于佛教谛义，"谛"佛法里面意思是真实，佛学称之事和理。始建年代不详，清光绪三年（1877年）曾重修。藏经殿经鉴定为北宋遗构，深阔三间见方，单檐歇山顶，覆盖灰色筒板瓦，柱子梁架尚属宋代建筑形制。藏经殿为北宋早期建筑，坐北朝南，面宽进深各三间，平面近方形，单檐歇山顶，建筑面积 139.24m²，坡度平缓，出檐较深，栏额至角柱不出头。斗栱四铺作内外出华栱。各组斗栱均为隐刻栱，之上再置隐刻栱一斗三升，上为压槽枋。殿内无柱，梁架结构为四椽栿通檐用二柱。脊槫下有大宋咸平四季（图2.2-39）。

图2.2-39 宋代山西太谷安禅寺藏经殿

6. 山西高平游仙寺前殿

游仙寺位于高平市城南10km的游仙山麓，山势优美，林木葱郁，寺居山峪，清静幽雅。游仙寺规模宏大，周设群芳套院，山门壮丽，崇楼峻阁，三进院，设前殿、中殿和七佛殿，两厢有配殿、厢房和廊庑。创建于北宋淳化年间（990～994年），金元明清屡有增修，现存前殿，仍是北宋原物。三间见方，单檐歇山，前后檐皆装木灵花扇一堂。斗栱爽朗，用材硕大。中殿金代建，五开间悬山式，六架椽（chuán）屋，梁架规整，结构牢固，稳健庄重，此寺为宋金木构建筑中的佳作，寺外东山坡有八角七级砖落一座，是元至元七年（1290年）所筑。该寺创建于北宋淳化年间（990～994年），寺内主体建筑毗卢殿（前殿）为北宋淳化元年（990年）所建，为宋制。殿宇三间，平面呈方形，举折平缓，出檐深远，外观庄重稳健，檐下补间斗栱五铺作，双抄偷心造。柱头斗栱为单抄单下昂偷心造，昂为批竹式，要头与昂几乎完全相同。这一形制在山西其他宋代建筑中虽有所见，但时间上已晚于高平游仙寺前殿一百余年，可知是这一形制之中的先例（图2.2-40）。

图2.2-40 山西高平游仙寺前殿

7. 天津蓟县独乐寺

独乐寺，又称大佛寺，位于中国天津市蓟州区，是中国仅存的三大辽代寺院之一，也是中国现存著名的古代建筑之一。独乐寺虽为千年名刹，而寺史则殊渺茫，其缘始无可考，寺庙历史最早可追至唐贞观十年（636年），安禄山起兵叛唐并在此誓师，据传因其"思独乐而不与民同乐"而得寺名。独乐寺占地总面积1.6万m²，山门面阔三间，进深四间，上下为两层，中间设平座暗层，通高23m。寺内现存最古老的两座建筑物山门和观音阁，皆辽圣宗统和二年（984年）重建。民国十九年（1930年），独乐寺因相继被日本学者关野贞以及中国学者梁思成调查并公布而闻名海内外。独乐寺山门和观音阁为辽代建筑，其他都是明、清所建。全寺建筑分为东、中、西三部分；东部、西部分别为僧房和行宫，中部是寺庙的主要建筑物，白山门、观音阁、东西配殿等组成，山门与大殿之间，用迴廊相连结。山门面阔三间，进深两间，斗栱相当于立柱的1/2，粗壮有力，为典型唐代风格，是中国现存

最早的庑殿顶山门。山门内有两尊高大的
天王塑像守卫两旁，俗称"哼""哈"二将，
是辽代彩塑珍品。独乐寺山门正脊的鸱尾，
长长的尾巴翘转向内，犹如雉鸟飞翔，是
中国现存古建筑中年代最早的鸱尾实物（图
2.2-41）。

图 2.2-41　天津蓟县独乐寺庑殿顶山门

8. 河北正定隆兴寺

隆兴寺，别名大佛寺，位于河北省石
家庄市正定县城东门里街，原是东晋十六国时期后燕慕容熙的龙腾苑，586 年（隋
文帝开皇六年）在苑内改建寺院，时称龙藏寺，唐朝改为龙兴寺，清朝改为隆兴寺；
是中国国内保存时代较早、规模较大而又保存完整的佛教寺院之一。寺院占地面积
82500m²，大小殿宇十余座，分布在南北中轴线及其两侧，高低错落，主次分明，
是研究宋代佛教寺院建筑布局的重要实例。北宋开宝二年（969 年）宋太祖赵匡胤
来征河东后驻跸镇州（后正定）后，到城西由唐代高僧自觉禅师创建的大悲寺礼佛
时，得知寺内原供的四丈九尺高的铜铸大悲菩萨，后汉契丹犯界和后周世宗毁佛铸
钱的两次劫难，加之听信寺僧"遇显即毁，迎宋即兴"之谶（chèn）言后，遂敕令
于城内龙兴寺重铸大悲菩萨金身，并建大悲宝阁。开宝四年（971 年）兴工，至开
宝八年（975 年）落成。并以此为主体采用中轴线布局大兴扩建，形成了一个南北
纵深、规模宏大、气势磅礴的宋代建筑群。隆兴寺主要建筑分布于一条南北中轴线
及其两侧。寺前迎门有一座高大琉璃照壁，经三路三孔石桥向北，依次是：天王殿、
天觉六师殿（遗址）、摩尼殿、戒坛、慈氏阁、转轮藏阁、康熙御碑亭、乾隆御碑亭、
御书楼（遗址）、大悲阁、集庆阁（遗址）和弥陀殿等。在寺院围墙外东北角，有
一座龙泉井亭。寺院东侧的方丈院、雨花堂、香性斋，是隆兴寺的附属建筑，原为
住持和尚与僧徒们居住的地方（图 2.2-42）。

图 2.2-42　河北正定隆兴寺

9. 河南济源济渎庙寝宫

济渎庙，坐落于河南济源市区西北济水发源地，济水在古时独流入海，与长江、黄河、淮河并称"四渎"。隋开皇二年（582年）朝廷为祭祀济渎神敕建济渎庙。唐贞元十二年（796年），朝廷鉴于北海远在大漠之北，艰于祭祀，故在济渎庙后增建了北海庙。经历代增修，逐步形成了规模宏大，布局有序，风景秀丽的古典园林式建筑群。该庙坐北朝南，平面布局呈"甲"字形。总面积为86255m²。总体建筑排列在三条纵轴线上。前为济渎庙，后为北海祠，东有御香院，西有天庆宫。现有宋、元、明、清历代建筑22座，唐至清碑碣石刻四十余通。为河南省现存规模最大的古建筑群之一。庙内现有河南省规模最大，价值最高的明代木牌楼建筑"清源洞府门"；有河南省现存时代最早的木结构建筑宋代"济渎寝宫"；有我国唯一幸存的"宋代石勾栏"以及堪称国内孤例的隋"复道回廊"遗址。保留着具有隋唐遗风，神似紫禁城太和殿的"渊德大殿"遗址等。寝宫为济渎庙安寝之所。建于北宋开宝六年（973年），距今已有一千多年的历史，是中原地区现存最早的木结构建筑，受到古建专家的高度评价（图2.2-43）。

图2.2-43 河南济源济渎庙寝宫

10. 福州华林寺

福州华林寺，位于福州鼓楼区北隅、屏山南麓。北宋乾德二年（96年），福州郡守为祈求国境安宁而建，初名"越山吉祥禅院"。宋高宗赵构赐御书"越山、环峰"，明正统九年（1444年）赐额"华林寺"。华林寺历经几多春秋，仅存大殿，后增建山门、左右配殿和廊庑。大殿为抬梁式构架，单檐九脊顶，高15.5m，面积574m²。大殿有18根木柱，柱子以上全由斗栱支撑，不用一根铁钉。其建造手法在全国唐宋木构建筑中独具一格，对日本镰仓时期（12世纪末）的"大佛样"、"天丝样"建筑风格影响颇大。福州地区多雨潮湿，白蚁繁生，木构建筑很难保存，华林寺的主要构件却保存了九百多年前的原物，是我国长江以南最古老的木建筑寺院，为研究我国古代建筑的珍贵实物资料。华林寺大殿虽经明、清两朝多次重修，增建周廊下檐，但其主要构件仍为千年原物，是我国长江以南最古老的木构建筑物。大殿檐柱14根，内柱4根。14根檐柱柱头由间额、额枋纵横连结，形成外层大方形框架结构。殿内柱子布局采用减柱法，内柱4根，每根高7m，内柱之间，由前后内额、四椽栿纵横连结，形成内层四方框架。大殿四檐及内柱头上均施斗栱，而柱头上更用特别粗大的斗栱承托，梁架斗栱为七铺作、双抄、三下昂、偷心造具有唐宋风格。这种框架结构经受了千年风雨的考验，至今保存完好。其风格流行于南北朝时期，隋唐以后已不多见。古朴的造型，精湛的建筑技术和建筑艺术风格使华

林寺在唐宋时代的木构建筑中独树一帜。它是南禅寺大殿、佛光寺大殿，芮城县的广仁王庙，平顺县的天台庵、大云院，平遥县的镇国寺大殿之后居第七位（图2.2-44）。

11. 山西平顺大云院大佛殿

大云院，又名"大云寺"。据碑文记载：寺院创建于五代晋天福三年（938

图 2.2-44 福州华林寺

年），初名"仙岩院"。天福五年（940年）建大佛殿，后周显德元年（954年）建寺外"七宝塔"，至北宋建隆元年（960年），寺内已有殿堂100余间。北宋太平兴国八年（983年），奉敕改寺名为大云禅院。五代广顺二年（952年）刻造石香炉置于大佛殿前。北宋乾德四年（966年）造石经幢于前院，北宋成平二年（999年）雕石罗汉1尊。北宋天禧四年（1020年）刻制敕赐双凤山大云院石碑。明成化十三年（1477年）重修山门天王殿。明弘治四年（1491年）十月重修三佛殿，改三间为五间，并加塑大佛3尊，菩萨2尊。清康熙、道光和民国年间重修寺院。1961～1964年，山西省文物工作委员会拨款补修大佛殿屋顶，加固殿内梁架和外檐斗栱，重修东西禅堂12间，修筑东西围墙80m。大佛殿，面阔三间，进深三间，四椽伏对后乳伏，通檐用三柱，单檐歇山顶，柱头斗栱与明次间补间斗栱为五铺作双抄，转角斗栱出斜栱斜昂，圆柱方额，飞檐起翘，形制古朴，巍峨壮观。殿内保存有五代壁画21m²，东壁绘"维摩变相"佛教故事。紫殿红楼，流云环绕，富有传奇色彩。八个伎乐人，或伴奏管弦，或舒腰起舞，表现出神态仙姿。扇面墙正面绘观音、大势至二菩萨，飞天乘云遨游长空，姿态飘逸。拱眼壁和阑额上保存有五代彩绘11m²。殿内保存有五代石香炉、宋代石经幢和石罗汉（图2.2-45）。

12. 宁波保国寺

图 2.2-45 山西平顺大云院大佛殿

保国寺历史悠久，创于东汉，建于唐代，兴于北宋，现存大殿即为北宋祥符六年（1013年）所重建，是江南保存完整的古老木结构建筑，具有很高的历史、艺术和科学价值。保国寺内殿宇古老素朴，园林绿树繁花，它坐落在宁波市江北区灵山山腰，自南向北分布有天王殿、大雄宝殿、观音堂和藏经楼，两侧有钟楼和鼓楼连接其他建筑，错落有致，大殿前有水池，池水清澈，四季不涸。寺内大殿为北宋时期的建筑，灵山寺是保国寺的前身。保国寺位于的山叫灵山，相传在东汉世祖时，骠骑将军张意和他的儿子中书郎张齐芳隐居此山，此山又名骠骑山。他们死后，其宅舍便被建成了寺院，名为灵山寺。现存的骠骑山、骠骑将军庙、骠基坪（保国寺东围墙外 900m²，古木参天）、骠骑井泉，足以说明人们对父子俩隐居于此的一种历史痕迹纪念。唐武宗李炎会昌五年（845 年）诏毁佛寺。灵山寺被毁。会昌六年李炎死，李忱（宣宗）继位，大中元年（847 年）四月又恢复佛寺。保国寺的开山鼻祖是可恭。可恭是国宁寺和尚，国宁寺始建于唐大中五年（851 年），广明元年九月才回到明州的。可恭有意恢复灵山寺可从 851 年算起，可恭以恢复灵山寺为请求，僖宗答应了，并要求可恭在长安弘福寺（唐僧玄奘取经归来之所，高僧宿集）讲五大部经，约有三个月之久，又讲诘朝纶章，法誉大振。于是唐僖宗非常高兴，敕"保国"之额并赐可恭紫衣袈裟一袭，允许其还山建寺，可恭回到明州的时间正好是唐广明元年秋九月。而同年十一月黄巢起义军还是占领了长安，逼唐僖宗逃亡入蜀。"保国"两字最终没有给唐僖宗带来保佑（图 2.2-46）。

13. 河北涞源阁院寺文殊殿

涞源阁院寺位于涞源县城中部，原县城鼓楼西侧城墙内，一座千年古刹。阁院寺"东汉时创建唐代重修"，现存最早的建筑是辽初修建的文殊殿，是全国年代较早、规模较大、保存最为完好的土木建筑，是全国不多的几座超过千年的土木建筑之一，具有很高的历史、科学、艺术价值。阁院寺，在明之前称为"阁子院"，可能曾经是一座以阁楼为主的寺院。阁院寺作为"国宝"，核心是指这座"文殊殿"。五台山南禅寺大殿，建于唐代，虽比文殊殿早一百多年，但经过落架重修。文殊殿是辽初官式建筑的代表保存完好，它有减柱造、斗栱、窗棂、壁画、外沿彩绘及殿内原来的肉身像和院子东南角的古钟，称为阁院寺的"七绝"（图 2.2-47）。

图 2.2-46 宁波保国寺

图 2.2-47 河北涞源阁院寺文殊殿

14. 山西平顺龙门寺前院西配殿

龙门寺在平顺县城西北 65km 的石城镇源头村北二里许的龙门山腰。此处山峦耸峙，峭壁悬崖，谷内夹石凸起，形如龙首，故曰龙门山。据史料记载，南北朝北齐天保年间法聪和尚，经五台山云游至此，顿觉此地清静幽雅，灵气飘逸，遂禀呈圣上，传旨建寺，初名"法华寺"。后唐时有 50 余间殿宇，宋时增至百余间。宋太祖赵匡胤敕赐寺额为"龙门山惠日院"，又名惠日院。因龙门山形如龙首，于北宋乾德年间更名为"龙门寺"，寺内僧侣已增至 300 多人。到了元代，寺院方圆七里山上山下地庙皆属本寺，无俗家地宅。元末遭兵燹，多数建筑废记，明清两代予以重葺和增建。其中前院西配殿为五代后唐同光三年（925年）所建，三开间悬山式，殿内无柱，梁枋简洁规整，犹存唐风。五代木构建筑悬山式殿宇仅此一例。大雄宝殿北宋绍圣五年（1098年）建，广深各三间，平面近方形，单檐九脊顶，斗栱五铺作单抄单下昂，斗栱与梁架结构在一起，共承屋顶负荷。殿顶琉璃脊兽，形制古老，色泽纯朴，为元代烧造。天王殿构造灵活，梁枋断面互不一致，显系金构，后殿三间，悬山式，元代形制，其他殿堂均为明清重建。集后唐、宋、金、元、明、清六代木构建筑于一寺，为中国现存文物中所仅见。龙门寺寺院坐北向南，总体布局共分三条轴线，即中、东、西线。每条轴线上又分前后数进院落，沿寺院东南蜿蜒曲折的山间石阶山道攀踏而上，可直达寺院。中线可分四进院落，由南向北依次有金刚殿、天王殿、大雄宝殿、燃灯佛殿、千佛阁。东西两侧配以碑亭、廊庑、观音殿、地藏殿及厢房僧舍等建筑。其中金刚殿、碑亭、千佛阁早已残毁仅存遗址，其余殿堂保存基本完整。西线可分为五组院落。后三院均为四合院形式，多为清代的僧舍和库房等建筑。东线分为三进院落，主要建筑有圣僧堂、水陆殿、神堂、僧舍等附属建筑，多为明末清初所建。寺内保存最早的木结构殿堂为中轴线西侧的观音殿（西配殿），始建于五代十国时期的后唐同光三年（925年），三开间悬山顶建筑，殿内无金柱，梁枋简洁规整，柱头铺作出华拱一跳，无补间铺作，呈唐代建筑风格（图2.2-48）。

图 2.2-48　山西平顺龙门寺前院西配殿

2.2.5　我国造园建筑艺术

我国园林有着悠久的历史，中国人造园本着"虽由人作，宛自天开"的艺术原则，融建筑、文学、书画、雕刻和工艺于一体的创造，这在世界园林史上也是独树一帜的。我国的园林艺术，如果从殷、周时代囿的出现算起，至今已有三千多年的历史，是世界园林艺术起源最早的国家之一，在世界园林史上占有极为重要的地位。中国园林因各民族、各地区的人们对风景的不同理解和偏爱，也就出现了不同风格的园林。现在归纳起来有：北方园林、江南园林、皇家园林、岭南园林、蜀中园林等。北京四周及山东、山西、陕西等地的园林风格较为相像，便统称之为北方园林。如山西新绛原绛州太守衙署的花园（古称绛守居园池），建于隋开皇十六年（596年），至今还丘壑残存，是我国留存最早的园林遗址。再如河南登封的嵩阳书院、山东曲阜孔府铁山园等，亦均是北方纪念性园林中的代表作。江南园林是住宅的延伸部分，基地范围较小，因而必须在有限空间内创造出较多的景色，于是"小中见大"、"一以当十"、"借景对景"等造园手法，得到了十分灵活的应用，因而留下了不少巧妙精致的佳作。如苏州网师园殿春簃北侧的小院落，十分狭窄地嵌在书斋建筑和界墙之间，他们在此栽植了青竹、芭蕉、腊梅和南天竹，还点缀了几株松皮石笋，这些植物和石峰姿态既佳，又不占地，非常精致。古代皇帝园林，这是集中了全国的人力、物力和财力，规模宏大，建造精良，也是我国古典园林中的精华之一。岭南园林现存著名园林有：顺德清辉园、东莞可园、番禺余荫山房及佛山梁园，人称"岭南四大名园"。岭南气候炎热，日照充沛，降雨丰富，植物种类繁多。岭南园林的水池一般较为规正，临池向南每每建有长楼，出宽廊；其余各面又绕有游廊，跨水建廊桥，尽量减少游赏时的日晒时间。其余部分的建筑也相对比较集中，常常是庭园套庭园，以留出足够的地方种植花树。受当地绘画及工艺美术的影响，岭南园林建筑色彩较为浓丽，建筑雕刻图案丰富多彩。四川虽地处西南，但历史悠久、文化发达，那里的园林亦源远流长有自己的特色。蜀中园林较注重文化内涵的，一些名园往往与历史上的名人轶事联系在一起。如邛崃县城内的文君井，相传是在西汉司马相如与卓文君所开酒肆的遗址上修建的，井园占地10余亩，以琴台、月池、假山等为主景。再如成都杜甫草堂、武侯祠、眉州三苏祠、江油太白故里等园林，均是以纪念历史名人为主题的。其次，蜀中园林往往显现出古朴淳厚的风貌，常常将田园之景组入到园内。另外，园中的建筑也较多地吸取了四川民居的典雅古朴风格，山墙纹饰、屋面起翘以及井台、灯座等小品，亦是古风犹存。

　　我国园林特点概括起来：北方园林庄重大方，江南园林典雅秀丽，岭南园林绚丽纤巧，蜀中园林则朴素淡雅，皇家园林宏伟精致。早期苑囿主要还放养动物，以后逐步发展成观赏游玩相结合的花园。在历史上文人花园数量较多，有不少主人是历史上著名人物。文人花园一般均较小，容纳不了许多景，没有苑囿那种宏大壮丽、摄人心魄的美景，但它却别有韵味，能令人流连忘返，其关键就是园景中融和了园主的文心和修养。镇江焦山是一座处于长江中的小岛，环境特别幽静。山半腰有座别峰庵，娟小玲珑，四周绿树翠竹相映。庵中有两间书斋，曾是清代著名书画家"扬州八怪"之一郑板桥的读书处。门旁挂有画家手书的一副楹联："室雅无须大，花香不在多。"在板桥看来，好的居住环境并不在于大和多，而是要有诗意，唯其如此，才能做到以雅胜大，以少胜多。这"雅"和"小"，便是文人园林的主要特点。还有残粒园、芥子园、半亩园等名园，皆以小而著称。"小"对造园是不利的，古人却能自如地掌握艺术创作的辩证法则，化不利为有利，在有限的范围之内创造出无限的景色来，这也是中国创造。古人常将优游山水，耽乐林泉称之为"游"，而在风景环境中读书、习艺、清谈和宴饮为"居"，唯有这两个境界才算完善。留园，是苏州一座著名的文人私园，均在不同程度上反映了"游"与"居"的结合，是典型的文人园林。寺庙园林是我国古典园林中的又一大类。它并不是狭隘地仅指佛教寺院和道教宫观所附设的园林，而是泛指依属于为宗教信仰和意识崇拜服务的建筑群的园林。在我国古代，信仰和崇拜的对象较为复杂，出现了形形色色的建筑类型，它们一般均带有园林，也带来了寺庙花园的多样化。"南朝四百八十寺，多少楼台烟雨中。"唐诗人杜牧的这一名句，不仅写出了南朝佛寺的繁盛，而且也点出了寺院环境的优美。大江南北的山水名胜之地，几乎被佛堂伽蓝占尽。我国大小名山，几乎都有古刹，有人曾有"园包寺，寺裹园"来形容这些寺园美丽的风景。"园包寺"即寺庙融化在山水风景之中；"寺裹园"即寺内又建有若干小园林，供香客游人欣赏。著名的杭州灵隐寺就是如此。即便是处于繁华城市的寺院，僧人们也总是想方设法在空地上植树点石，建造小园小景，有时还买下附近荒废的园池，略加修复，成为附属于寺院的独立花园，如苏州的戒幢律寺、上海的龙华寺、广州的六榕寺等，无不如此。祖宗崇拜是我国古代的又一普遍文化现象，在各地名山大川风景区，常常设有纪念古代名人贤士或者民族英雄的纪念性建筑，如杭州岳庙，成都、襄阳等地的武侯祠，成都杜甫草堂，陕西杜公祠，绍兴南郊的兰亭和王右军祠等，是为纪念岳飞、诸葛亮、杜甫、王羲之等历史名人而建的，实际上是另一种类型的宗庙建筑。寺庙园林还有一个特点，就是带有某些综合性公共园林的性质。为了接待一些香客和游人的游览，一些寺庙常设有生活起居和娱乐的设施。有的庙园中设有客房，以便读书人攻读或来往过客借宿。邑郊风景园林是泛指位于城邑郊外，利用原有的天然山水林泉、结合山水工改造而成的园林。邑郊风景园林的特点是近城，一般都位于城郊附近 2～3km。保存至今的这类园林，如苏州的石湖和虎丘，扬州的瘦西湖，无锡的锡山和惠山，南京的钟山，镇江的南山，兰州的皋兰山，肇庆的鼎湖山和七星岩，广东惠州的西湖，安徽阜阳的西湖和杭州的西湖等。杭州西湖紧靠市区，无锡的惠山和锡山、南京钟山也迫近城根，甚至在城内也可观赏到它们的景色。我国造园名著《园冶》在谈到园林选址时说："去城不数里，而往来可以任意。"正是总结了这类园林方便游览的特点。邑郊风景园林是一个由许多单个园林（如寺庙园林、私家园林和苑囿）加上城外山水间林木组成的集合体。构成它的主要因素是山、水、园、庙等。那里既有青山绿水、洞壑溪泉、花草树木等自然景，又有亭台楼阁、曲径通幽、仙祠古刹、精舍浮图等人工创造的景致。古典园林的特点：一是以山、水地貌为基础，植被做装点，从而表现一个精练概括浓缩的自然。它既有"静观"又有"动观"，从总体到局部包含着浓郁的诗情画意。这种空间组合形式多使用亭、榭等来配景，使风景与建筑巧妙地融合到一起。明、清时期是中国古典园林集大成时期，到了清末造园理论探索停滞不前，加之社会动荡、外来侵略、西方文化的冲击、国民经济的崩溃等原因，使我国园林创作由全盛到衰落。二是因地制宜，巧妙借景，使建筑具有自然风趣的环境艺术，又是自然的艺术再现。皇家园林规模宏大，建筑体态端庄，色彩华丽，风格雍容华贵等特色，如颐和园、北海公园、承德避暑山庄等。苏州园林为私家园林，一般面积较小，以精取胜。其风格潇洒活泼，玲珑素雅，曲折幽深，明媚秀丽，富有江南水乡特点。讲究山林野趣和朴实的自然美。在有限的空间，巧妙地组合成千变万化地园林景色，充分体现了我国造园的诗情画意风格。如拙政园、网师园等。以广东园林为代表，既有北方园林的稳重、堂皇和逸丽，也融会了江南园林的素雅和潇洒，并吸收了国外造园的手法，因而形成了轻巧、通透、明快的风格，如广州越秀公园等。三是运用各种造园手法将山、水、植物、建筑等加以构配而组合成源于自然又高于自然的有机整体。将人工美和自然美巧妙地相结合，从而做到虽由人作，宛若天成。以自然界的山水为蓝本，通过梳理曲折之水、错落之山、迂回之径、参差之石、幽奇之洞，构成建筑环境与自然景物荟萃一处。四是强调借景生情，托物言志。将中华民族的性格和文化审美意识表现了出来，如端庄、含蓄、幽静、雅致等。它使人足不出户而能领略多种风情，于潜移默化之中受到大自然的陶冶和艺术的熏染。《园冶》的作者是明代的计成，江苏苏州吴江县人。《园冶》是中国古代留存下来的唯一园林著作，全书共三卷，分为兴造论、园说、相地、立基、屋宇、装拆、门窗、墙垣、铺地、掇（duō）山、选石和借景等十二个篇章。计成；字无否，号否道人，明代杰出的造园艺术家，生于明万历壬午年（1582年），自幼倾心艺术，擅长书画，游历了天南海北的名山大川，丰富了创作思想，并立志开创立体的山水艺术。天启三年（1623年），计成到武进为罢官文人吴玄造园，将传统的山水画记，综合了文论、诗论及地方民俗、历史文学、园学工程技术熔铸一炉，营造了一处精巧的人间仙境，名为"东第园"，从此名声大振，并先后设计建造了常州的"东帝园"，扬州的"影园"，仪征"寤（wù）园"，后经安徽太平府又鞍山名士曹无甫提议用文字图样把造园的方法记述下来，以传后世。1631年开始写作一本取名《园牧》后改《园冶》的专著三卷，该书不但影响我国，而且东渡传播到日本及西欧，成为造园学的经典著作。

2.2.6 古建筑按功能详分

（1）宫廷府第建筑。如皇宫、衙署、殿堂、宅第等；

（2）防御守卫建筑。如城墙、城楼、堞楼、村堡、关隘、长城、烽火台等；

（3）纪念性和点缀性建筑。如市楼、钟楼、鼓楼、过街楼、牌坊、影壁等；

（4）陵墓建筑。如石阙、石坊、崖墓、祭台、以及帝王陵寝宫殿等；

（5）园囿建筑。如御园、宫囿、花园、别墅等；

（6）祭祀性建筑。如文庙（孔庙）、武庙（关帝庙）祠堂等；

（7）桥梁及水利建筑。如石桥、木桥、堤坝、港口、码头等；

（8）民居建筑。如窑洞、茅屋、草庵、民宅、庭堂、院落等；

（9）宗教建筑。如寺、庵、堂、院，祠、宫、庙、观，清真寺，礼拜堂等；

（10）娱乐性建筑。如乐楼、舞楼、戏台、露台、看台等。

下面简要介绍古建筑的含义：

（1）门楼：门上起楼，象城堞有楼以壮观也。无楼亦呼之。（图2.2-49）

（2）堂：古者之堂自半以前，虚之为堂。堂者当也。当正向阳之屋，堂堂高显之义。（图2.2-50）

图2.2-49　门楼

图2.2-50　堂

（3）斋：斋较堂惟气藏而致敛，有使人肃然斋敬之义。盖藏修密之地，故不宜敞显。（图2.2-51）

（4）室：自半已后，实为室。具有实用功能的房间。（图2.2-52）

图2.2-51　斋

图2.2-52　室

（5）房：《释名》云：房者，防也。防密内外以寝闼（tà）也。"凡堂之内，中为正室，左右为房，所谓东房、西房也"。（图2.2-53）

（6）馆：《说文》云：散寄之居，曰"馆"，可以通别居者。今书房亦称"馆"，客舍为"假馆"。馆，客舍也。（图2.2-54）

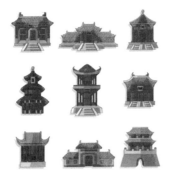

图2.2-53　房

图2.2-54　馆，客舍

（7）楼：《说文》云：重屋曰"楼"。造式，如堂高一层者是也。（图2.2-55）

（8）台：《释名》云："台者，持也。言筑土坚高，能自胜持也。"园林之台，或掇石而高上平者；或木架高而版平无屋者；或楼阁前出一步而敞者，俱为台。（图2.2-56）

图2.2-55 楼

图2.2-56 台

（9）阁：阁者，四阿开四牖（yǒu）。（房间四面开窗。）汉有麒麟阁，唐有凌烟阁等。楼与阁在早期是有区别的。楼是指重屋，阁是指下部架空、底层高悬的建筑。（图2.2-57）

（10）亭：欲举之意，宜置高敞，以助胜则称。可观。如理假山，犹类劈峰。（图2.2-58）

图2.2-57 阁

图2.2-58 亭

（11）榭：《释名》云：榭者，藉也。藉景而成者也。或水边，或花畔，制亦随态。（图2.2-59）

（12）轩：轩式类车，取轩轩欲举之意，宜置高敞，以助胜则称。轩——有窗的长廊或小屋。轩内设有简单的桌椅等摆设，一般来说，园林中的轩多为诗人墨客吟诗作画之所，要求环境安静，造型朴实，并多用传统书画、匾额、对联点缀，能给人以含蓄、典雅之情趣。轩也多作赏景之用。（图2.2-60）

（13）卷：卷者，厅堂前欲宽展，所以添设也。或小室欲异人字，亦为斯式。惟四角亭及轩可并之。（图2.2-61）

（14）广：古云：因岩为屋曰"广"，盖借岩成势，不成完屋者为"广"。（图2.2-62）

（15）廊：廊者，庑出一步也，宜曲宜长则胜。古之曲廊，俱曲尺曲。今予所构曲廊，之字曲者，随形而弯，依势而曲。或蟠山腰，或穷水际，通花渡壑，蜿蜒无尽，斯寤园之"篆云"也。予见润之甘露寺数间高下廊，传说鲁班所造。（图2.2-63）

图 2.2-59　榭

图 2.2-60　轩

图 2.2-61　卷

图 2.2-62　广

图 2.2-63　廊

2.2.7　我国古代村落文脉

五千年中华文明积淀着丰富的、独特的、大量的历史文化信息，这些信息大部分都沉淀于古村落之中，这些信息今天看来似乎有些过时，其实不然！殊不知，中国的建设问题，还必须用中国的方法来解决，才能够接地气、顺民意，也符合中国人的文化传统。这是中国人的文化自信、民族自信的体现。特别在建设中国特色的进程中，一定要在中国的历史文化沃土里创新和发展！我国古代所以是"以农立国"，那是在中国地理气候的环境下，造就了我国"以农立国"的社会发展条件。由于我国地势呈西北高，东南部逐渐低，中部为丘陵和平原，南部面海。形成一面临海、三面陆地围合的封闭型大陆性地理环境。所以，我国"以农立国"的社会文化特征，产生了农耕文明和稻作文化等。广西出土的大石铲说明稻作文明产生在新石器早期，是一种自给自足、各自为生的小农经济，至今仍然是我国南方地区主要农业耕作方式。中国地域幅员辽阔，江河纵深，至今还保存着原始农耕文明的根脉，且形成了独特持久的中华文明体系。古代游牧民族很早就通过古丝绸之路来到了我们中华大地。因此，游牧文明在中国古代历史上也占据着非常重要的地位，其与农耕文明的冲突和融合构成了中国北方的历史。我们中国人自古就遵从"天人合一"的思想，这是中国传统文化的一个最基本的问题。"天人合一"的含义究竟如何呢？

我国近现代大哲学家冯友兰先生认为：主要有五种含义，第一种是"物质之天"，就是指日常生活中所看见的苍苍者与地相对的天，就是我们现在所说的天空。第二种是"主宰之天"或"意志之天"，就是指宗教中所说有人格、有意志的"至上神"。第三种是"命运之天"，就是指旧社会中所谓运气。第四种是"自然之天"，就是指唯物主义哲学家所谓自然。第五种是"义理之天"或"道德之天"，就是指唯心主义哲学家所虚构的宇宙的道德法则。这五种含义中最基本的不外乎两个方面：自然方面的"天"和精神领域的"天"。前者是基础，对后者起决定作用，但是后者（精神领域的"天"）一旦生成又可对前者进行意义建构，使自然的无生命无情感的"天"获得存在的意义和价值。中国古人认为：天人一致，宇宙自然是大天地，人则是一个小天地；或天人相应，或天人相通；人和自然在本质上是相通的，故人与自然要和谐。这是中国古代老子的思想，即："人法地，地法天，天法道，道法自然"，也许正是这样的自然观才能安逸。庄子说："有人，天也；有天，亦天也。"即"天人本是合一的"。古人们，"仰观天象，俯查地理"筑城立宅。如此说来，我国古人是十分重视临场校察地理，也叫地相，也称之堪舆术，目的是用来选择宫殿、民居、村落、坟墓等的方法和原则。堪，天道；舆，地道。堪舆有仰观天象，俯察地理之意。如今我们研究古典堪舆术，要本着去其糟粕，取其精华，抛开唯心主义色彩，正确理解风水学。我国古人择地主要看地势，说：中国的地势"天倾西北，地倾西南。"昆仑山脉为万祖之山，为中华"龙脉之祖"。昆仑山脉长 2500km，平均海拔 5500 ~ 6000m，宽 130 ~ 200km，西窄东宽，总面积达 50 多万平方公里，在中国境内地跨青海、四川、新疆和西藏四省。中国有三大龙脉都是从昆仑山脉发祥：（1）艮龙发脉：是走黄河以北广大地区。（2）震龙发脉：是走黄河以南，长江以北。（3）巽龙发脉：是长江以南广大地区。这三大干龙发自西北，走向东南。形成了中国地势的西北高东南低的地形，"天不足西北，地不满东南"。此三大龙脉称为北龙、中龙、南龙。三大龙脉皆起自昆仑山，所以昆仑山自古就被称为"万龙之祖"，从山脉走向上看也有此意。北龙（艮龙发脉）：西起昆仑山，向北延伸经祁连山、贺兰山、阴山、转向大兴安岭山脉与长白山脉，长白山延伸至朝鲜的白头山从而入海。北龙的特点是，山脉起伏大起大落，雄壮宽厚。沿黄河通过青海、甘肃、山西、河北、东三省等北部地区，延伸至朝鲜半岛而止。北京、天津等城市处于北龙之上。中龙（震龙发脉）：西起昆仑山，向东延伸经秦岭、大别山、转到江浙一带入海，从海里抬头就是日本。中龙山脉兼具雄壮沉稳与轻灵变化，所以此龙脉所经过的地区自古以来就是人才辈出之地，此龙脉辐射整个中原地区，历朝历代皆为英才辈出。通过黄河、长江之间的地区，包括四川、陕西、河北、湖北、安徽、山东，到达渤海终止；西安、洛阳、济南等，均为中龙气聚之所。南龙（巽龙发脉）：西起昆仑山，进西藏，向南到云南贵州，经横断山脉向东到两广，经过湖南、江西、一路到福建武夷山下海，南龙抬头指出就是中国台湾玉山山脉。此龙脉轻灵俊秀。古人看山脉的走向具有起伏、弯曲、变化，形式有点像画中的龙一样。而且高大绵长的大山脉像一条大龙，小的山脉像一条小龙。所以以龙比喻山脉，龙因善变化，时大时小，能屈能伸，时隐时现，能飞能潜，山势就像龙一样变化多端，神秘莫测，故以龙脉称谓。"龙脉"本是风水用语，在中国古代山水画创作中，很多画家多少会有这样的潜意识，寻找构图中的"龙脉"似乎是他们注定的选择，大多数龙脉都是依山傍水而生的。我国古人认为：从昆仑山脉胚生出三条龙脉称之为干龙，干龙又分出无数小干龙，小干龙又分出支龙，小支龙，如同大树分枝一般。为什么古人把山脉称之龙呢？说："地脉之行止起伏曰龙"，又说："土乃龙之肉，石乃龙之骨，草乃龙之毛"。古人认为：大干结地为都市，小干结地为集镇，支龙结地为村庄，小支龙是支中之支，小支龙结穴也要结咽束气，束气处要不受寒风吹，不犯劫煞，龙脉有起伏，有夹送，穴地龙虎、应案、堂气、水城、下砂、门户都要合度，这样才是真结。把龙脉（地势）分为上、中、下三格：上格千里来龙千里结穴，前呼后送，左右夹护，如王侯出行浩浩荡荡；中格百里来龙百里结穴，左盘右旋，有护卫但来脉行程欠远，不及千里来龙壮观；下格十里来龙十里结穴，孤龙单行，无护卫，无迎送，随处结穴。总之，我们中国人一直都注重城市和房屋与山川地理、气候的关系，秉承着"天地立极，阴阳变化，四象定位，天圆地方"的理念，这种理念在建筑中体现的极为充分。我国文化思想从春秋战国开始就百家争鸣了，从建筑体系来讲也是从那时开始倡导因地制宜，不拘一格，与时俱进的思想。特别我国文脉的思想在古村落中表现得比较充分，保留也比较完整，需要我们仔细研习。

中国人自古相宅择日建房一般都要请"风水先生""看看风水"，俗称"相宅"。相宅时，首先按"阴阳八卦"确定宅院的方位、座向、院型。其忌讳很多，讲究宅后要有"靠山"、"案山"，宅前要宽敞，大门绝不能面对山丘、豁口、河沟、道路等，称为"山剑"、"路剑"和"水剑"。不得已而犯忌讳，就在"适当"位置埋上写有"泰山石敢当"之类吉祥语的木桩橛或石块以去"灾邪"。宅基选定后，要"择日"，以定修盖时间。俗称"看好儿"。"好儿"要选在利年（"利年"之俗传于西峡一带，选利年是根据房屋的转向而定，有"东西利年""南北利年"等）和"太岁出游日"，免"太岁头上动土"。从古到今，民居信仰与禁忌，是大多数中国人的民间习俗，作为建设者要了解民俗，用科学的理念和方法解读它，在摒弃封建迷信的内容同时，坚持有利的传统，如住房向阳通风、防火防涝和便于生产、便于生活的做法。

2.2.8 我国民居形制探微

我国各地的居住建筑，又称民居。居住建筑是最基本的建筑类型，出现最早、分布最广、数量最多。由于中国各地区的自然环境和人文情况不同，各地民居也显现出多样化的面貌。

1. 北方汉族民居形制

我国北方汉族地区传统民居的主流是规整的形式，以采取中轴对称方式布局的北京四合院为典型代表。北京四合院分前后两院，居中的正房最为尊崇，是举行家庭礼仪、接见贵宾的地方，各幢房屋朝向院内，以游廊相连接。北京四合院虽是中国封建社会宗法观念和家庭制度在居住建筑上的具体表现，庭院方阔，尺度合宜，宁静亲切，花木井然，是十分理想的室内外生活空间。华北、东北地区的民居大多是这种宽敞的庭院。四合院是封闭式的住宅，对外只有一个街门，关起门来自成天地，具有很强的私密性非常适合独家居住。院内，四面房子都向院落方向开门，一家人在里面其乐融融。由于院落宽敞，所以院内植树栽花，饲鸟养鱼，叠石造景。居住者不仅享有舒适的住房，还可分享大自然赐予的一片美好天地。影壁是北京四合院大门内外的重要装饰壁面，绝大部分为砖料砌成，主要作用在于遮挡大门内外杂乱呆板的墙面和景物，美化大门的出入口，人们进出宅门时，迎面看到的首先是叠砌考究、雕饰精美的墙面和镶嵌在上面的吉辞颂语。通过一座小小的垂花门，便是四合院的内宅了。内宅是由北房、东西厢房和垂花门四面建筑围合起来的院落。封建社会，内宅居住的分配是非常严格的，位置优越显赫的正房，都要给老一代的老爷、太太居住。北房三间仅中间一间向外开门，称为堂屋。两侧两间仅向堂屋开门，形成套间，成为一明两暗的格局。堂屋是家人起居、招待亲戚或年节时设供祭祖的地方，两侧多做卧室。东西两侧的卧室也有尊卑之分，在一夫多妻的制度下，东侧为尊，由正室居住，西侧为卑，由偏房居住。东西耳房可单开门，也可与正房相通，一般用做卧室或书房。东西厢房则由晚辈居住，厢房也是一明两暗，正中一间为起居室，两侧为卧室。也可将偏南侧一间分割出来用做厨房或餐厅。中型以上的四合院还常建有后军房或后罩楼，主要供未出阁的女子或女佣居住。

2. 中原地区民居形制

中原现在主要指河南一带地区，中原地区是中华民族和中华文明最重要的发源地。因气候原因，中原地区的民居多出前檐不出后檐，靠近南方地区则前后出檐。置大檐的"前檐房"一般多以粗长椽子搭檐，俗称"硬挑房"。也有将前墙后缩，设明柱走廊，房檐由"斗栱"、"滴水"、"勾头"等组成。北方民居大多采取"有梁无柱，以墙为架"，将梁椽直接架在墙上的建筑形式，此种房墙如倒塌，房屋也必然倒掉，俗称"墙倒屋塌房"。还有一种"墙倒屋不塌"房，是沿黄河两岸的中牟、开封、兰考诸县的居民草房，其土坯墙壁的四个墙角要垒四个砖柱，如遇洪水冲击，坯墙倒塌，砖柱可保，洪水过后，砌上坯墙，又可居住，人们戏称为"过水房"。建造"过水房"，不先挖沟砌墙基，而先运土垫起一两米高的"房台"，然后夯实，垒砖柱，砌土墙，建房顶。各种民间房舍墙壁按其所用建筑材料和建造形式，分泥墙、土墙、土坯墙、砖墙、砖坯结合墙、土瓦结合墙以及石块墙等。泥墙一般用麦秸或草拌泥直接垛起。土墙则直接用湿土垒制。垒制时，以两木板作夹，中间填上湿土，用碓夯实，再拆去木板，亦称"夹板墙"、"防贼墙"。卢氏人在垒夹板墙时，还要在两山墙内插两根柱子，称为"插柱墙"。土坯墙是用未经烧制的土坯垒起。豫南地区诸县，垒制土坯墙多在稻谷收割后，利用稻田土质黏腻的特点，用石滚将田地压平压实，分割成一尺左右长，七八寸宽的方块土坯，然后铲起晾干，用以垒墙。砖墙是用土坯烧制的砖块垒起，多是富裕人家的建筑用料。砖坯结合墙多见于豫北、豫东诸县建房中。其形式有外边垒砖，里边垒土坯的"里生外熟"或称"砖包皮"墙；也有墙基用砖、上部用土坯的上坯下砖墙，此墙的砖基高度一般讲究垒7层、9层或12层。但南乐、内黄诸县则不分层数，而把砖基垒得和窗户台一样高，这是根据当地土质碱性大、墙基低容易被蚀的情况所为，俗称"平窗碱"。坯瓦结合墙多见于汝南一带，前述"罗汉房"的瓦甃山墙，即属此类墙。另外，在豫北、豫西和豫南山区，土石和砖石结合墙较多。渑池、义马一带的砖石结合墙，奠基用砖，上部自山墙与房檐墙壁相交处向上仍用砖，中部则以石块，俗称"穿靴戴帽墙"。宅院有三合院、四合院等。四合院由堂屋（也称主屋、正屋、上房）、厢房（也叫陪房或东西屋、厦子）、临街房组成，俗称"四阁斗宅"；三合院则缺少临街房，称"三阁斗宅"。三合院、四合院多为"高墙窄院"，这是不同于外地此类院落的一大特点。大型的宅院多由二合院、四合院组合而成，有"二进院""三进院"和"四进院"，此类院落由"过厅""过屋"相连。讲究的过厅内有明柱和屏风门，每间四扇槅门，平日开两扇，遇节日，喜庆活动，槅门大开，前院直通后堂。院中房舍，有砖木结构的楼房，还设有花园、屏障、砖石院墙和讲究的门楼。中原地区民间有草房、瓦房、草瓦结合的缘边房、平顶房、石板房和楼房等，并各有自己的建筑造型和特色。草房房顶是覆草的，瓦房是以瓦盖顶的"上栋下宇"式房屋，房架由梁、檩、椽组成，顶部用草覆盖。缘边房用草瓦结合盖起的房屋，是河南民间草房到瓦房的过渡形式，俗称"瓦缘边"、"海青房"等。汝南一带的缘边房，除房上缘边盖瓦外，还要在房屋山墙上部表面盖瓦，称作"瓦甃"，此房不高，前后出檐，当地人称"罗汉房"，以适应多雨的气候。平顶房顶部不起脊的房屋，是安阳东部和濮阳市一带民房的主要形式。其结构和草房、瓦房一样，梁、檩、椽俱全，只是房顶不起脊，顶部覆以砖瓦或用石灰、煤渣、沙土拌泥捶平。内黄、南乐诸县的平顶房用木椽密置平放屋顶，民间称其为"椽子棚"、"土棚"或"脊把"。石板房以石板盖顶的房子，多见于林县、辉县西部山区民间。俗称"百年没坏房"。此房墙壁用石块垒砌，硬山起脊，坚固耐用。梁檩上面覆盖经加工制作整齐的薄石板，其面积大小不同，但厚度相等。所盖石板横向成行，纵向接缝。接缝处再用小块石板压盖。房脊也平压以小石块。其造型独特，可充分利用山区多石的条件，至今仍为山区群众所喜爱。河南在仰韶文化时期已有"四阿重屋"的楼房建设。"四阿重屋"，即用四根柱子支起的双层房屋。古代楼房多两层，一楼二楼均设檐，望去似两座带脊房屋摞在一起。一楼顶（即二楼地板）和楼梯均用木板。其余房架结构和一般房屋相同。河南草房、瓦房和缘边房一般均为中间起脊，屋脊置梁于前后墙，呈坡状，置前墙一面称"前房坡"，置后墙一面称"后房坡"。也有直接于后墙起脊，只有"前坡"之房，多见于豫南各地，俗称"崛肚房"。草房房脊一般沿脊敷上一层厚泥巴，表面抹光。瓦房沿脊以"片瓦"凹部向下错置相压，两端设"兽头"（也称"赓兽"）。民间所见兽头形状有六七种，20世纪50年代以前多为麒麟、龙头等，50年代以来多用"和平鸽"或插以小红旗。房脊正中立一长方形或形物，俗称"宝瓶"。兽头、宝瓶都是过去镇邪之物，今日已失去原意，纯为房脊的装饰品。民间一般的院子只有主屋和简陋陪房。以秫秆、树枝编栅为墙的院落，叫做"半截院"或（土坯门楼）"不成院"。各种院落都讲究大门的设置。民家院落的大门多设门楼，门楼有土坯门楼、"脊架门楼"和"过道门楼"。一般多和临街房相连。无临街房的则独设，多有一间房大。大型四合院和三合院的大门多系过道型的门楼，有脊有兽。门口设台阶，门有高大门槛，门两侧竖以石雕狮兽，门外设拴马桩，俗称"走马门楼"。各种门楼门框下各有一个石礅，两扇大门外侧各置门环一个，内侧设门闩。"过道门楼"的大门过道下要铺过门石，石上应门框处凿有门脚窝，门扇开关直揍过门石，不设门槛或设活动门槛，以便车、担进出。大门框上有用木料、砖石或水泥制作的匾牌，上面刻写"福禄寿"、"勤俭持家"、"前程似锦"等字样，以祈祝幸福。民间一般院落的大门和门楼（过道门楼）内都设置"影壁墙"（也称"照壁"）。富家大户也有设于大门外的。在洛阳一带，"影壁墙"上大多挖砌一神龛，供奉"土地爷"。一般讲究之家，影壁墙上要镶刻字画，其内容有"松鹤延年"、"麻姑献寿"、"梅鹿望柏"等，有的墙上雕制一大型"福""寿"重叠的字，左、中、右均可看出字形。神龛下置一石台，上放花盆，或沿墙种以石榴树。平房院落多靠主室的东侧（上侧）建厨房，其灶火一般坐北朝南，以应"东厨司命"和"水火既济"之说，厕所要设在院内下首或主屋背部的后院。在豫东平原和淮南诸县，许多人家没有院落，其住宅多为一幢三间，一明两暗，中间为堂屋开门，靠后壁设神龛、祖宗牌位；左右两间前壁开设窗户。窗户窄小，至于墙中，设方格木棂，糊以薄纸，遇岁时节日或婚嫁喜事，则以各类花鸟剪纸贴在上面，住此三间房的小户人家多一边住人，一边饲养牲口或作他用。房院人家，堂屋为放置祖宗供桌和父母长辈居住的地方，中堂设供桌，也为待客和日常餐饮处，左右间住人，父母长辈住"上首"、"大首"。子女依次分住于"下首"。有厢房者住于东西厢房之中。一般未婚的子女多住"下首"。子女多者或兄弟、或姐妹居一室同床。已婚的子媳依次住左右厢房。

3. 南方地区民居形制

南方地区的住宅院落很小，四周房屋连成一体，如云南的"一颗印"民居，它就适合于云南的气候条件。在我国广大南方地区民居大多都使用穿斗式结构，房屋组合比较灵活，适应于起伏不平的地形。南方民居也多用粉墙黛瓦，给人以素雅之感。在南方，房屋的山墙喜欢作成"封火山墙"，它即是防火隔墙，优势硬山的文

化艺术处理。南方古代人口比较密集，所以住宅布局较为紧凑，而且多楼房，其中以典型临街铺面、细长形、内天井为特征的竹筒式民居为例，说明在我国华南地区民居有商住功能，体现出其商业流通比较发达的背景，这种民居形式在我国岭南的民居中比较普遍。另外南方客家人的围屋的形制，在江西、福建、广东、广西都有，其平面有圆有方，由中心部位的单层建筑厅堂和周围的四、五层楼房组成，这种建筑的防御性很强，以福建永定县客家土楼为代表。南方的特色民居比较多，但是最有特色要属徽派建筑，白墙灰瓦马头墙，天井小院水归堂，雕梁画栋穿堂过，锦绣门窗喜字来，厅堂条案画两边，照壁收住敞开门，小姐住在绣楼上，厨房杂物房后边。另外，流行于四川、云南、贵州等地的川派建筑，是由当地干栏式吊脚楼与汉式民居融合演化的一种建筑风格，特别适合西南地区的潮湿气候和昼夜温差大、地面蛇虫多的情况。所以，当地民居以木桩或石为支撑，上架以楼板，四壁或用木板，或用竹排涂灰泥。屋顶铺瓦或茅草，窗子多开向江岸，所以也叫望江楼。

4. 少数民族地区民居

中国少数民族地区的居住建筑多种多样，如西北部新疆维吾尔族住宅多为平顶，土墙，1～3层，外面围有院落；藏族典型民居"碉房"则用石块砌筑外墙，内部为木结构平顶；蒙古族通常居住于可移动的蒙古包内；而西南各少数民族常依山面水建造木结构干栏式楼房，楼下空敞，楼上住人，其中云南傣族的竹楼最有特色。中国西南地区民居以苗族、土家族的吊脚楼最具特色。始建于南宋的丽江古城是融合纳西民族传统建筑及外来建筑特色的惟一城镇。丽江古城未受中原城市建筑礼制的影响，城中道路网不规则，没有森严的城墙。黑龙潭是古城的主要水源，潭水分为条条细流入墙绕户，形成水网，古城内随处可见河渠流水淙淙，河畔垂柳拂水。侗寨鼓楼，外形像个多面体的宝塔。一般高20多米、11层至顶，全靠16根杉木柱支撑。楼心宽阔平型，约10m²，中间用石头砌有大火塘，四周有木栏杆，设有长条凳，供歇息使用。楼的尖顶处筑有葫芦或千年鹤，象征寨子吉祥平安，楼檐角突出翅起，给人以玲珑雅致，如飞似跃之感。侗族民间有"建寨先楼"之说。每个侗家至少有一座鼓楼，有的侗寨多达四五座。过去鼓楼都悬有一面牛皮长鼓，平时村寨里如有重大事宜，即登楼击鼓，召众商议。有的地方发生火灾、匪盗、也击鼓呼救。一寨击鼓，别寨应声，照此击鼓。就这样，一寨传一寨，消息很快就传到深山远寨，鼓声所及，人们闻声而来。因此，侗家人对鼓楼、长鼓特别喜爱。傣族人住竹楼已有1400多年的历史，是傣族人民因地制宜，创造的一种特殊形式的民居。传统竹楼，全部用竹子和茅草筑成。楼室四周围有竹篱，有的竹篱编成各种花纹并涂上桐油。房顶呈四斜面形，用草排覆盖而成。一道竹篱将上层分成两半，内间是家人就寝的卧室，卧室是严禁外人入内的。外间较宽敞，设堂屋和火塘，一侧搭着露天阳台，摆放着装水的坛罐器皿。

2.3 我国各地古建筑风格

我国自古地大物博，建筑艺术源远流长。不同地域和民族，其建筑艺术风格等各有差异。我国古建筑的类型很多，主要有宫殿、坛庙、寺观、民居和园林建筑等。建筑风格是一个民族或地区在理与情方面的认同和共识，属于文化范畴。建筑风格也是从一定的角度上，体现了古建筑文化的形态，具有民族色彩和地方色彩。我国各地的古建筑风格正是中国历史悠久的传统文化和民族特色的最精彩、最直观的表现形式。

2.3.1 京津沿革和四合院

（1）北京早在西周初年，周武王即封召公于北京及附近地区，称燕，都城在今北京房山区的琉璃河镇，遗址尚存。秦代设北京为蓟县，为广阳郡郡治。汉高祖五年，被划入燕国辖地。元凤元年复为广阳郡蓟县，属幽州。本始元年因有帝亲分封于此，故更为广阳国首府。东汉光武改制时，置幽州刺史部于蓟县。永元八年复为广阳郡驻所。西晋时，朝廷改广阳郡为燕国，而幽州迁至范阳。十六国后赵时，幽州驻所迁回蓟县，燕国改设为燕郡。历经前燕、前秦、后燕和北魏而不变。隋开皇三年（583年）废除燕郡。大业三年（607年），隋朝改幽州为涿郡。唐初武德年间，涿郡复称为幽州。贞观元年（627年），幽州划归河北道。后成为范阳节度使的驻地。安史之乱期间，安禄山在北京称帝，建国号为"大燕"。唐朝平乱后，复置幽州，归卢龙节度使节制。五代初期，军阀刘仁恭在此建立地方政权，称燕王，后被后唐消灭。金元、北宋初年宋太宗在高梁河（今北京海淀区）与辽战斗，北宋大败。辽于会同元年（938年）起在北京地区建立了陪都，号南京幽都府，开泰元年改号析津府。金朝贞元元年（1153年），金朝皇帝海陵王完颜亮正式建都于北京，称为中都，在今北京市西南。大蒙古国成吉思汗麾下大将木华黎于嘉定八年（1215年）攻下北京，遂设置燕京路大兴府。元世祖至元元年（1264年）改称中都路大兴府。至元九年（1272年），中都大兴府正式改名为大都路（突厥语：Khanbalik，意为"汗城"，音译为汗八里、甘巴力克），也就是元大都。元大都成为全中国的交通中心，北到岭北行省，东到奴儿干都司（治所黑龙江下游），西到西藏地方，南到海南，都在此交流。从这一时期起，北京成为中国的首都。明朝初年，以应天府（今南京）为京师，大都路于洪武元年（1368年）八月改称为北平府，同年十月应军事需要划归山东行省。洪武九年（1376年），改为北平承宣布政使司驻地。燕王朱棣经靖难之变后于永乐元年（1403年）改北平为北京，是为"行在"（天子行銮驻跸的所在，就称"行在"）且常驻于此，如今的北京也从此得名。永乐十九年（1421年）正月，明朝中央政府正式迁都北京，以顺天府北京为京师，应天府则作为留都称南京。明仁宗、英宗的部分时期，北京还曾一度降为行在，京师复为南京应天府。明清时设置顺天府管辖首都地区，地位与今日的北京市类似，但管辖面积不同。清兵入关后即进驻北京，也称北京为京师顺天府，属直隶省。清咸丰十年（1860年），英法联军打进北京并签订《北京条约》。清光绪二十六年（1900年），八国联军再次打进北京，大量文物被侵略军和坏民劫掠。1901年在京与十一个国家签署了《辛丑条约》。辛亥革命后的民国元年（1912年）1月1日，中华民国定都南京，同年3月迁都北京，直至民国十七年（1928年）中国国民党北伐军攻占北京。民国伊始，北京的地方体制仍依清制，称顺天府。直至民国三年（1914年），改顺天府为京兆地方，范围规格与顺天府大致相同，直辖于中央政府北洋政府。民国十七年（1928年）六月，北伐战争后，首都迁回南京，撤销原京兆地方，北京改名为北平特别市，后改为北平市，隶属于南京国民政府行政院。民国十九年（1930年）6月，北平降格为河北省省辖市，同年12月复升为院辖市。民国二十六年（1937年）七·七事变后，北平被日本占领。伪中华民国临时政府在此成立，且将北平改名为北京。民国三十四年（1945年）8月21日，入侵北京的日本军队宣布投降，第十一战区孙连仲部接收北京，并重新更名为北平。北平市所辖范围较之前顺天府、京兆地方及今日北京市为小，大致包括今西城区、东城区全境，朝阳区大部、海淀区南半部、石景山区南部和丰台区北半部。1949年1月，在原国民党时期20个区的基础上临时划定32个区，4月将32个区合并为26个区，6月接管任务完成后调整为20个区。1949年1月31日，傅作义与中国共产党达成和平协议，率领25万国民党军队投向共产党，中国人民解放军进入北平市后定为首都北京。

（2）天津所在地原来是海洋，四千多年前，在黄河泥沙作用下慢慢露出海底，形成冲积平原。古黄河曾三次改道，在天津附近入海，3000年前在宁河县附近入海，西汉时期在黄骅县附近入海，北宋时在天津南郊入海。金朝时黄河南移，夺淮入海，天津海岸线固定。汉武帝在武清设置盐官。隋朝修建京杭运河后，在南运河和北运河的交会处（今金刚桥三岔河口），史称三会海口，是天津最早的发祥地。唐朝在芦台开辟了盐场，在宝坻设置盐仓。辽朝在武清设立了"榷盐院"，管理盐务。南宋金国贞祐二年（1214年），在三岔口设直沽寨，在今天后宫附近已形成街道。是为天津最早的名称。元朝改直沽寨为海津镇，这里成为漕粮运输的转运中心。设立大直沽盐运使司，管理盐的产销。明建文二年（1400年），燕王朱棣在此渡过大运河南下争夺皇位。朱棣成为皇帝后，为纪念由此起兵"靖难之役"，在永乐二年十一月二十一日（1404年12月23日）将此地改名为天津，即天子经过的渡口之意。作为军事要地，在三岔河口西南的小直沽一带，天津开始筑城设卫，称天津卫，揭开了天津城市发展新的一页。后又增设天津左卫和天津右卫。清顺治九年（1652年），天津卫、天津左卫和天津右卫三卫合并为天津卫，设立民政、盐运和税收、军事等建置。雍正三年（1725年）升天津卫为天津州。雍正九年（1731年）

升天津州为天津府，辖六县一州。清末时期，天津作为直隶总督的驻地，也成为李鸿章和袁世凯兴办洋务和发展北洋势力的主要基地。1860年，英、法联军占领天津，天津被迫开放，列强先后在天津设立租界。1900年7月，八国联军攻打天津，天津沦陷。1901年，由八国联军组成的天津都统衙门下令拆除城墙。民国初年，天津在政治舞台上扮演重要角色，数以百计的下野官僚政客以及清朝遗老进入天津租界避难，并图谋复辟。其中包括民国总统黎元洪和前清废帝溥仪。1928年6月，国民革命军占领天津，南京国民政府设立天津特别市。1930年6月，天津特别市改为南京国民政府行政院直辖的天津市。11月，因河北省省会由北平迁至天津，天津直辖市改为省辖市。1935年6月，河北省省会迁往保定，天津又改为直辖市。1949年1月15日中国人民解放军东西突击集团在金汤桥上胜利会师。17日解放塘沽，天津全境解放。1949年至今天津是中央直辖市。

（3）北京四合院（图2.3-1）又称四合房，其格局为一个院子四面建有房屋，四合院就是三合院前面又加门房来围合。若呈"口"字形为一进院落；"日"字形的称为二进院落；"目"字形的称为三进院落。一般而言，大宅院中，第一进为门屋，第二进是厅堂，第三进或后进为私室或闺房，是妇女或眷属的活动空间，一般人不得随意进入，难怪古人有诗云："庭院深深深几许"。庭院

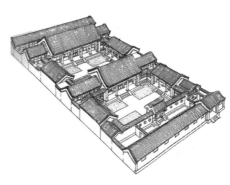

图2.3-1　北京四进四合院

越深，越不得窥其堂奥。北京四合院它从平面布局到内部结构、细部装修都形成了北京特有的京味风格。它根据主人的地位和用地情况，分为两进院或三进院，四、五进院，还有跨院。其建筑特点：前院较浅，以倒座为主，主要作为门房、客厅。一般是大门在倒座房东侧，属于八卦巽位（东南向），大门东边的小房间多用于塾，塾即古代私宅大门两侧的堂屋，因为那里院子比较大，也是旧时私人设立读书的地方。大门西边房间一般用于门房、男仆房。倒座西边设有厕所。内院属于家庭主要活动场所，内、外院之间在中轴线上设有垂花门相隔，内院正北房是正房，也称上房为全家地位最高者的住房，正房两边是耳房，是正房的辅助用房。内院两侧房间为厢房，是晚辈居住的房间，由耳房、厢房山墙和院墙围合的小院称为"露地"，当作杂物院或布置成小景。用抄手游廊是连接垂花门、厢房和正房的小廊道。抄手游廊指左右环抱的走廊，因如两手作抄手状而得名。后院的后罩房在四合院的最北部，为仓储、厨房、杂役住房。如果设后门在后院西北角，后院内有井。四合院的大门有等级之分，金柱大门、蛮子门、广亮门为官宦、贵族人家屋宇式大门。如意门为平民人家墙垣式大门。四合院主要建筑为硬山抬梁式，次要房间为硬山搁檩，也有用平顶的，房间都向内院开窗采光，室内设炕床取暖，用隔断墙或碧纱罩（轻

隔扇）和落地罩，顶棚由架子方格糊纸，青砖铺地。北京可园（图 2.3-2、图 2.3-3）坐落在北京市东城区地安门外帽儿胡同，是清末光绪年间（1875～1911 年）大学士文煜的宅第花园，文煜，字星岩，满洲正蓝旗人。这座宅园是他出任外官回京后修建的，始建时仿苏州拙政园和狮子林，园虽小，但极可人意，故园主将其命名为"可园"。始建时仿苏州拙政园和狮子林，园虽小，但极可人意，故园主将其命名为"可园"，占地南北长近 100m，东西宽约 70m。始建于清末，是大学士文煜的宅第花园。建筑布局灵活。中路前置倒座房，前院堆叠假山，布设水池，栽种花木。中院有过厅，后院用回廊围成宽阔的院落，种植花草。西路为一座四合院。东路主要建筑为正厅和倒座房，东、中路花园以游廊连接，亭桥轩阁掩映于树木花草、叠山怪石之中。

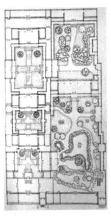

图 2.3-2　北京可园

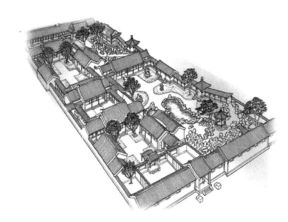

图 2.3-3　北京可园鸟瞰

2.3.2　苏徽上海粉墙黛瓦

（1）江苏建筑的典型特征是青瓦白墙，给人质朴清新的感觉。有一种说法：说在明清时期，南京有很多来自安徽的工匠，朱元璋在南京建都时，他将徽派建筑的精华带到了南京。安徽人有自己的说法："粉墙黛瓦马头墙"源头在安徽，始于明代。江浙地区为什么也有呢？因为以前的徽商到江苏、浙江做生意，把家乡的文化带到了江浙地区。还有一种说法：认为粉墙黛瓦马头墙不是徽派建筑特有的，在长江流域中下游都普遍都采用粉墙这种形式。南京传统民居用青砖小瓦马头墙，一般南京民居比徽派建筑小一号，大多数南京老建筑是三进院落，没有廊和厢房，只有少数是双侧厢房，显得紧凑，更讲究实用性。宅门低调可躲雨，比徽派建筑更简洁。南京老建筑虽然也是石库门，但大多数的石库门墙会向内退出一个屋檐的宽度，而不像徽派建筑中，石库门墙和两边的墙在一个平面上，这显出了南京人的低调和智慧，门藏在屋檐下，没有那么显眼，而且下雨时门口可以躲雨，如南京桃源村石库门（图 2.3-4）。讲到石库门还要介绍一下它的源流，它产生于 19 世纪 70 年代初，它脱胎于江南民居的住宅形式，一般为三开间或五开间，保持了中国传统建筑以中轴线左右对称布局的特点。老式石库门住宅，一进门是一个横长的天井，两侧是左右厢房，正对面是长窗落地的客堂间。客堂宽约4m，深约6m，为会客、宴请之处。客堂两侧为次间，后面有通往二层楼的木扶梯，再往后是后天井，其进深仅及前天井的一半，有水井一口。后天井后面为单层斜坡的附屋，一般作厨房、杂屋和储藏室。整座住宅前后各有出入口，前立面由天井围墙、厢房山墙组成，正

图 2.3-4　南京桃源村石库门

中即为"石库门"，以石料作门框，配以黑漆厚木门扇；后围墙与前围墙大致同高，形成一圈近乎封闭的外立面。所以，石库门虽处闹市，却仍有一点高墙深院、闹中取静的好处，颇受当时卜居租界的华人士绅、富商的欢迎。南京传统民居最大的特色是它的简洁、精细、沉稳、素雅、淡朴。例如宅门的门头装饰——门罩，皖南与苏浙一带传统民居的门罩（或门楼）枋柱结构都比较繁杂，向前伸出来的部分较多，都有瓦；南京民居一般没有门楼，只有门罩，门罩外檐向前伸出的部分比徽派建筑短，一般只有水磨砖、没有瓦，两翼微翘。徽州民居、江浙民居是粉墙黛瓦花格窗、马头墙，南京民居相当多的是青砖斗子墙，清水墙，做工很精细，砖砖水磨，块块扁砌，对缝如丝，清水一色，显得素雅清静。南京民居外墙几乎不开窗，至多有个二层"猫弓腰"的外窗。南京传统民居封火墙没有翘角，包括屋脊脊尾也没有翘角。北方民居的天井相对窄长，南方院落天井相对扁宽，而南京民居一般为多进穿堂四合院形式，天井近似方形，进深相对较深。有人说，徽派建筑的重要特色之一是"冬瓜梁"，冬瓜梁断面为圆形的梁和额枋两端圆融，如冬瓜状者多见于赣皖一带。弯弓橡、冬瓜梁的确是以木材的弯度和长度分别分成相同的等分，按照一定的规律连线锛砍曝光，这就是地道的徽派传统制作方法。但是，一切事物都不能截然分开，文化和技术都是互相学习，融会贯通的。其实中国的历史文化就是多元一体，相互借鉴融合的结果。但是，各地建筑的小差别、小特点是存在的。江苏的传统建筑是很典型的江南建筑，为多进院落形式（小型者以三合院式为多），一般坐北朝南，倚山面水，讲求风水价值。布局以中轴线对称分列，面阔三间，中为厅堂，两侧为室，厅堂前方称天井，采光通风，院落相套，造就出纵深自足型家族生存空间。江苏传统建筑外观整体性和美誉度很高，高墙封闭，马头翘角，墙线错落有致，黑瓦白墙，色彩典雅大方。在建筑装饰方面，江苏建筑的"三雕"之美令人叹为观止，青砖门罩，石雕漏窗，木雕楹柱与建筑物融为一体，使建筑精美如诗。苏式建筑风格和特点归纳起来有：粉墙黛瓦、小巧轻盈、高低错落、沿河布局、前街枕河的水乡风情。吴江同里镇有明清两代园宅38处，寺观祠宇47座，有士绅豪富住宅和名人故居数百处之多。吴江同里古镇原有"前八景"、"后八景"、"续四景"等二十多

处自然景观,今尚存"东溪望月"、"南市晓烟"、"北山春眺"、"水村渔笛"、"长山岚翠"诸景,以特别以"小桥流水人家"著称(图2.3-5)。

(2)徽派建筑(即皖式建筑代表)。是我国南方广大地区主要的建筑风格,以突出青瓦白墙,错落有致的马头墙的造型之美为主要特征,更重要的是它有防火、防风、防盗作用。皖南宏村的南湖书院、树人堂、明代祠堂、乐叙堂、雉山木雕楼、爱敬堂等建筑体现其精美(图2.3-6)。徽州传统民居大门,均配有门楼(规模稍小一些的称为门罩),主要作用是防止雨水顺墙而下溅到门上。一般农家的门罩较为简单,在离门框上部少许的位置,用水磨砖砌出向外挑的檐脚,顶上覆瓦,并刻一些简单的装饰。富家门楼十分讲究,多有砖雕或石雕装潢。内设穿堂又名回厅,位置在大厅背后,与大厅紧连,是大厅进入内室的过渡空间,有天井采光。大厅为明厅,三间敞开,有用活动隔扇封闭,便于冬季使用。一般大厅设两廊,面对天井。

图2.3-5 江苏吴江同里古镇

图2.3-6 皖南宏村古民居

也有正中入口设屏门,日常从屏门两侧出入,遇有礼节性活动,则由屏门中门出入。随大厅的变化式有时有边门入口,天井下方设客房,招待来客居住,或者由正门入口设两厢房。大厅在徽州住宅中主要用于礼节性活动,如迎接贵宾,办理婚丧大礼等,平时也作为起居活动场所,是整套住宅的主体部分。徽派大型建筑屋脊沿袭《宋营造法》官式做法,采用大屋顶脊吻,有正吻、蹲脊兽、垂脊吻、角戗兽、套兽等。造型与官式做法有所区别,属徽派特色。飞来椅是对徽州民宅楼上天井四周设置靠椅的雅称,与美人靠相同。徽州古民居,四周均用高墙围起,谓之"封火墙",远望似一座座古堡,房屋除大门外,只开少数小窗,采光主要靠天井。这种居宅往往很深,进门为前庭,中设天井,后设厅堂,一般住人。厅堂后用中门隔开,设一堂二卧室。堂室后又是一道封火墙,靠墙设天井,两旁建厢房。这是第一进。第二进的结构为一脊分两堂,前后两天井,中有隔扇,有卧室四间,堂室两个。第三进、第四进或者往后的更多进,结构大抵相同。这种深宅里居住的都是一个家族。随着子孙的繁衍,房子也就一进一进地套建起来,故房子大者有"三十六天井,七十二槛窗"之说。一般是一个支系住一进。门一闭,各家各户独立过日子;门一开,一个大门出入,一个祖宗牌下祭祀。它生动地体现了古徽州聚族而居的民风。天井一周回廊采用木格窗间隔空间，其功能有采光、通风、防尘、保温、分割室内外空间等作用。格窗由外框料、条环板、裙板、格芯条组成，主要形式有方形（方格、方胜、斜方块、席纹等），圆形（圆镜、月牙、古钱、扇面等），字形（十字、亚字、田字、工字等），什锦（花草、动物、器物、图腾等）。格窗图案多采用暗喻和谐音的方式表现吉祥的寓意，如"平安如意"用花瓶与如意图案组成谐音表示；"福寿双全"用寿桃与佛手图案表示；"四季平安"是花瓶上插月季花；"五谷丰登"用谷穗、蜜蜂、灯笼组合；"福禄寿"用蝙蝠、鹿、桃表示等。格窗还采用蒙纱绸绢、糊彩纸、编竹帘等方法，增加室内透光。火巷一般设置于稍大的宅居之内，其功能主要是防火，故称火巷。也作居室通道。旧时富贵人家夫人，小姐出门必坐轿，但不可以在大门外上下，火巷又成为女眷上下轿子的场所。楼上厅是人们把楼上作为日常的栖息之处。故楼上厅室特别轩敞，不仅有卧室、厅堂、厢房，沿天井处还设有美人靠，设计精巧美观。楼上厅保留了古代山越人"干栏式"建筑的格局。马头墙是居宅的两山墙顶部砌筑有高出屋面的"封火墙"。因形似马头（图2.3-7），故称"马头墙"。其构造：随屋面坡度层层迭落，以斜坡长度定为若干挡，墙顶挑三线排檐砖，上覆以小青瓦，并在每只垛头顶端安装搏风板（金花板）。其上安各种各样座头有"鹊尾式、印斗式、坐吻式、朝笏式"等，"鹊尾式"即在马头墙上雕凿一似喜鹊尾巴的砖座头（图2.3-8）。"印斗式"即由窑烧制有"田"字纹的形似方斗之砖，但在印斗托的处理上又有坐斗与挑斗两种做法（图2.3-9）。"坐吻式"是由窑烧"吻兽"构件安在座头上，常见有哺鸡、鳌鱼、天狗等兽类（图2.3-10），"朝笏式"，显示出主人对"读书作官"这一理想的追求（图2.3-11）。马头墙以中间横向正脊为界分前后两面坡，两侧山墙高出屋面，并循屋顶坡度迭落呈水平阶梯形。一般为两叠式、或三叠式，较大的民居，因有前后厅，马头墙的叠数可多至五叠，俗称"五岳朝天"。有"青砖小瓦马头墙，回廊挂落花格窗"之说。

图2.3-7　徽派马头墙鹊尾式

图2.3-8　徽派马头墙鹊尾式

图2.3-9　徽派马头墙印斗式

图 2.3-10 徽派马头墙坐吻式

图 2.3-11 徽派马头墙朝笏式

　　徽派建筑四合式是由两组三间式相向组合，可分为大四合与小四合两种。大四合上厅与下厅相向，中间是大天井。上厅为三间式，地坪较高，是正厅堂；下厅也是三间式，进深略浅，地坪较上厅低，上下两侧以厢房连接，活动隔扇。楼梯间有设在厢房的，也有没在上厅背后，再设厢房，小天井。小四合式上厅三间与大四合式同，下厅则为平房，面积小，进深浅。一般中间明堂不能构成下厅，仅作通道，两个房间供居住，天井也较小，楼梯均在上厅背后。天井是徽州民居有一大特色，三间屋天井设在厅前，四合屋天井设在厅中。这种设计使得屋内光线充足，空气流通，但冬天冷，雨天潮。天井的设计同徽州的经营传统有很大关系，经商之人，忌讳财源外流，而大井能使屋前脊的雨水不致流向屋外，顺视纳入天井之中，名曰："四水归明堂"，图个财不外流的吉利。天井是汉族对宅院中房与房之间，或者房与围墙之间所围成的露天空地的称谓。天井两边为厢房包围，一般面积都比较小，光线也被高屋围堵因此显得比较暗，状如深井，因此而得名。"有堂皆有井"是徽派建筑中的一大特色。这种徽式的民居天井变化多端，布口方位宽窄不一，深浅位置也可宽可窄，在正堂和门厅之间形成一种过度的秀逸空间。而就是这精心构建的方寸天地，也给人一种"别有洞天"的奇妙感觉。"因花结屋，驻日月于壶中；临水成村，阖乾坤于洞中"，正是徽州天井意境的写照。（图 2.3-12、图 2.3-13）

图 2.3-12 有堂皆有井

图 2.3-13 壶中即天井

徽派建筑小青瓦屋顶，分为板瓦、滴水瓦、沟头瓦、花头瓦等品种。板瓦用于大面积覆盖，可铺设成底瓦、盖瓦两种形状以利排水。底瓦（沟瓦）以小头向沿口，凹面朝上组成沟槽叠放在屋面上，盖瓦与底瓦方向相反凸面朝上覆盖在两沟瓦之间。滴水瓦是在一张沟瓦头上加上"如意状"滴水唇，与沟瓦成 30° 斜面，便于把雨水抛得更远。沟头瓦又称猫头瓦，上绘猫头图案，用于盖瓦前部，与盖瓦成 90°角，封住两沟瓦垄，防止鼠雀在瓦垄内做窝。花头瓦是在一张盖瓦的凸面上头加一扇形边带锯齿花纹图案，盖在重叠沟头瓦上。屋脊与风火墙顶也都用板瓦筑"脊筋"和"盘龙"，在其上密密站竖瓦脊或做空花砖脊。鱼鳞瓦是徽派建筑特色，两坡屋面上覆盖有鱼鳞般的小青瓦，俗称"鱼鳞瓦"。鱼鳞瓦使屋顶显得鳞次栉比，是徽州典型的瓦作方法。照壁设在房屋门外或门内一堵独立的墙，是受风水意识影响产生的一种独具特色的建筑形式。又称影壁或屏风墙。风水讲究导气，但气不能直冲厅堂或卧室，否则不吉。避免气冲的方法，便是在门前或门内置一堵墙。为了保持"气畅"，这堵墙不能封闭，故形成了照壁这种建筑形式。照壁不论设在门外或门内，都有挡风，遮蔽视线的作用，墙面若有装饰（如九龙壁）则造成对景效果。徽州稍大一些的古建筑房屋，都设有照壁遮风收气。

（3）上海，夏商时为百越之地，春秋属吴国，战国先后属吴国、越国、楚国，曾是楚春申君黄歇的封邑。秦汉以后先后属会稽郡、吴郡，分属海盐、由拳、娄县诸县。唐天宝十载（751 年），吴郡太守奏准设立华亭县，上海地区始有相对独立的行政区划。华亭县辖境约今上海地区吴淞江故道以南，川沙—惠南—大团一线以西地区。北宋时期，上海大陆地区分属华亭县和昆山县，崇明地区属海门县。宋熙宁十年（1077 年），设上海务。南宋嘉定十年十二月初九（1218 年 1 月 7 日）立嘉定县，上海地区始有两个独立行政区划。元朝至元十四年（1277 年），华亭县升为府，次年改称松江府，仍置华亭县隶之。至元二十九年（1292 年）上海县立，辖于松江府。上海县面积约 2000km²，县域约今吴淞江故道以南市区、青浦县大部、闵行区大部、浦东新区大部和南汇县。元代后期，上海地区有松江府和嘉定、崇明 2 州及华亭、上海 2 县。明末，有松江府及所属华亭、上海、青浦 3 县，苏州府所属嘉定、崇明 2 县，金山卫。清雍正四年（1726 年），有松江府华亭（治所）、娄（与华亭共用府城）、上海、青浦、奉贤、福泉、金山、南汇 8 县，太仓州嘉定、宝山 2 县。嘉庆十五年（1810 年）缩小至 600km²，县域约今吴淞江故道以南市区、浦东新区大部、闵行区大部。县城为原南市区人民路、中华路环线内区域。道光二十三年（1843 年）上海开埠，道光二十五年上海县洋泾浜以北一带划为洋人居留地，后形成英租界。道光二十八年以虹口一带划为美租界。道光二十九年以上海县城以北、英租界以南一带为法租界。同治二年（1863 年），英、美租界合并为英美公共租界，光绪二十五年（1899 年）又改称为上海国际公共租界。此后，租界多次扩大。鸦片战争后上海开埠，外国的船只从外洋直溯而上，1845 年英国殖民者首先在上海县境域划定英租界；

1849 年，法国殖民者也要求划定法租界；1863 年，美租界与英租界合并成立公共租界。至此，上海市区划分为不同的管辖区，苏州河以北老闸（宋代建）和新闸（清代建）一带因大量贫苦农民的流入，逐渐兴起，形成北市。1810 年清政府颁发《城乡自治章程》，上海县合城南境、老闸、新闸、江境庙区域为上海城；另设蒲松镇、东泾镇及 12 乡。1912 年 1 月，中华民国成立。裁松江府、太仓州，上海地区属江苏省，有上海、华亭（后改名松江）、嘉定、宝山、川沙、南汇、奉贤、金山、青浦、崇明等 10 县。1914 年，江苏省划分为沪海等 5 道，其中沪海道驻上海县，辖今属上海市的上海、松江、南汇、青浦、奉贤、金山、川沙、嘉定、宝山、崇明等县以及今属江苏省的海门县。1926 年孙传芳督江苏省，成立淞沪商埠，分全境为上海、闸北、浦东、沪西以及吴淞 5 区。1928 年国民政府设立上海特别市，扩大市区范围包括上海、宝山县的一部分，设立 17 个区，而上海地区各县则仍属江苏省，从此上海市与上海县分离。城市范围东达浦东，西至静安寺、徐家汇，南趋龙华，北达宝山路底。1927 年 7 月 7 日，上海特别市成立，直辖于中央政府，上海始有直辖市一级建置。1928 年春，上海特别市宣布租界为特别区。7 月，接收上海县属上海（沪南）、闸北、蒲淞、洋泾、引翔港、法华、漕河泾、高行、陆行、塘桥、杨思和宝山县吴淞、殷行、江湾、彭浦、真如、高桥等 17 市乡，为上海特别市的实际境域，面积 494.69km²（不含租界）。并改 17 市乡为 17 区，上海始有区一级建置。上海地区的上海、嘉定、宝山、松江、川沙、青浦、南汇、奉贤、金山、崇明 10 县仍隶属江苏省。1930 年 7 月，上海特别市改称上海市至今。上海的历史是近代发端的历史，也是近代中国建筑的展示，作为万国建筑博览会的上海，外滩是一个代表。站在浦江边上，从北到南举目望去矗立在西面一字排开的高高低低、样式各异的建筑物，也真如同参观世界建筑博物馆，凡是形成风格的异国建筑，都可在这里一睹风采。上海外滩早期建筑的形式多为欧洲古典式、文艺复兴式和中西结合式。到 19 世纪末，在钢筋水泥框架上发展起来的形式，有意大利巴洛克式、仿文艺复兴式和集仿古典式。1927 年重建落成的江海关大楼，从早期的古庙式，到 19 世纪末期的西洋式建筑，直至今日所见的巍峨雄峙、上有钟楼的英姿，乃为欧洲古典和近代建筑相结合的折衷式。外墙用金山石作墙面，东部沿外滩高 7 层用金山石砌筑，外滩大门前为希腊多立克式柱廊。望去气魄伟岸，一扫中期西洋式的那种接近庭院式建筑的格局。过去上海街面日新月异的建筑和街面上异彩纷呈的万国店面装饰，将外滩的万国建筑艺术风格契合得更紧密、更融洽、更和谐，形成一个欧陆风格的远东大都市。上海的民居传统建筑形式，就是江南水乡风格（图 2.3-14、图 2.3-15）。19 世纪后，上海成为国内最大的贸易市场，人口激增。中外业主开始由东到西营造民居。为提高地皮使用率，采用联排并立、群体集居的方式，出现了上海独有的石库门里弄民居（图 2.3-16）。随后在此基础上，又出现了高级新式石库门房屋，但真正代表石库门特点的，还是初期形成的格局，这在上海住房中占有最主要的地位。早期的石库门大多叫弄、里，就是我们常说的"里弄"，又叫"弄堂"。弄堂常用弄、里、坊、村、公寓、别墅等名号，级别逐次提高。后几种又称为新式里弄，居住条件已明显优于早期的老式石库门，配有欧式壁炉、屋顶烟囱、通风口、大卫生间等。新式里弄住宅出现于 20 世纪 20 年代后期的租界内，总体上比石库门更接近欧洲近代住

图 2.3-14　上海豫园传统建筑

宅的建筑风格。建筑形式多为混合结构，注重使用功能。新式里弄外形别致整齐，装修精致舒适，室外弄道宽敞，楼前庭院葱绿，居住环境优美，有别于旧式石库门。在上海的徐汇、卢湾、静安等区，有一些幽静的马路，两旁都为庭院深深的花园洋房。花园洋房兴起于 20 世纪 30 ～ 40 年代，主要满足官僚、外商、买办、实业家、艺术家等的居住需求。花园洋房是有着宽阔的草坪、绿树环绕的浪漫迷人的宅邸，许多以大理石雕像或喷泉为花园的中心，一些高级的洋房还建有网球场、游泳池，以显示宅邸的豪华。淮海路、新华路沿线路段花园洋房较多。这些住宅有法国式、西班牙式、挪威式、英国乡村别墅式等，舒适别致，色彩柔和，可谓千姿百态、高雅气派。虽然岁月流逝，但也令人感慨万分。

图 2.3-15　上海朱家角传统民居

图 2.3-16　上海传统海派石库门建筑

2.3.3　浙赣闽台传统建筑

1. 浙江传统建筑风格

首先，得从 7000 年前浙江河姆渡建造了干栏式建筑讲起：河姆渡遗址是"河姆渡文化"的命名地，是长江下游新石器中期文化的首次发现。它的发现，为研究当地新石器时代农耕、畜牧、建筑、纺织、艺术等方面和中国文明的起源提供了珍贵的实物资料，有力地证明了长江流域同黄河流域一样，都是中华民族远古文明的摇篮。据测定，第一期文化遗存的绝对年代距今约 6500 ～ 7000 年。这是河姆渡四期文化遗存中保存情况最好的一期。无论是建筑遗迹或者是石、骨（角）、木、陶器，特别是骨（角）木器的大量发现，为其他任何一期所无法比拟的。可以想象，古代先民选择了这块面临沼泽、背靠四明山的地方作为自己的聚落点，在这里建起了抬

高居住面的木架干栏式长条形房屋，过着定居生活，从事种植水稻为主的农业生产活动，兼及采集和渔猎。遗产区内除发现了排列有序的木构建筑遗迹外，还发现很多灰坑中埋藏着许多野果核和动物骨骼，同时还发现了饲养家畜的圈栏。在第一期文化遗存中，干栏式木构建筑遗迹最为丰富。从一行行排列有序的桩木来看，考古学家推测当时的建筑形式为埋桩架板、抬高地面的干栏式长屋。前后两次发掘，共出土木构件总数在数千件以上，主要有长圆木、桩木和木板等。在这第一次发掘时，发了 13 行排列有序的桩木，根据桩木的不同走向分析，这里原来可能有 3 栋以上的建筑。其中有面宽 23m、进深 7m、带 1.3m 宽前廊的长屋，而第二次发掘时发现的 4 排桩木与该长屋可能连接起来，这样，河姆渡遗址的干栏式长屋可达百米面宽，估计屋内分间，若以 20m 为间隔，这座长屋至少拥有 50 间房屋。据打入地下的成排桩木分析，这是当时的建筑基础，它高出地面 80～100cm，说明居住面是悬空的。出土的厚木板为地板，地板与桩木之间有木梁为支架。在遗址中，考古学家发现了一些苇席残片，可能是和用于屋顶或是铺在地板上的垫席。从出土的数十种带榫卯的建筑构件中，反映了榫卯技术有当时已普遍应用。浙江 6000 年前产生了马家浜文化，考古发现多处房屋残迹。说明当时已有榫卯结构的木柱，在木柱间编扎芦苇后涂泥为墙，用芦苇、竹席和草束铺盖屋顶；居住面经过夯实，内拌有砂石和螺壳；有的房屋室外还有挖有排水沟。5000 年前产生了良渚文化是一支分布在太湖流域的古文化，距今 4000～5300 年。考古研究表明，在良渚文化时期，农业已率先进入犁耕稻作时代；手工业趋于专业化，琢玉工业尤为发达；大型玉礼器的出现揭开了中国礼制社会的序幕；贵族大墓与平民小墓的分野显示出社会分化的加剧；刻划在出土器物上的"原始文字"被认为是中国成熟文字的前奏。这是吴越文化的发祥地。以后历史的变迁到了南宋时代，北方人口大量南移在江浙，同时也促进了当地的农业等经济发展，特别是理学思想的诞生，形成了我国历史上第二次"百家争鸣"的盛况。致使浙江大地的建筑风格普遍采用合院、敞厅、天井、通廊等形式，建筑布局也开始讲究开敞通透，房屋造型上以合理运用材料、结构以及一些艺术加工手法为上乘，给人一种朴素自然的美观感觉。明清时期，浙江及江南一带大量兴建祠堂，但衢州柯城的"梧桐祖殿"是我国唯一一座保存完整的春神殿，九华立春祭展现了立春和二十四节气的科学性和人类自然生态观，是华夏农耕文明精华所在（图 2.3-17）。浙江金衢地区的住宅（图 2.3-18），体现"长幼有序"、"男女有别"的位序要求。恰恰符合朱熹"男治外事，女治内事"的家礼规范。与北宋时期政治家司马光《涑水家仪》中规定："凡

图 2.3-17　浙江衢州柯城的"梧桐祖殿"

为宫室，必辨内外，深固宫门。"也相符。这种三进二明堂的大宅在正厅后侧设高墙，开小门，固深院，女眷、小姐深居后楼，小姐外出须有父辈兄长陪伴，只有少数几个重要节日如春节、演戏时，女眷才能外出观赏。佣人入内需走边门及后门，不得走正门。浙江古村落小三合院楼居也比较普遍（图2.3-19）。天井一般指宅院中房子和房子或房子和围墙所围成的露天空地，也可以指四周为山，中间低洼的地形。南方房屋结构中的组成部分，一般为单进或多进房屋中前后正间中，两边为厢房包围，宽与正间同，进深与厢房等长，地面用青砖嵌铺的空地，因面积较小，光线为高屋围堵显得较暗，状如深井，故名。不同于院子。浙江民居普遍都布置水塘，为消防提供方便。屋脊大量地运用鱼、草等水生动植物做装饰；梁枋被雕刻成翻卷的波浪，好像整座房子都被水覆盖。因为，历次大火给人们留下了深刻的印象，一点火星能败倒一户世代簪缨之家，一把火能毁灭半座城池。所以，砖木结构的建筑最怕的灾星就是"祝融火君"。浙江民居在所有醒目的部位和构件上都以水作为装饰主题，就是提醒居民时刻留心着火。防火已成为生活的基本常识。绍兴"莲花落"开场白中提醒人们的三件大事，第一件就是"当心着火"。

图2.3-18　金衢地区大宅边门　　　图2.3-19　浙江古村落小三合院楼居

2. 赣派建筑也称为赣派民居、江右民居

江右民居取自（清）魏禧《目录·杂说》："自江北视之，江东在左，江西在右耳"，故江西又称"江右"。赣派建筑文化呈现一种多元并存的状态，金溪民居为赣东民居的代表，基本也算是江西民居的代表了。还有常见的垛子马头墙风格和分布于赣北一带的封墙印斗式风格。金溪民居形象地说就是一个"方盒子"造型。它们的色彩和材质仍有保持着砖石本色，加上屋顶也被墙体包裹，于是看过去都是一片颜色灰黄、轮廓平整、几无装饰的建筑，没有江南或徽州民居那样色彩鲜明的"粉墙黛瓦"，翘起的墀头、绚丽的屋檐画。其无论正面侧面，屋顶基本被墙体所遮掩，看不见坡屋面（屋面向天井内排水，且被外墙包裹起来），仅能在建筑顶端看到薄薄的一层瓦檐，形成一个大约20cm的屋顶轮廓线。檐下再饰以一尺见宽的白檐，檐上少见彩画。但是，它像一个个不露声色神秘的盒子，实在是一种非常有"特色"的建筑。其石雕图案丰富，有的是复杂的动植物甚至人物雕刻，如福禄寿、六合同春、三阳开泰、喜上眉梢、福在眼前、国色天香、富贵平安、君子之交、一品清廉、

事事如意、麒麟送子、太平有象、连年有余、鱼跃龙门、必定如意、必定平安、暗八仙等内容应有尽有。还有门罩落在从墙体中伸出落于石质垂柱头上，这是江西民居的特色之一。大门可以分为有厦式（即大门上方挑出屋檐，又叫门罩）与无厦式两类，有厦式又分砖叠涩出檐和木架出檐两类，砖叠涩出檐主要有一滴水、三滴水两种（五滴水很少见），三滴水的屋檐分别位于门的两侧及正上方，多见于公祠等等级较高的建筑。这种形式演变到最极端，是将一座牌坊直接作为门使用，由于牌坊高度较高，因此，中间部分的屋顶会稍稍高出两侧。在金溪，三滴水有厦式、石雕比较精美的大门，被人们笼统地称为牌坊门屋。初次的印象，也许是平淡，但是它们的美恰恰在于持久在于耐看。套句俗话，它们相当低调、奢华、有内涵，久望之，会产生一种耐人寻味的美感。换句话说，金溪传统建筑的立面非常符合现代建筑"方盒子、少装饰"的特征（图2.3-20）。马头墙是在山墙的基础上加建的，因"垛垛子"形状酷似马头，故称"马头墙"（图2.3-21）。赣派建筑布局简洁，朴实素雅，多为长方形平面，用空半砖墙围合，清一色的青砖灰瓦，高峻的马头墙，半掩半露的双披屋顶隐在重重叠叠的马头墙后面，马头墙造型丰富多样，翘首长空，既可防火，又可防风。其格局多为二进三开间，一堂一厅，明代多前堂后厅，清代多前厅后堂面阔三间，明间厅堂，次间卧室，左右对称。赣派古民居史注重内部构架和陈设的实用性，较少徽派古民居的大面积雕梁画栋，赣派古民居即注意与周围环境相适应，也注意与祠堂、庙宇、牌坊、门楼、戏台等功能性建筑有机结合。除了建筑的选址、朝向、形态要符合风水理念。赣派建筑采用天井式的类型较多木构穿斗式梁架，前檐部常做成各式的轩，形制秀美且富于变化。卧室楼高一层半，下层居住，上半层放置什物。厅堂没有分层，显得高大宽敞，气势极为堂皇。室内地面，以长条青砖横向错缝铺砌。神龛设在厅堂宝壁两边侧门的上方。堂前均有较为狭小的天井，既从采光通风之用，又取四水归堂之意，无形中把人与天衔接起来，体现了"天人合一"的情境。赣派建筑以砖、木、石为原料，梁架多用料硕大，且注重装饰。其横梁中部略微起，故民间俗称为"冬瓜梁"，两端雕出扁圆形（明代）或圆形（清代）花纹，中段常雕有多种图案，通体显得恢宏、华丽、壮美。立柱用料也颇粗大，上部稍细。明代立柱通常为梭形。梁托、爪柱、叉手、霸拳、雀替（明代为丁头栱）、斜撑等大多雕刻花纹、线脚。梁架构件的巧妙组合和装修使工艺技术与艺术手法相交融，达到了珠联璧合的妙境。梁架一般不施彩漆而髹以桐油，显得格外古朴典雅。墙角、天井、栏杆、照壁、漏窗等用青石、红砂石或花岗岩裁割成石条、石板筑就，且往往利用石料本身的自然纹理组合成图纹。墙体基本使用小青砖砌至马头墙。赣式宅居由于地缘和经济文化背景相近，赣派与徽派古民居有不可分割的联系。一般民居为长方形平面，砖墙围合，半掩半露的双坡屋顶隐在重重叠叠的马头墙后面。马头墙有阶梯形、弓形、云形等，可防火，防风、防盗贼。赣派建筑采用天井式的类型较多，有明显地域差别，赣西北和赣东部分地区大量采用砖或土筑（坯）墙的砖木或土木混合结构。到了赣中吉泰盆地一带，天井类型发生了实质性的变化。安福、莲花等地，天井已经推到厅堂之外成为天井院，于是，出现了一个属于天井形式的亚类型。到了吉安、吉水一带由天井而演化成独立的中小型围院住宅（图 2.3-22）。

赣派建筑中的戏台多采用牌楼样式，由于舞台木构架外露，因而屋檐很大。屋角起翘亦高，极具装饰性。舞台前沿的两根大金柱间跨度大，荷载重，因此极其粗壮，其上建有层层出挑的垂柱和精巧的梁枋。戏台露明构架通常为抬梁式，戏台装饰华丽，木雕几乎遍及梁枋，后屏墙、侧壁、天棚多绘彩画，少数部位如脊饰采用灰塑，装饰内容多为戏曲故事及祥瑞图案（图 2.3-23）。

图 2.3-20　赣北封墙印斗式风格

图 2.3-21　"垛垛子"形状酷似马头

图 2.3-22　赣东北江右民居天井院

图 2.3-23　赣东北景德镇地区古戏台

江西婺源原属古徽州一府六县之一，自古文风鼎盛，素有"耕读文化、诗书传家"的优良传统，历代名人辈出，自宋以来有官宦贤达 2600 余人。南宋理学家朱熹、近代中国铁路工程创始人詹天佑就是其中佼佼者。婺源是徽商的发源地之一，商人们在外地挣了钱，便回家修造氏族宗祠、家室府第，使得明清建筑遍及全县。这些古建居民，至今相当完整地保持着原有的风貌。多为 1～3 层穿斗式木构架，风火山墙，青瓦坡顶，清水砖墙或白粉墙。布局常为三开间，前后六井，格局严谨而又富有文化，善于结合自然环境组成和谐巧趣的建筑空间。建筑雕饰题材广泛，技艺高超，造型优美。在风火山墙、脊吻、檐椽、斗栱、梁枋、雀替、柱头、柱础、门楣、隔扇、窗棂各处，无不考究形制、巧着雕饰。图案纹样繁复巧妙，人物戏文、鱼虫花鸟、山水楼台生动精美；木雕、砖雕、石雕构图有致，刀法精湛，有浅雕、深雕、透雕、园雕等各种形式。明代建筑的风格疏朗高雅；清代建筑多纤巧精致。古人诗

云"古树高低屋，斜阳远近山，林梢烟似带，村外水如环"。这就是似诗如画婺源古村落的真实写照。婺源古村落有李坑、江湾、晓起、汪口、延村和思溪等，其中以李坑村最负盛名（图2.3-24）。赣南的客家方型围屋很多，一般有3～4层，大的有九栋十八厅，内有粮仓、水井、排污道、草坪、戏台等，最具有代表的有关西新围、杨村燕翼围、里仁栗园围、杨村燕翼围以及桃江龙光围等（图2.3-25）。

图2.3-24　赣东北婺源传统民居风格

图2.3-25　赣南龙南县关西镇方形客家围屋

3. 闽南古建筑

闽南人是福佬民系的一个支系族群，他们主要分布于福建漳州、泉州、厦门、台湾大部分地区及广东潮汕、雷州地区、海南岛。他们所说的语言是属闽方言的分支方言称为闽南方言（闽南话）。闽南泉州的民居称作"厝（cuò）"，其中有一种是模仿"皇宫"风格的建筑——"红砖厝"，它是泉州特有的建筑（图2.3-26）。闽南有很多很多客家人，客家土楼主要是沙质黏土、杉木、石料，为最基本的材料，客家土楼千姿百态，种类繁多，分方楼圆楼两大体系，其中有殿堂式楼、五凤楼、长方形楼也是闽南地区建筑的一大特色。福建的建筑风格没有统一的，闽南一带红砖建筑为主（图2.3-27），闽西代表为土楼（图2.3-28），莆田以飞檐式（图2.3-29），闽东—福州民居"马头墙"为代表（图2.3-30）。

图2.3-26　福建省漳州市天宝镇洪坑村古村落一处保存完好的闽南传统民居

图2.3-27　泉州市南安县漳里村蔡氏古民居

图2.3-28　福建永定的承启土楼

图2.3-29　莆田以飞檐式

图2.3-30　福州古建筑马头墙

4. 台湾的传统民居

从选址、设计，营造，都体现出中国闽南地区的传统建筑特色。比较著名的，如台北士林芝山岩杨宅（图2.3-31），台北的林安泰古厝（图2.3-32）等，其中淡水忠寮的李宅更是精美地表现了上述特点。台湾的传统民居中有许多"一"字形、"L"字形或"冂"字形的建筑形式。其中"一"字形俗称"一条龙"式建筑，为三开间，还有五开间，也有七开间；"L"字形的住宅则被称为"单伸手"，即在厅堂的左侧兴建厢房；"冂"形住宅也称"三合院"，三合院与四合院相似，已具有了伦理位序的尊卑之分，当家庭结构改变、人员增加时，常采用在厢房外增添护龙或以大三合院套小三合院的方式，来扩大住宅面积。比较有名的如彰化永清陈厝余三馆（图2.3-33）即为三合院的制式，而彰化马兴益源大厝（图2.3-34）的主体部分就是大三合院套小三合院的组合。还有如桃源大溪的李宅，则为前是三合院后是四合院的独特组合。彰化永清陈家在垦拓时期转迁为大租户，奠定了地位基础，而家族的传薪在余三馆的砖瓦梁柱间不断流传下去，这座古厝格局建构完整，雕刻彩绘水平一流，在匠师的巧手下，将粤东与闽南建筑交会出美丽的图画。清光绪十年（1884年）建筑，坐西朝东，为单进多护龙三合院。如彰化永清陈厝余三馆所展示的内涵如下：（1）内埕：从左右内护龙伸出一道矮墙，将间楼到正厅之间的宽敞空间一分为二，矮墙称内埕，隐密性较高，多半是妇女们做家事或聊天的地方。（2）外埕：矮墙外为外呈，私密度较低，通常用来晒穀、晾衣及从事农忙。（3）轩亭：又称"四脚亭"，是正厅的延伸，也是馆内接待宾客或家人休憩的区域，轩亭常见于寺庙中，一般民宅较少设置，因此，这座轩亭象征陈氏家族当年如日中天的地位，及财富。（4）门楼：余三馆的独立外门，属三开间的门厅式建筑，具有守备功能，主人经常在此迎送宾客，左右两侧的小房为奴仆或长工的住处。门楣上挂着"余三馆"的木匾，两侧墙面采穿瓦衫设计，门内墙壁还留着当年枪孔遗迹，屋脊以花草剪黏图案装饰，古朴又不失贵气。（5）正厅：厅内供奉陈家历代祖先牌位，为纪念祖先创业维艰，又称"创垂堂"，大门上悬"贡元"匾额，是陈有光纳捐取得成均进士后，同治十二年，由福建省布政司颁赐，神龛两侧原本立着"恩受贡元"、"成均进士"两支执事牌，为了防此被窃，后代将之收藏起来，未为展示。（6）卷棚歇山式屋顶：轩亭的屋顶，是此座古厝最为值得一提的地方，此造型为"卷棚歇山式"，屋顶呈圆弧状，但四个屋角却起翘迎向天空，形成棚飞耀姿态。（7）马背山墙：内护龙的马背山墙由三个圆弧构成，属水形马背，其下开有绿釉花窗，以利通风，窗下用红砖砌出一道鸟踏作为装饰。而其门楼、正厅、轩亭屋顶的马背则属金形。

图2.3-31 台北士林芝山岩杨宅

图2.3-32 台北的林安泰古厝

图2.3-33 彰化永清陈厝余三馆

图2.3-34 彰化马兴益源大厝

2.3.4 晋陕甘宁建筑风格

1. 山西

晋是山西简称，山西传统建筑是我国汉族传统建筑的一个重要流派。山西民居与皖南民居齐名，一向有"北山西，南皖南"的说法。山西民居中，最富庶、最华丽的民居要数汾河一带的民居了，而汾河流域的民居，最具代表性的又数祁县和平遥。山西祁县乔家堡村乔家大院，是目前保留比较完整的，典型北方居住大院。大院为全封闭式的城堡式建筑群，北距太原54km，南距东观镇2km，是清代著名的商业资本家乔致庸的宅第。大院占地 10642m², 建筑面积 4175m²，分 6 个大院，20个小院，313 间房屋。大院三面临街，不与周围民居相连。外围是封闭的砖墙，高10m 有余，上层是女墙式的垛口，还有更楼，眺阁点缀其间，显得气势宏伟，威严高大。大门坐西朝东，上有高大的顶楼，中间城门洞式的门道，大门对面是砖雕百寿图照壁。大门以里，是一条石铺的东西走向的甬道，甬道两侧靠墙有护墙围台，甬道尽头是祖先祠堂，与大门遥遥相对，为庙堂式结构。北面三个大院，都是芜廊出檐大门，暗榫暗柱。乔家大院的建筑特征：乔家大院坐西朝东，从大门进入，是一条长长的甬道，尽头是乔家祠堂。两侧共分六个大院，南北各三，南面是西南院、东南院和新院，北面则是老院、西北院和书房院。大院里面又嵌套着许多小院，整座建筑布局十分规整严密（图 2.3-35、图 2.3-36）。

图 2.3-35 山西祁县乔家大院

图 2.3-36 山西乔家大院鸟瞰图

　　山西现存的古建筑为全国之首，国家重点保护的有 50 处，省级有 400 多处。四大佛寺圣地之一的五台山，寺庙群集千年之萃。其中，以我国现存最古的木构建筑南禅寺。集北魏至清代多种建筑为一体的佛光寺及显通寺，塔院舍利塔最为有名。山西古民居建筑集民居之大成，类型繁多，数不胜数。他们聚族而居，房屋坐北朝南，特别注重内采光。以木梁承重，以砖、石、土砌筑。以堂屋为中心，以雕梁画栋和装饰屋顶、檐口见长。在山西传统建筑中，晋北土窑房（图 2.3-37），晋西北砖窑房（图 2.3-38），晋中一带四合院，晋南地窖院，晋东南等建筑都独具特点：晋北离蒙古近，冬天寒冷，所以房屋的风格，多以高墙小院，保暖型为主。晋中相对来说比较贫穷，目前的经济虽然也不差，但基本上保持了外表简朴，房内布置相对豪华一些，与外面不太相衬。晋南是中华民族的发源地，靠近黄河，古代以农业为主的社会，相对富裕。建筑上可以代表山西古朴风格，比较讲究美观，保暖，各方都兼顾到位。山西的传统建筑也非常复杂，由最简单的穴居到村里深邃富丽的住宅院落颇有特色。仅从屋顶式样就有半坡顶（图 2.3-39）、平坡顶（图 2.3-40）、硬

图 2.3-37 晋北土窑房

山顶（图2.3-41、图2.3-42）、攒尖顶（图2.3-43），地窨院（图2.3-44），平原地区的典型两坡顶硬山三开间平房（图2.3-45）。穴居之风，在我国古代主要盛行于黄河流域，散见于河南，山西，陕西，甘肃诸省。在山西随处看得见穴居窑洞，其穴内冬暖夏凉，住居颇为舒适，但空气不太流通，是一个极大的缺憾。穴窑均作抛物线形，内部有装饰极精者，窑壁抹灰，乃至用油漆护墙。窑内除火炕外，更有衣橱桌椅等等家具。在山西的民居中，无论贫富，十之八九以上都有砖窑或土窑的，乃至在寺庙建筑中，往往也用这种做法。

图2.3-38　晋西北砖窑房

图2.3-39　单坡、两坡、歇山庑殿顶

图2.3-40　平屋顶民居

图2.3-41　硬山、悬山顶

图2.3-42　大小坡硬山顶

图2.3-43　攒尖顶

图2.3-44　平陆地窨院

图2.3-45　典型的两坡顶硬山三开间平房

山西是我国现存各类古建筑最多的省份，共计4万余处，上迄唐代，下至民国，构成了我国古建筑史上品质超群、蔚为壮观的标本体系。享有"中国古代建筑博物馆"之称。现存最古老的木构建筑是唐朝建筑，举国仅存4座，都在山西。宋、辽、金、元时期，山西的建筑艺术最为辉煌，全国现存宋辽金以前木结构建筑共160座，山西就有120座，占总量75%；现存元代之前的木结构建筑全国约计440座，山西350座，占到总量近80%。山西古建筑其艺术风格，是中国古建筑最完整的艺术风格，土和木这两种建筑基本材料，在山西古建筑中得到了最完美的展示。如山西万荣县东岳庙始建年代不详（图2.3-46），唐代贞观时已经存在，元世祖至元二十八年（1291年）至大德元年（1297年）重新修建。万荣东岳庙坐北向南，现存主要建筑有飞云楼、午门、献殿、享亭、东岳大帝殿、阎王殿等，按中国早期寺庙的布局规制，楼塔设置在中轴线前面。东岳庙，也叫泰山神庙，是祭祀东岳大帝黄飞虎的庙

图2.3-46　山西东岳庙飞云楼道观

宇。飞云楼是清代重建的，其余的大多是元代建造、明代修葺的。飞云楼高40m，平面呈方形，三层，四滴水，十字歇山式楼顶，四根通柱直达搂顶，二、三层皆有勾栏，每面各出一抱厦，形成十字形，上筑屋顶，抱厦与上部十字歇山屋顶组合十分巧妙，构成极其丰富的轮廓线；各层檐角起翘，加以檐下307组斗栱重叠，就像是云朵簇拥，有凌空欲飞之感，檐角悬挂有各式各样的风铃；楼内有木梯可登顶层，凭栏远眺，县城的风貌一览无余。飞云楼以其复杂而精巧的构造、挺拔秀丽的艺术造型，在中国木构建筑中占有独特地位。午门面宽七间、进深六椽，单檐歇山顶，梁架简朴，斗栱规整，主要的建筑结构多具有元代的风格。献殿面宽七间、进深六椽，硬山式屋顶，四铺作斗栱，前后檐及中柱上皆用大额坊，保持着元代的特色。享亭平面呈方形，十字歇山顶，琉璃脊兽齐备，四周勾栏，栏上雕刻有流云纹和盘龙纹，望柱上刻有布施姓名题记，是明正德年间的遗物。东岳大帝殿面宽、进深各五间，平面近方形，殿身重檐歇山式，前檐的石柱收分较大，殿内的梁架大多是用圆材制成的，殿顶琉璃脊兽，纤细之中透出华丽，是清代建筑风格的遗留。

2. 陕西

陕西历史悠久，是中华文明的重要发祥地之一。西周初年，周成王以陕原为界，陕原以西由召公管辖，后人遂称陕原以西为"陕西"。陕原古地名，即陕陌。在今河南省陕县张汴乡。西周周成王时，周、召二公分治之地。《括地志》："分陕从原为界。"或谓"陕"当作"郏"，即雒邑王城。"陕，隘也"，就是险要难以通行的地方。陕县县境位于崤山山岭的环抱之中，"据关河之肘腋，扼四方之噤要"，是豫西

和渭河平原间的咽喉，固以"陕"为名。陕西自古是帝王建都之地，九个大一统王朝，有五个建都西安（咸阳），留下的帝王陵墓共 79 座。陕西古建筑美轮美奂、古色古香，下面选择一些具有代表性的古建筑一一介绍：陕西省户县公输堂，建于明永乐元年至二十二年（1403～1424 年），历时 11 年。原名源远堂，又称万佛堂。坐北朝南，原为群体建筑，现仅存正殿及其小院，占地 1248m²，建筑面积 106m²。正殿面阔三间，硬山式灰陶瓦屋面。每间外檐各设六扇镂空格扇板门，门额上方饰斗栱重楼。堂内饰门罩挂落；木构遍布彩绘，以旋子为主，黑红色沥粉贴金，工艺精湛；上部空间为天宫楼阁，阁顶藻井有五种，中心为斗八，繁复绮丽；天宫下设佛道帐三间，内置佛像。天宫楼阁及藻井均按正常尺寸的三十分之一缩成建筑模型状，计有楼阁一百三十七栋，斗栱样式二十余种，藻井多层多样；模型大多进行过油漆彩绘、沥粉贴金，色彩以红、黄、黑三色为主；斗栱多用石绿刷色，板椽单用石红。公输堂天宫楼阁及藻井为国内现存小木作精品之一。仰头看到的公输堂内部结构，整个殿堂全部彩绘，沥粉贴金，从外面看，绝对不会想到内部竟是如此一番天地。木作之精细、结构之严谨、制作之精美，可谓奇巧无比。难怪当地老百姓认为它是鲁班爷显灵的杰作，因鲁班姓"公输"所以叫它"公输堂"（图 2.3-47、图 2.3-48）。

图 2.3-47　陕西户县公输堂

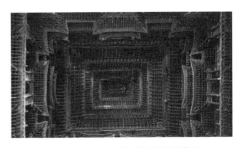

图 2.3-48　户县公输堂阁顶藻井

陕西永寿县武陵寺塔已经 1500 多年了，八棱七层叠檐高达 27.5m 的挺拔身姿、超凡脱俗。武陵寺塔初建于北魏天兴年间（398～404 年）。现塔为宋代建筑，由于塔身倾斜底部砖块严重脱落。1985 年进行了修葺时发现宋代钱币和宋大观年间的砖刻（图 2.3-49、图 2.3-50）。陕西三原县三原城隍庙，总建筑面积 13390m²。城隍是汉族宗教文化中普遍崇祀的重要神庙，始建于明洪武八年（1375 年），距今有 600 多年历史，是中国现存最完整的明清古建筑群之一。城隍庙古建筑群以均衡对称的布局方式把楼、殿、廊、亭等四十多个单座建筑，按主次布局在纵横轴线上，全部建筑琉璃盖顶、雕梁画栋、结构严谨、肃穆壮观。有"殚土木之功、穷造型之巧"的美誉。山门前歇山一字形水磨砖影壁，高 10 余米，中间镶嵌有透雕的"鲤鱼跳龙门"。影壁前铸有两万余斤重的一对铁旗杆，铁龙缠绕、气宇轩昂。山门东西八字墙上有"苍龙训子"和"鱼龙变化"的砖雕，形象逼真而栩栩如生（图 2.3-51）。陕西丹凤船帮会馆，是清代由水手和船工集资建起的会馆，在当时供帮员食宿、聚会、娱乐之用，是现在国内保存最完整的船帮会馆之一。丹凤县城龙驹寨自古是"北通秦晋，南结吴楚"的交通要冲，丹江航道自春秋战国始即是"贡道"，是长安的历代王朝重要补给线，百艇连樯，水走襄汉，水陆换载，久有水旱码头称誉（图2.3-52）。

图2.3-49 陕西永寿县宋代武陵寺塔

图2.3-50 武陵寺塔细部

图2.3-51 陕西三原县三原城隍庙

图2.3-52 陕西丹凤县船帮会馆

西安化觉巷清真大寺，该寺始建于唐天宝元年（742年），称唐明寺。以后又有多次修葺。整个建筑形成一雄浑壮美的古典建筑群落，以其构图完美，布局规整，左右映带，中心突出的特色，成为中国清真寺古典建筑的杰出代表。大寺坐西朝东，整个寺院是一东西向的长方形，四周有青色砖围墙，占地面积约18亩。全寺沿东西向中轴线以次分为四院，建筑总面积共4000多平方米（图2.3-53）。姜氏庄园，位于陕西省米脂县城东15km桥河岔乡刘家峁村，是陕北富豪姜耀祖于清光绪年间投巨资历时16年亲自监造的私宅。姜氏庄园砖、木、石三雕艺术十分讲究，整座庄园无处不雕，无处不琢。庄园占地40余亩，主体建筑为陕西地区最高等级的"明五暗四六厢窑"式窑洞院落。庄园三院暗道相通，四周寨墙高耸，对内相互通联，对外严于防患，整个建筑设计奇妙，工艺精湛，布局合理，浑然一体，是全国最大的城堡式窑洞庄园，也是汉民族建筑的瑰宝之一。庄园背靠峰峦，面向深沟长壑，依山就势，因地制宜，还能驾驭马车上下庄园。整个庄园由城垛式寨墙围合，有马面、井楼、炮台、下院、中院、上院等建筑组成，门庭修造豪华，院落铺设讲究，院内套院，窑内套窑，门外套门，门内有门，砖、木、石三雕具有，牌匾非常考究（图2.3-54、图2.3-55）。

图 2.3-53　西安化觉巷清真大寺

图 2.3-54　陕西姜氏庄园鸟瞰图

图 2.3-55　陕西姜氏庄园内院

3. 甘肃

甘肃传统建筑风格及特点。甘肃简称甘或陇，是我国远古文化发祥地之一，也是我国最古老的独具地方风格的建筑体系之一。据考古发现，远在二三十万年前旧石器时代中期，甘肃就有人类活动。在公元前二千多年前的马家窑文化是仰韶文化向西发展的一种类型，挖掘出土的出土彩陶器经碳 14 测定为 4800 ~ 5800 年之间，它花纹之精美，构思之巧妙，是史前任何一种远古文化不可比拟的（图 2.3-56）。特别是早期秦安大地湾遗址的发现，居住面多以白灰面涂抹或青灰色料礓石渣和细沙混合筑成（图 2.3-57）。

图 2.3-56　马家窑出土彩陶器

图 2.3-57　秦安大地湾遗址居住面白灰面涂抹

甘肃历史上是一个多民族地区，由于历代统治者相互攻战征掠，使甘肃成了军事上争夺频繁的地区，甘肃出现了许多军事性质的建筑，如边墙、关隘、烽火台、堡寨和驻兵屯田设施。许多传统民居也都具有防御功能，尤以河西走廊地区最为明显。秦始皇统一六国以后，在甘肃建立了陇西郡和北地郡，下设若干县、郡治，县治的城池都有一定的规模。还修了驿道、宫室、长城。甘肃民居主要为四合院，院落大门设置在院落东南，厕所置于院之西南角。院内雨水则汇流于西南排出院外。四合院大门多采用屋宇门形式。即是将倒座东侧稍间辟作门道，门框、门扇坚实厚重，造型简约朴素。如天水一带四合院由于历史上华戎杂处、战事频繁、兵灾匪患较多。所以，倒座后墙坚固高峻，设门封闭，确保安全，而且大门形制简朴，可以藏拙不显豪富。除此而外，也有部分大门采用对山式墙垣门，即大门对着前院东房山墙开南门，或对着西房山墙开北门。天水号称为"陇上江南"，从历史地理上都以秦岭、淮河为界，形成南北不同的风格，而天水民居将南北风格相融合，兼有北方的雄厚与南方的灵秀。四合院基本形式可概括为：基本型、串联型、并联型和混合型。天水胡氏民居—南宅子是一处布局严谨，主次分明，古朴典雅的明清建筑。胡氏民居分列路南北，隔街相望。南宅子为明代山西按察司副使胡来缙居所，街对面还有北宅子为胡来缙儿子胡忻的宅院。南宅子四合院由天井、前院、中院、后院、书房、后花园等组成，占地大约有 5000m²。它虽为四合院，但是建筑风格不同于北京四合院，除正房和倒座为马鞍架构以外，厢房则采用一坡水的天水民居的举架方式，很有天水地方特色（图 2.3-58 ～图 2.3-61）。

图 2.3-58　南宅子内院一

图 2.3-59　南宅子内院二

图 2.3-60　南宅子四合院厢房为一坡水

图 2.3-61　南宅子门廊、排气孔简洁

　　甘肃莫高窟、嘉峪关、大佛寺等也非常有名。其中莫高窟（图 2.3-62），俗称千佛洞，坐落在河西走廊西端的敦煌。它始建于十六国的前秦时期，历经十六国、北朝、隋、唐、五代、西夏、元等历代的兴建，形成巨大的规模，有洞窟 735 个，壁画 4.5 万 m²、泥质彩塑 2415 尊，是世界上现存规模最大、内容最丰富的佛教艺

术地。据唐《李克让重修莫高窟佛龛碑》一书的记载，前秦建元二年（366年），僧人乐尊路经此山，忽见金光闪耀，如现万佛，于是便在岩壁上开凿了第一个洞窟。此后法良禅师等又继续在此建洞修禅，称为"莫高窟"，意为"沙漠的高处"。后世因"漠"与"莫"通用，便改称为"莫高窟"。另有一说为：佛家有言，修建佛洞功德无量，莫者，不可能、没有也，莫高窟的意思，就是说没有比修建佛窟更高的修为了。北魏、西魏和北周时，统治者崇信佛教，石窟建造得到王公贵族们的支持，发展较快。隋唐时期，随着丝绸之路的繁荣，莫高窟更是兴盛，在武则天时有洞窟千余个。安史之乱后，敦煌先后由吐蕃和归义军占领，但造像活动未受太大影响。北宋、西夏和元代，莫高窟渐趋衰落，仅以重修前朝窟室为主，新建极少。

图2.3-62　莫高窟，俗称千佛洞

嘉峪关，号称"天下第一雄关"（图2.3-63），位于甘肃省嘉峪关市西5km处最狭窄的山谷中部，城关两侧的城墙横穿沙漠戈壁，北连黑山悬壁长城，南接天下第一墩，是明长城最西端的关口，历史上曾被称为河西咽喉，因地势险要，建筑雄伟，有连陲锁钥之称。嘉峪关是古代"丝绸之路"的交通要塞，中国长城三大奇观之一（东有山海关、中有镇北台、西有嘉峪关）嘉峪关由内城、外城、城壕三道防线成重叠并守之势，壁垒森严。与长城连为一体，形成五里一燧，十里一墩，三十里一堡，一百里一城的军事防御体系。嘉峪关初建时，是一座6m高的土城，占地2500m²。现存的关城总面积33500余平方米，由外城、内城和瓮城组合而成。嘉峪关内城墙上建有箭楼、敌楼、角楼、阁楼、闸门等共十四座，关城内建有游击将军府、井亭、文昌阁，东门外建有关帝庙、牌楼、戏楼等。大佛寺是著名古刹（图2.3-64），坐北向南，周围村舍环抱。主要建筑物有：寺前屹立一座4柱3间3层的木质结构牌楼，寺内有碑亭，碑亭之后为护法殿、菩萨殿和大佛殿，东西两旁为力士殿和天乏殿。碑"两壁钟鼓楼"民国时期已拆毁，其建筑形式为歇山顶，单昂大佛殿为四跺铺间斗栱，结构精巧，气势壮观，颇具民族建筑艺术特色，是大佛寺主体建筑。大佛寺不仅其建筑本身有着重要艺术价值，而且还有各种造型优美、神态多样的塑像和壁画。主要建筑物有：寺前屹立一座4柱3间3层的木质结构牌楼，寺内有碑亭，碑亭之后为护法殿、菩萨殿和大佛殿，东西两旁为力士殿和天乂殿。碑"两壁钟鼓楼"民国时期已拆毁，其建筑形式为歇山顶，单昂大佛殿为四跺铺间斗栱，结构精巧，气势壮观，颇具民族建筑艺术特色，是大佛寺主体建筑。大佛寺不仅其建筑本身有着重要艺术价值，而且还有各种造型优美、神态多样的塑像和壁画。

图 2.3-63　嘉峪关号称天下第一雄关　　　　　图 2.3-64　大佛寺是著名古刹

4. 宁夏

宁夏简称宁。宁夏处在中国西部的黄河上游，1038 年，党项族的首领李元昊在此建立了西夏王朝。历史上是"丝绸之路"的要道，素有"塞上江南"之美誉。西周建都于镐京（今西安市西）其统治中心在陕西关中，故其以北地区，包括内蒙古河套，宁夏全境及陕西、山西北部古称为朔方。春秋战国时期，今固原地区为乌氏戎所居，后秦惠王攻取乌戎地，置乌氏县。宁夏得名始于西夏平定（1227 年），即元朝灭西夏后改名"宁夏"含有西夏安宁之意。后来，西域各地的穆斯林大批进入了宁夏，他们从此在这块土地上开枝散叶成为我国穆斯林的祖居地。当时，战争和农耕都是很重要的事情。因此，东来的穆斯林主要以驻军屯牧的形式编成"探马赤军"。探马赤军是蒙古和元朝的一种军队。蒙古国时期，从各千户、百户和部落中拣选士兵，组成精锐部队，在野战和攻打城堡时充当先锋，战事结束后驻扎镇成于被征服地区，称为探马赤军。后来有很多穆斯林以工匠、商人、学者、掌教、官吏等不同身份散居到我国各地，其中留住在宁夏穆斯林被叫作"回回人"。后来，元朝驻宁夏一带的蒙古军队中，也有相当多的人信奉了伊斯兰教，成为宁夏回族的族源之一。据史书记载，明代宁夏就有规模宏大的清真寺，如始建于明朝末年的永宁纳家户清真寺（图 2.3-65）（始建于 1524 年）、同心清真大寺（图 2.3-66）（始建于 1573 年，后曾三次重修）。据《陕西通志》记载：元初，贵族瞻思丁·纳速拉丁，子孙甚多，分为纳、速、拉、丁四姓，居留各省，故宁夏有纳家户，长安有拉家村，今宁夏纳氏最盛，该寺初建匾文（已佚）曰："吾家弃秦移居西夏"，现纳姓回民是明代由陕西移居纳家户的，大殿面阔 20m、深 43m，可容纳 1500 人同时礼拜。同心清真大寺建筑在耸出地面达 7m 之高的青砖台面上。寺门朝北，门前有一座仿木建筑的砖照壁，照壁的中心，砖雕大幅花木图，十分精美。由券门通过暗道，有台

级可登上高达数米的基台。在门洞匾石旁刻有"乾隆五十六年辛亥蒲月重修"字样，为考证大寺的沿革留下了史迹。

图2.3-65　永宁纳家户清真寺

图2.3-66　同心清真大寺

　　宁夏自魏晋开始就有佛寺。唐朝时宁夏灵武一带已有不少寺院和僧道。西夏时，曾把佛教定为国教，西夏皇帝多次向宋朝献良马，乞赐佛经。1055年，西夏毅宗发数万人建承天寺塔（今银川西塔），藏《大藏经》，并到处修建寺庙。现存明代高庙保安寺，创建于明朝永乐年间（1403～1420年），距今600有多年历史，占地6895m²，殿堂房舍300余间，高29m。重楼叠阁，檐牙相啄，迂回紧凑，小巧玲珑，形似凤凰展翅，凌空欲飞之势。500罗汉形态各异，出神入化、栩栩如生，为艺术奇葩、丛林一绝。高庙不仅是融儒释道三家文化于一炉的全国最独特的佛教寺院，而且被专家誉为"中国古寺庙经典建筑之最"（图2.3-67）。

图2.3-67　明代高庙保安寺

　　回族清真寺的装饰艺术，不仅反映了回族文化特有的精神意韵，而且表现了不同时代的清真寺的精神风貌，记载着伊斯兰教文化和中国传统文化融合与发展的历史。而中国传统建筑风格的清真寺，正是中西文化结合的产物。建筑工艺的中阿结合性。即将伊斯兰的装饰风格与中国传统建筑手法相融汇，通常采用白、蓝、绿等冷色布置大殿，体现了穆斯林喜欢的审美心态。在重点装饰的天棚圣龛饰以彩画和金色花卉等图案，还嵌砖雕、挂金匾。在大殿以外的地方，或精雕细刻、或雕梁画栋、或置以香炉、屏风，使寺院充满富丽堂皇的气氛。还采用博古图案、梅竹图案、吉祥动物图案或阿拉伯文字作装饰（图2.3-68），使寺院既富丽堂皇，又具有庄严神圣的宗教气氛。其二，布局的完整性。即多采用中国传统的四合院形制。其建筑以一定的中轴线排列，具有完整的空间（图2.3-69）。其间每一院都有独特的功能和艺术特色，又井然有序，展示了一个完整的建筑艺术风格。其三，坚持伊斯兰教的基本原则，突出表现了清真寺的宗教特点。如寺内的圣龛皆背向正西的麦加克尔白、大殿内不设偶像、不搞偶像崇拜、寺内皆设礼拜大殿、沐浴室等。明显区别于其他宗教建筑。其四，寺院园林化。我国回族清真寺内，往往小桥流水，山石叠翠，遍植树木花草，洋溢着浓郁的生活情趣，使人在崇敬之余，产生亲切感。

图 2.3-68　阿拉伯文字作图案

图 2.3-69　银川新城南门清真寺

宁夏降水少、温差大，气候严寒，大陆性气候特征明显，冬春干旱多风沙，盛行偏北风，故传统住宅一般不开北窗。为保温防寒，采取厢房围院形式，且房屋紧凑，屋顶形式为一面坡和两面坡并存。宁夏传统民居多坐北朝南，墙体较厚，南面窗户较大，屋顶坡度较小。宁夏民居建筑材料以夯土、土坯、砖木为主，建筑形式比较简单，如：在平原地区的夯土版筑平顶房，南向开窗北向不开窗，房屋较低，外观朴实（图 2.3-70）；滚木房是贫苦人家依山墙搁檩，横檩搭椽的简陋土墙房和夯土箍窑（图 2.3-71、图 2.3-72）。西海固回民民居常在院落拐角处房子上，再加建一层小房子叫单坡顶高房子（图 2.3-73），这是从军事堡寨角楼演变而来的。阿拉伯穹顶式高房子出现在宁夏的乡村中（图 2.3-74），着实地让人眼睛一亮。宁夏传统民居在布局上也有地域特点，如合院式民宅较多，主要为了挡风沙有四种类型（图 2.3-75）。土堡、土寨类民居建筑多分布于固原市原州区（图 2.3-76），在过去战乱年代，许多富户人家为了修了一些防御性的居住设施与合院结合，具有宁夏地域特色。城堡式民居性质与土堡式相同（图 2.3-77），但是，防御设施做成城墙和城门楼一样规模较大。宁夏夯土箍窑是一种拱形无覆土民居窑洞，外观呈尖圆拱形跨度一般为 3m 极富地域特色。还有靠崖式窑洞下沉式窑洞等（图 2.3-78、图 2.3-79）。

图 2.3-70　夯土版筑平顶房

图 2.3-71　滚木房

图 2.3-72 夯土箍窑

图 2.3-73 单坡顶高房子

图 2.3-74 穹顶式高房子

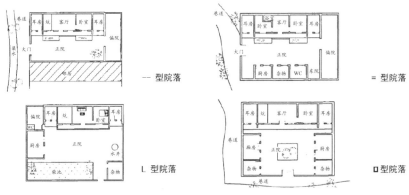

图 2.3-75 合院式民宅

图 2.3-76 土堡式民居

图2.3-77 吴忠市董府院落

图2.3-78 靠崖式窑洞

图2.3-79 下沉式窑洞

2.3.5 岭南地区建筑风格

1. 广西

广西位于我国岭南地区，古为百越之地。广西历史文化源远流长，广西建筑也是岭南建筑的一个组成部分，虽与其他岭南建筑有些差异，但这些差异也形成了广西地域建筑特色。而岭南建筑与广西建筑大部分方面为大同小异，建筑的基本形式差别不大，具有紧密的关联性和相同性。岭南地理所指的是横亘在江西、湖南、两广之间的五岭。即越城岭、都庞岭、萌渚岭、骑田岭、大庾岭五座山岭之南。按着当今的行政区划分为广东、广西、海南全境以及香港、澳门。唐代行政区为岭南道，唐咸通三年（862年），岭南道分东、西两道，并以邕管经略使为岭南西道节度使，为一级独立政区。宋朝时称岭南西道为"广南西路"，后简称"广西路"，这也是广西名称的由来。广西因在历次地壳运动中，受褶皱、断裂和岩浆活动的影响，形成了山地、丘陵、台地、平原交错，卡斯特地质广布的八山一水一分田的地理地貌特点。由于河流众多，具有流量大，汛期长，径流丰富，河流大多数源自西向东奔流。广西气候类型多样，夏长冬短。广西北半部属中亚热带气候，南半部属南亚热带气候。而且气候多变，灾害性天气出现频繁。北回归线横贯全区中部，高温多雨，大部分地区夏长冬短，因全年气温较高，加上雨水充沛，所以林木茂盛，四季常青，百花争艳，各种瓜果终年不断，森林资源丰富，动物种类繁多。早在商周时期，岭南就开始与中原和长江流域存在着政治、经济和文化等多方面的往来。战国时，五岭以北的许多人因经商、逃亡等原因，逐渐进入岭南。但是对岭南的开拓则是在秦代统一岭南后才开始的。例如，广西贺州市富川县春秋战国时属楚地，为楚越之交界，秦始皇曾派猛将屠睢率领五十万大军兵分五路南征岭南，大军从古九疑之塞即今萌渚岭（亦称临贺岭、姑婆山）挥戈南下，东接连州、北连道州、从永州、谢沐、冯乘、富川、临贺、封阳、广信直达今佛山、广州。此军在岭南与西瓯族人相持三年多以后，借助岭口古道（即潇贺古道）向南推进，占领了整个西瓯属地，并将岭南划分为三郡：桂林郡、象郡、南海郡，富川属南海郡。这段历史促进了后世历代中原王朝对岭南地区的统治，并且开创了湘粤桂沟通的历史纪元。西瓯人、骆越人是夏、商、周乃至汉代生活在广西的古代民族，是现代广西壮族、侗族、毛南族、仫佬族、水族等民族的祖先。另外，历代流人贬官流贬岭南也比较多，这也对提高岭南各地文化素质起到了一定的推动作用。据有关资料介绍，仅以唐代流贬广西达103人，最著名为唐代元和十年（815年），大诗人柳宗元被贬为柳州刺史。柳宗元本是山西运城人氏，初来这里语言不通一切不适，但他决心以刺史的有限权力，为当地民众做了许多好事。首先，他废除了"以男女质钱，约不时赎，子本相侔，则没为奴婢"，也就是用自己的子女抵押换钱，约定时间赎出，如果在约定时间没有钱赎，就当作别人的奴婢。又规定那些已经沦为奴婢的人，都可以按时间算工钱，抵完债即恢复人身自由，回家和亲人团聚。他还针对当地百姓迷信落后习俗，严令禁止江湖巫医骗钱害人。同时还兴办学堂，推广医学，打井解决饮水问题等。特别是当时柳州荒地很多，柳宗元就组织劳力去开垦，仅大云寺一处开垦的荒地、就种竹三万竿，种菜百畦。他又重视植树造林，并亲自参加了植树活动。元和十四年宪宗因受尊号实行大赦，然而诏书未到柳州，柳宗元便怀着一腔悲愤离开了人世，当时年仅47岁。广西在西汉时期就已经开始海上贸易了，海上贸易兴盛于唐宋，明代以后进入繁荣时期，一直延续到清末鸦片战争后。据史料记载，东汉建立后，光武帝刘秀任命伏波将军马援为主将南击交趾。交趾之乱平定，此条南方海上丝绸之路得以复通。如今许多学者认为，汉代"海上丝绸之路"始发港以广东徐闻、广西合浦古港为起点，所以称"南海丝绸之路"，是最为古老的海上航线。到了唐宋时代，伴随着我国造船、航海技术的发展，我国通往东南亚、马六甲海峡、印度洋、红海、及至非洲大陆的航路纷纷开通与延伸，海上丝绸之路逐渐替代了陆上丝绸之路，成为我国对外交往的主要通道。鸦片战争以后，在广州长堤及西堤一带，集中出现一批商业、金融、海关、邮局等西式大型公共建筑，建立了以广州为中心的岭南经济带。这期间，广西的经济也在快速的发展，当时广西各地也出现了大量的法国教堂和各式中西合璧的建筑。但是，总体来说广西近现代建筑的体量、做工都不如广东各地的近现代建筑精致奢华，反倒体现出岭南建筑广西特色的古朴简约的特点。广西因其地理和气候的关系，自古房屋就重视通风、遮阳、挡雨的功能。广西本土传统建筑就是干栏式建筑，上溯到二千多年前，从广西各地出土的汉代干栏陶器（图2.3-80）来看，汉代时干栏建筑在广西已经比较普遍了。据《汉书》记载，2000多年前在中国的大西南高山峻岭中，有一个壮族先民濮越人组建的部落叫"句町国"，意为"红色的藤蔓"。"句町国"与古滇国和夜郎国系中国西汉时期西南三大番国。根据寨中老人介绍：他们是"古句町国"的后裔，许多习俗都与"古句町国"有着极其重要的联系。目前"那岩屯"所保留的干栏式建筑的遗风，与他们的历史传统和文化习俗密不可分。句町部落首领在春秋时期被周王朝封为王，汉武帝设置郡县时句町部落被设为县由牂柯郡管辖。汉昭帝始元5年（公元前82年）封句町部落为王国至西汉末期。自东汉后其国势逐渐衰落，到了东晋以后句町之名在历史书上不再出现。虽然句町国在历史上仅存在500多年，但是实际上句町后裔在这片土地上仍然繁衍生息，那岩古寨就说明了这个问题。另据，云南沧源崖画巢居（图2.3-81）显示：中国西南一带古时居所，是由巢居演变为干栏式建筑的。

图2.3-80　广西汉代干栏陶器

图2.3-81　云南省沧源巢居岩画

如今，广西西林县马蚌乡的壮族村寨"那岩屯"（图2.3-82），因寨中有120幢明、清时期的干栏式木楼而出名，2012年入选第一批中国传统村落名录。该村的干栏式建筑群已经是改良后的干栏式建筑了，但从其选址和布局来看，当地村寨仍然保持着自己本民族独特的历史文化传统，我们从起伏的山顶俯瞰那岩古寨，可以领略广西远古文化的魅力和顽强。这些传统与岭南传统建筑风格具有差异性，与西南建筑有些相同性。

图2.3-82　广西那岩古寨山顶选址布局

又如，地处桂西北的隆林各族自治县金钟山乡平流村平流屯，也有保存完好的传统干栏式建筑群。其建筑虽然是近百年不断修缮的建筑，但其传统还是依然不变。黑衣壮居住有高度集中的传统，有的村90%以上都是黑衣壮，这是黑衣壮族人为应对不断社会变迁的结果。平流屯建在山坡上，房屋掩映在绿树浓荫中，百余户干栏式猫耳楼依山而建，人字坡顶干栏式猫耳小歇山木结构建筑格外生动可爱，而且简洁实用。它底层养牲畜，中间层住人，顶层储藏粮食的"三层楼"，特别是三层储藏空间有四面通风的功能，保证了一年四季粮食保管储藏（图2.3-83）。它的特点与广西大部分地区的干栏式建筑形式异同，偏厦与主体建筑的有机结合独具特色，与典型的岭南建筑差别就比较大了。这组建筑群属于自由布局，随高就势，建筑特色鲜明。而且是近田建宅有利生产方便生活，特别是注重房屋与树木绿化有机结合，达到了人与环境、人与自然的友好共处。干栏建筑是广西最早的建筑形式，经过历朝历代的演变和融合，当今呈现我们眼前的广西干栏式建筑，都是经过改良后的建筑形式。但是，不管怎样改良，大部分现存的干栏式建筑还都保留着底层架空、吊脚出挑、坡顶的特征。改良最多的地方是外墙，这可能与气候、建材、资金、工艺有关，这也是社会不断进步的一种表现吧！所谓岭南建筑特点与广西干栏式建筑的异同性，是大同小异或和而不同，手法有些差别。这种情况可能与历史演变和经济发展有直接关系，广西的干栏式建筑因此也就显得古朴率真了。纵观广西各地的传统建筑，种类繁多，样式各异。从历史的纵横两个方向审视广西传统建筑，发现其纵向就是干栏式建筑的不断完善和改良，其横向就是不同时期各种岭南建筑形式与本地建筑的融合。比如：桂林兴安、灌阳、灵川等地的古村落建筑，带有明显的马头墙内天井式的建筑特征；玉林、贵港一带地区的建筑则有鲜明的客家院落围屋的印记；梧州、钦州一带老房子带有浓厚的广府或骑楼建筑特色；南宁、柳州等桂中一带三空头民居比较普遍；这些建筑都带有浓郁的岭南建筑风格和特征，比如坡顶、深檐、花窗、石础、防火墙、格栅门，还有许多各式各样的花脊、花窗等等。特别是庭院天井灵活布置，建筑与绿化紧密结合，采光遮阳和自然通自然有机，房屋色彩素雅装饰恢宏等特点。比如：广西桂林灵川县青狮潭镇江头村，是我国北宋著名哲学家、理学家周敦颐（谥号元公）的后裔繁衍生息之地。村中有明中晚期，清早、中、晚期、民国时期的古建筑100余座（图2.3-84），这些古建筑在着色、雕花、布局等方面均有浓郁的儒家文化特色：青砖青瓦、昂首马头；模字花窗，寓教于乐；天井回廊，四水归堂；石雕木刻、栩栩如生。江头村布局特点：背山面水、聚气藏风；讳南称尊、坐西朝东；小巷纵横、布局奇妙。江头村中明代房子多为穿斗式木结构建筑，清代的民房多为青砖到顶砖木混合结构。房屋举架较高，山墙造型多样体现高大轩敞，但不追求华丽张扬。

图 2.3-83　平流村壮寨猫儿楼　　　　　　图 2.3-84　灵川江头村古建筑群

　　广西贺州富川瑶族自治县朝东镇秀水村 90% 的人都姓毛。秀水村原本称"秀峰"村。唐开元十三年，浙江人毛衷在贺州做刺史时，发现了"秀水"这片风水宝地，后携妻带子来此地开枝散叶、繁衍子孙、日渐兴盛。始祖毛衷本是唐钦赐进士，官至刑部郎中，他在此地为后辈子孙立下了"耕读传家"的祖训。秀水村融自然山水与民俗文化于一体（图 2.3-85），说明古代天人合一的思想早已深入人心。特别称奇的秀水村古戏台戗角（北方称翼角）与江浙一带的十分相似起翘很高（图 2.3-86），与广西的容县真武阁古建筑戗角不同（图 2.3-87），这说明秀水村建筑特色仍然保留一些祖籍地的做法。广西建筑具有多元性（图 2.3-88）和文化融合的特点（图 2.3-89、图 2.3-90）。清末民初广西各地也流行岭南的骑楼建筑，但大部分地方是改良简化柱式的临街骑楼特点，少数城市如北海（图 2.3-91）、梧州骑楼（图 2.3-92）也有券廊、彩色玻璃、铁窗花、宝瓶栏杆、拱券门窗等。所以，广西与岭南建筑风格和特征具有广泛的相同性，这与地理、气候、文化、风俗相通有很多的关联。

图 2.3-85　富川秀水村古戏台戗角

图 2.3-86　浙江古建筑戗角

图 2.3-87　容县真武阁平直的檐口和斜脊上翘

图 2.3-88　广西龙胜侗族鼓楼

图 2.3-89　广西全州燕子窝楼

图 2.3-90　广西桂林灵川江头村古民居

图 2.3-91　广西北海骑楼花窗

图 2.3-92　广西梧州骑楼

2. 广东

　　广东历史渊源久远，古为百越之地，故简粤。在这里先介绍一下百越渊源，百越是指古代中国南方沿海一带古越族人分布的地区。据《汉书·地理志》记载，百越的分布"自交趾至会稽七八千里，百越杂处，各有种姓"。也就是从今江苏南部沿着东南沿海的上海、浙江、福建、广东、海南、广西及越南北部这一长达七八千里的半月圈内，是古越族人最集中的分布地区；局部零散分布还包括湖南、江西及安徽等地。《过秦论》"南取百越之地"，《采草药》"诸越则桃李冬实"。在先秦古籍中，对南方沿海地区的土著民族，常统称之为"越"。如我国近代史学家吕思勉先生所指出，"自江以南则曰越"。在此广大区域内，实际上存在众多部族，各有种姓，故不同地区的土著又各有异名，如"吴越"、"闽越"、"扬越"、"南越"、"西瓯"、"骆越"等。这些部族在先秦时期曾存在过璀璨的文明。近年来的考古研究实证表明，百越也是中华文明的发源地之一。自秦始皇平定百越设桂林、象郡、南海三郡后，岭南首次被纳入了中央集权统治之下。一般认为，秦朝南海郡下属四县，即番禺、四会、博罗、龙川，也有说是六县，但主体范围在今广东、海南和广西东南部。广东汉属交州，交州为古地名，其范围为今越南北部和中部，广西和广东范围。唐在今广东、广西设置岭南道。宋更名广南道。元代设广东道。明代设广东宣慰使司。清设广东省而沿革至今。广东为南方沿海地区，历史上由于北方长期受到战乱、天灾等影响，就有大批中原人向南方迁徙，也就形成了广东土、客文化交融的历史。

广东古代又是我国南方出海口，是沟通东南亚、印度、中东、欧洲、非洲等地的海上丝绸之路始发地，同时也是我国历史上中西文化交融之地。所以，广东广大沿海地区的建筑带有鲜明的域外的印记。广东传统建筑有广府、潮汕民系、客家民系。广府、潮汕民系的形成是不断南迁的中原汉族人民与当地土著长期融合的结果，这种融合发源于秦汉乃至更早的时期，在晋、唐、宋，到元明时期逐渐完成的。客家人的发展也源远流长，客家民系是在不断向南迁徙中形成的，有着中原血缘和地缘历史渊源，并以共同的生活方式、习俗、信仰、价值观念和心理素质紧密结合的人类社会群体。广府民居的类型很多，虽然各地做法都有自己一定的特点，但它们都是以"间"作为民居的基本单位，由"间"组成"屋"，"屋"有三间、五间甚至七间。"屋"围住天井组成院落，如三合院、四合院。各种类型的民居平面就是由这些"院落"组合发展而形成的。广府民居的规模、大小是由人口和经济水平来决定，传统的广府民居住宅布局也受到封建礼教和宗法制度的影响。比如，广府建筑中的镬耳屋在明清时期，因屋两边墙上筑起两个像镬耳一样的挡风墙而得名，一般是出过高官的村落，才有资格在屋顶竖起镬耳封火山墙。广府民居建筑一般由厅、房、厨房、杂物房、天井、廊道等基本内容组成。由于岭南气候炎热，风雨常至，民居一般为小天井大进深，布局紧凑的平面形式，通常是一个家庭几人至数十人居住，如：广州西关大屋（图2.3-93）。还有广府建筑风格还吸收了西方建筑的一些特点。骑楼是我国广东，海南，广西，福建等沿海侨乡特有的南洋风情建筑，都是当年华侨从东南亚返乡所建（图2.3-94）。竹筒屋民居也叫竹筒屋，即单室住宅，在一些地区，当地称为"直头屋"、"商铺屋"。它的平面特点在于每户面宽较窄，常为4m左右，进深视地形长短而定，通常短为7～8m，长为12～20m。平面布局有如一节节的竹子，故称之为竹筒屋（图2.3-95）。其原因主要是形成于广东地区人多地少，临街价格昂贵，故房屋向纵深发展。一般分为前、中、后三部分，前部为门头厅，中部为大厅、厅后为卧室，后部为卧室、厨房、厕所。三部分用天井隔开，廊道联系。设三重大门，头道门为矮脚屏扇门（角门），中间是趟栊门，里面是硬木门，具有采光、通风、防盗功能（图2.3-96）。

图2.3-93　广州西关大屋

图2.3-94　广州骑楼

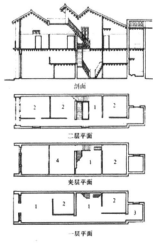

剖面

二层平面

夹层平面

一层平面

图2.3-95　广东竹筒屋图

图2.3-96　广东竹筒屋三重门

3. 海南

　　海南传统建筑风格，具有鲜明的海洋文化特质。它突出了海洋生产方式和习俗，演变出开放性，具有悲情的、多元的、女性倾向的文化特征。据历史记载，早在远古时期，黎族人民就在这块土地上刀耕火种，有认为：黎族源于岭南的骆越人，《汉书·贾捐之传》记载：西汉时海南岛上的原住居民称为"骆越之人"。秦始皇征服岭南个部落以后，岭南的骆越人与驻守岭南的中原人开启了融合之路。后来，秦将赵佗据岭南建立"南越国"以后，对临近大陆的海南岛进行了开发，才逐渐形成了黎族先民。他们在干栏式建筑的基础上又形成自己的船型特色（图2.3-97、图2.3-98）。从汉代至明清时期，来到海南岛上主要是中原汉人、闽人、客家人、潮州人。同时，大量来自中原地区的驻军来到了海口、定安、澄迈、临高、儋州的琼北地区，也带去了中原文化，使得琼北民居也融入了某些中原院落建筑元素（图2.3-99）。随后，岭南、云贵以及东南亚等周边地区移民带来了各自地区的文化进入。到了近代，大量海南人前往南洋谋生又带回了南洋文化，建筑随之也融入了伊斯兰风格（图2.3-100）。也产生了新的民居形式（图2.3-101、图2.3-102）。所以，多元建筑元素交融是海南民居建筑的最大的特点。

图2.3-97　海南黎族船型屋

图2.3-98　海南黎族干栏式传统民居

图2.3-99　海南文昌市东阁镇韩家宅

图2.3-100　海南琼北符家宅拱券连廊

图2.3-101　琼海中西合璧蔡家豪宅

图2.3-102　文昌铺前镇胜利街南洋风格的骑楼

2.3.6　云贵巴蜀青藏建筑

1. 云南

云南位于中国西南的边陲，是人类文明重要发祥地之一。生活在距今170万年前的云南元谋人，是截至2013年为止发现的中国和亚洲最早人类。战国时期，这里是滇族部落的生息之地。云南即"彩云之南"、"七彩云南"，另一说法是因位于"云岭之南"而得名。著名的"南方丝绸之路"、"蜀身毒道"、"茶马古道"等都经由云南通往各地，不同的民族、不同的宗教和不同的文化在此交融，造就了云南建筑文化的多元特点和包容性。现在云南有26个民族，25个少数民族，每个民族的建筑，都各有特色，很多来云南旅游的人会感慨，云南的房子建的太漂亮太有特色了！是的，俗话说一地一风景，一族一习俗，而每个民族，都有自己的特色建筑，凝聚着本族祖祖辈辈的智慧在其中。在云南中部地区有许多这种形式的四合院住宅。它的正房有三间，左右各有两间耳房，前面临街一面是倒座，中间为住宅大门。四周房屋都是两层，天井围在中央，住宅外面都用高墙，很少开窗，整个外观方方整整，如一块印章，所以俗称为"一颗印"（图2.3-103）。

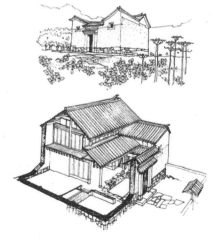

图2.3-103　云南一颗印民居

云南民族建筑，最能生动直观的呈现云南民族文化的多样性特征。其中傣族、景颇族以粗竹子做房子的骨架，竹编篾子做墙体，楼板或用竹篾或用木板，屋顶铺草的干栏式竹楼建筑通风很好，冬暖夏凉。屋里的家具也是以竹制品居多，桌子、椅子、床、筐等都是竹子制成的。住在竹楼里，闻着竹子散发出的淡淡清香，听着在竹楼行走时嘎吱嘎吱的清脆声，如果遇到下雨天看着雨水从两旁水帘式的流下，真是别有一番风趣（图2.3-104）。白族"三坊一照壁"、"四合五天井"的庭院建筑，三方一照壁是由三间两层组成一个建筑单元，即由三方带厦的房屋和照壁围成一个院落，庭院中种植花木（图2.3-105）。正中一方为主房，比两边房屋高，在主房和两边房屋相交处各有一个漏角天井，组合成一大二小的三个院落，所以又称"三合院"。这类民居在白族地区最普遍，给人以舒适华丽、绰约多姿的印象。院内各处装修都用木料，极其丰富华丽，千姿百态，互相争妍，其雕工技巧十分精湛。

图 2.3-104　云南傣家干栏式竹楼

图 2.3-105　云南白族三房一照壁

　　傈僳族、普米族、纳西族就地取材，他们以圆木搭建井干房，又称木楞房（图2.3-106）。哈尼族、彝族的土掌房在云南的少数民族中是特色建筑，对于这个建筑最贴切又直观的一句话：你家的房顶就是我家的院子！土掌房最出名的要数城子古村有500多年历史了，举世罕见！全村1000多间土掌房层层相衔或左右毗连，将村中数百户人家结为一体，住房上下相通，左右连贯，层层叠起。村内巷道交错，整个村子就像一个立体的迷宫，又像是一座城，"城子"村名由此而来。在这里，有一种神奇的串门体验，下家屋顶是上家的庭院，家家有屋顶，家家有庭院。只要进入一家，就可以从平台进入另一家，直至走通，逛完全村。择居一般是选择山势宏伟、走势趋缓、朝阳、地质结构稳固，依山傍水的半山腰建筑土掌房，最多从各家室外简易梯可上十七层（图2.3-107）。香格里拉藏族房屋几乎全是木质的，整幢屋子分三层，一层是关牲口和堆放杂物的；二楼是会客和住人的；三楼是晾晒食物的。每家藏民屋里都有一间佛堂，用于供奉神灵和早晚祈福。每间屋顶都有竹竿挑着的经幡随风招展，这些经幡一年换一次，每年大年初一会换上新的，据说风可以把祝福带到天上告诉神灵（图2.3-108）。佤族聚居的澜沧江边、山峦叠嶂，属亚热带气候，雨量充沛，潮湿度大，每年半数日子都在云遮雾缠之中，其建筑充分考虑到了防水防潮，极具特点。木柱的顶端保留树杈，用以托梁，横梁上再托上一些细竹子，然后覆以茅草，筑成架空的竹楼（图 2.3-109）。

图 2.3-106　云南傈僳族木楞房

图 2.3-107　云南哈尼族土掌房

图 2.3-108　云南香格里拉藏式房屋

图 2.3-109　云南佤族干栏式竹楼

拉祜族民居分落地式茅屋和桩上竹楼两种。落地式茅屋栽 20 棵木桩叉，三棵横梁，两棵牵手搭在木桩叉上，铺上椽子和茅草。四周用竹笆围栏或用土舂墙，中间用竹笆或舂墙隔三间，右边一间设火塘，供父母住，左边一间为儿女位，中间为堂屋，供神龛（图 2.3-110、图 2.3-111）。独龙族一般分为竹篾房，木楞房两种：一种是房子的墙壁用一根根圆木直接垒成，另一种是用木板垒成！孔目以南地区以"干栏式"竹篾房建筑为主（图 2.3-112），独龙族在坡地上把几十根木桩深插入土中，房底下，只见数十根木柱插在土里，俗称"千脚落地"房屋（图 2.3-113）。

图 2.3-110　拉祜族桩上竹楼

图 2.3-111　拉祜族落地式茅屋

图 2.3-112　独龙族竹篾房

图 2.3-113　独龙族木楞房

　　纳西族民居院落，按照房屋大小、规模不同可分为一坊房、两坊房、三坊一照壁、四合五天井、两重院、多重院（图 2.3-114）。布朗传统民居干栏式茅屋、瓜架、晒坝、布朗木桥组成，规划为布朗人家院落环境。并按当地气候，种植特色农作物（图 2.3-115）。云南山高、谷深、江河、湖泊、森林、草甸、坡地、平坝等俱全，可谓立体地理环境！其少数民族众多，居住地区、气候环境差异较大，也造就了云南丰富的民族建筑，形成了各个少数民族对建筑结构、布局、工艺、装饰等各方面的不同认识和创造结果。我们研究学习它，犹如走进了百花园，从中欣赏他的美丽和奇特，更是领略到建筑形式之外的文化内涵是多么深邃广博。

图 2.3-114　云南纳西族民居院落

图 2.3-115　云南布朗族民居院落

　　2. 贵州

　　贵州简称"黔"或"贵"。春秋以前，贵州为荆州西南裔，属于"荆楚"或"南蛮"的一部分。秦始皇统一中国后，曾在夜郎地区修筑"五尺道"。五尺道又称滇僰古道，僰（bó）道，是连接云南与内地最古老的官道，始建于秦朝，为连接川滇汉人与古僰人修建的。并在部分地方设郡县、置官吏。东汉时，沿袭西汉建置。贵州古建筑种类繁多，异彩纷呈，地方特色和民族特色极为突出。贵州屯堡，仍然聚居着一支与众不同的汉族群体——屯堡人。他们时至今日依然恪守着其世代传承的明朝文化和生活习俗，历经 600 年的沧桑，形成了今天独具特色的"屯堡文化"。这是一段关于明朝移民的历史记忆，一种独特的汉族文化现象。它既保留了先祖的文化传统，又在长期的生产劳动中创造了独特的地域文明。屯堡是指贵州特有的一种村落形式，它的文化内涵丰富，学术界称之为屯堡文化。明初时，为巩固边陲，朱元璋发兵远征云南，大军到达贵州后将大本营设在安顺，待云南平定后，朱元璋下令就地屯田养兵，并陆续将屯军家属和移民从安徽、江西、河南等地迁至贵州。屯军在驻地周边广建村寨，平时务农，战时为兵。这便是带有军事性质的村寨——屯堡的由来。屯堡文化自成一格，不同于本土少数民族文化，可以说它是相对封闭的明代文化遗存。这里，能听到六百年前的南京口音（明代官话）和原始的弋阳腔，花灯调里透着江南小曲的韵味。今天屯堡人特别是妇女的服饰，保持着祖制汉装，依旧是宝蓝色的长衣大袖，尖头的绣花鞋。600年前明朝在全国设置军屯哨所，现在大部分早已湮灭无迹，但贵州高原腹地留下的屯堡人和他们的屯堡文化还依然保留，难能可贵！屯堡民居最大的特点之一是石头建造，如石瓦盖、石地面、石墙、石巷、石桥、石门等。特点之二是军事功能。家家户户都是一个独立的防御工事，如朝巷的墙体很厚，留小窗，既可采光，又可作枪眼和瞭望口。院角还筑高层碉堡。低矮的石门，造成一夫当关万夫莫开之势。村寨内部巷巷连通，纵横交错，巷子又可直达街道，形成点线面组合的防御体系，体现了"兵团聚，春耕秋练，家自为塾，户自为堡，倘贼突犯，各执坚以御之"的策略。屯堡的民居结构十分有特点，基本上采用小青瓦、白粉墙，沿袭着汉族人从江淮地区带来的徽派建筑风格，内室采用了木质结构，并且多为合院式，也采取"三房一照壁"的平面布局。而外面为了抵御外侵，选用的都是厚重的石头作为房屋的墙壁。以鲍屯为例，鲍屯内的街道狭窄，曲折多变，并且按八阵图布置，敌人进来就像进了迷魂阵，这里的房屋屋顶非常平缓，上面像鱼鳞一样错落地布满石片，各家的屋顶相连，平时居民可以很轻松地在各家的屋顶上走动。这样一旦有外敌入侵不但可以让居民迅速爬上屋顶，并能行动自如，而且屋顶上的石片扔出去就是很厉害的武器。除此以外，屯堡地区民房的门都很低，这和传统的徽派建筑的高大房门有很大的区别。这主要是为了防止大型的武器搬运进屋。专家说，屯堡的建筑处处都为军事上的需要做了考虑，这些设计构成了屯内多层次的防卫体系（图2.3-116~图2.3-123）。

图2.3-116　贵州屯堡瞭望碉楼

图2.3-117　贵州屯堡城墙

图2.3-118 贵州屯堡内巷　　图2.3-119 贵州屯堡寨门　　图2.3-120 贵州屯堡石片盖顶

图2.3-121 贵州屯堡着明式　　图2.3-122 贵州屯堡操南京　　图2.3-123 贵州屯堡石头墙壁
　　　　　服装　　　　　　　　　　口音老人

　　贵州侗族分为北侗和南侗，北侗民居与当地汉族的民居极为相似，一般都是一楼一底、四榀三间的木结构楼房。屋面覆盖小青瓦，四周安装木板壁，或者垒砌土坯墙。有些侗族民居在正房前二楼下，横腰加建一披檐，此作增加檐下使用空间，形成宽敞前廊，便于小憩纳凉。由于侗族居住在苗岭南麓，溪流遍地、沟壑纵横、流水淙淙。所以当地侗寨依山傍水布局，干栏吊脚木楼。南侗地区盛产杉木，民居建筑体积较大，房屋举架较高。在竹木掩映的侗寨中，面阔五间、高3～4层的庞然大物比比皆是。侗族民居以杉木为柱，杉板为壁，杉皮为"瓦"。有些侗族民居巧妙建在水上，楼上住人，楼下养鱼，人欢鱼跃，相映成趣。何时想要吃鱼，只需揭开楼板，伸手可得。南侗地区民居建筑一大特点是层层出挑，上大而下小，占天不占地。每层楼上都有挑廊。廊上安装栏杆或栏板。如用栏板，还特意凿一圆形孔洞，供家犬伸头眺望。由于层层出挑，檐水抛得很远，有利保护墙脚，且可利用层层檐口，晾晒衣服和谷物。侗族在住房附近利用杉杆搭建梯形禾晾，利用杉木修建吊脚粮仓。粮仓也多修建在水上，有利于防火，防盗、防鼠、防潮。侗寨建房有一规矩，即围绕鼓楼修建，犹如蜘蛛网，形成放射状。鼓楼与风雨桥是侗寨特有的一种民族民俗建筑物，它是侗寨的标志。在其附近还配套侗戏楼、风雨楼、鼓楼坪，构成社会、文化活动的中心，俨然侗寨的心脏。每逢大事，寨中人皆聚此商议，或是逢年过节，村民身着盛装，在此吹笙踩堂，对歌唱戏，通宵达旦，热闹非凡。许多侗寨，为适应村民拦路迎宾送客、对歌交朋结友的特殊需要，在村头寨尾修建木质寨门。寨门造型多种多样，或似牌楼、凉亭，或似长廊、花桥，将风光如画的侗族村寨装点得更加美丽。这种别具一格的公共建筑物，虽然不是民居，却是以民居为主要载体的侗寨所不可缺少的。鼓楼一般是一个族姓建一座鼓楼。因此，大的村寨便有4～5座鼓楼。都是杉木结构的塔形建筑物，底为四方形，上面为多角形，有四檐四角、六檐六角、八檐八角等许多类型。层数均为单数，三、五、七、九层不等，有的还高达十几层。鼓楼突兀高耸，最上面是造型别致的楼顶，有尖顶、歇山顶、悬山顶等式样，顶上还有象征吉祥的宝葫芦、千年鹤等雕饰物。鼓楼的梁柱瓦檐均饰以彩绘，精致华美。整座建筑，不用一钉一铆，全部以榫槽衔接，历数百年风雨而不朽，其"人"字形斗栱结构，特别受到建筑学专家的称赞。鼓楼是侗家集会、议事的场所，也是人们休息、娱乐和青年们谈情说爱的地方。风雨桥：也叫花桥，分为亭阁和鼓楼式两种。亭阁式风雨桥，桥面上亭阁秀立，雅致玲珑。鼓楼式风雨桥建在较宽的河面上，大桥长廊之上，加盖几座鼓楼式建筑，十分美丽壮观。侗寨风雨桥，桥身全用杉木横穿直套，孔眼相接，结构精密，不用铁钉连结，别具一格。桥廊里设有长凳，供人歇息、凭眺。有的还备有茶水，供过往行人解渴自饮。风雨桥不仅便利行旅，还是侗家人欢唱歌舞、吹笙弹琴、娱宾迎客的游乐场所。聚居在黎平、榕江、从江、锦屏、剑河等县山区者，大都建造"干栏式"楼房。这种房屋，多为两层或三层，两间或三间。楼下一侧，隔成栏圈，关养牲畜，另一侧堆放柴草杂物，或安置"米碓"。由侧边"偏厦"架梯而上。楼前半部为廊，宽约丈许，敞明光亮，为一家休息或从事手工劳动之所，窗前檐下，悬一横竿，晾晒衣物。在从江县有"九洞"一带，还在竿上垂着十笼八笼"媒鸟"，别有风趣，捕雀风味浓郁。后半部为室，室中"火塘"，置一铁质"撑架"，终年烟火不息，顶上吊一方平面木格，阔宽约3尺，侗语称之为"昂"［ngangc］，汉语叫做"火炕"，专供烘烤谷物。这里既是"祖宗"之位，又是取暖、炊薪、用餐和接待客人的地方。旁侧靠壁，安放水桶、炊具之类，两边皆为卧室。三穗、天柱、玉屏等地，多建两层楼房，以两间或三间的较多，其中有一间作堂屋，正中壁前，安置神龛，帖神榜之先，内侧小间为"火房"，里面筑高一尺许，面积约占三分之二的台阶，铺以木板，设火坑于其上，有的是在地面挖一火穴，名曰"火铺"。其作用和周围陈设与"干样"楼房的"火塘"大致相同，其余房间，均作内室。楼上储藏粮食杂物，是一家的储仓、库房。这显然是人们虽已落户地屋，但仍然固有的"干栏"生活遗风所致。至于靠城镇的房屋形式结构，和室内摆设，除了厨房另设于房侧或屋后之外，其余皆与前述的房屋基本相同。也有的豪门大户，住高楼深院，"四合天井"，雕枋刻住，龙凤花窗，门悬金字大匾，堂中高挂"宫灯"，摆镂刻漆椅，堂皇富丽，有如汉族之家等（图2.3-124）。

图2.3-124　贵州黎平侗寨

图2.3-125　贵州寨英古镇

贵州苗族自治县松桃的寨英本称"再荫"（图2.3-125），深居武陵山主峰——梵净山东麓，一年四季掩映在竹木葱茏之中，阳光时隐时现因此得名。这里有湖广会馆"寿佛宫"、江西会馆"万寿宫"。时至今日，寨英古镇还保留着建于明清时代的古城墙、古城门、卡子门、古码头、古街道、古店铺、"桶子屋"及独具特色的自流水防火池。贵州南部侗族地区鼓楼矗立，花桥横卧，吊脚楼房鳞次栉比。开阳禾丰马头寨，曾是古代"水东"宋氏土司的统治中心。文献记载："宋氏衙署在同知衙，即蛮州治，后移底窝坝。"底窝坝，原称米窝坝，即今马头寨。底窝总管府建于寨西后部"大朝门"，即今宋光海和宋光超住宅上。民居绝大多数是明清时代修建的穿斗式木结构建筑物。寨内民居的朝门、大门，拥有文化内涵极其丰富的外装修。一般民居堂屋门外也要加建腰门，门芯镂空，其上或装饰"万"字纹，或装饰"寿"字纹，或装饰蝙蝠纹，极具地方特点和民族特色。贵州是个大山区，各族人民因地制宜修建造型各异的山地建筑，黔山大地堪称一座山地建筑博物馆。

3.巴蜀建筑

四川地理环境复杂，气候差异极大，自然资源很丰富。四川资阳人头骨化石的发现，证明数万年前这里就有人类繁衍。广汉三星堆遗址发现榫卯木结构和木骨泥墙。巴蜀建筑注重环境，巧妙利用自然地形。四川民居从地形和地域来看，山区、丘陵、江边、平地，以至川东、川南、川西、川北都各具特色；从民族来看，汉、藏、羌、彝、回、苗、瑶、纳西等又各具不同的民族建筑风格。四川在多雨季节的屋面排水就是个问题，民居中大多采用板瓦屋面，两坡水屋顶悬山清水脊，屋面雨水迅速排至地面后流走（图2.3-126）。住宅外墙多采用白色为基础色调，利于反光，弥补川西地区采光不足的缺陷；门窗以浅褐色或是枣红色为着色基调，与白墙相配，显得清新而淡雅。雕梁画栋，飞檐斗角是川西民居不可或缺的元素，表达了巴蜀之地的婉约美和内敛气质，川西古镇建筑群飞檐斗角屋顶很有特色（图2.3-127）。最具精华之处是民居的院落，即由一正两厢或一下房组成的"三合头"、"四合头"房屋组合，立面和平面布局灵活多变，对称要求并不十分严格。院内或屋后常有通风天井，形成良好的"穿堂风"，并用檐廊或柱廊来联系各个房间，灵巧地组成街坊（图2.3-128）。

图 2.3-126　四川古建筑群两坡水屋顶

图 2.3-127　川西古镇建筑群飞檐斗角

图 2.3-128　四川四合头房

　　为了适应四川炎热潮湿的气候，民宅建筑多为木穿斗结构，斜坡顶、薄封檐、开敞通透，轻巧自如。建筑的梁柱断面较小，外墙体的高勒脚、半桩台，室内加木地板架空。川西民居展示的飘逸风格朴素淡雅色彩，与环境十分协调，相映成趣，乡土气息格外浓郁。四川先后曾发生过八次移民，仅第八次为清初，号称为湖广填四川：即明末清初的战乱，包括所谓的张献忠剿四川，清兵入川，吴三桂起兵伐川，使四川人遭受到空前的大灾难，川人被杀之多，可从当时四川人口看出。据《四川通史》记载，到清顺治十八年（1661 年），四川在籍人丁仅余 1.6 万户，约八万人！于是历史上最大规模的湖广填四川在朝廷强制下开始了，直至清朝中后期。到乾隆四十一年（1776 年），四川人口才升至 779 万人；到嘉靖十七年（1812 年），升至2100 万人；到咸丰元年（1851 年），四川人口达 4400 万人。清代思想家魏源在《湖广水利论》中较早提及"江西填湖广，湖广填四川"的典故。来自湖广等地的大批移民，对于四川社会有着重要的影响。在四川省会成都，有一首竹枝词这样写道："大姨嫁陕二姨苏，大嫂江西二嫂湖。戚友初逢问原籍，现无十世老成都"。这是说一家中的成员可谓五湖四海，当时已没有超过十世的"老成都"了。这种移民潮不仅波及城市，而且也影响到广大乡村。清初以来，四川是一个典型的移民社会，移民来自全国各地，各地风俗相互渗透、融合，最终形成了独具个性的文化特征。因此，川西居住文化也是一种兼容性较强的融合文化，其许多特色的形成，都是在不排外的基础上兼收并蓄的结果。刘氏庄园位于四川成都西面的大邑县安仁镇，是旧时代四川有名的刘家五兄弟，即：刘文彩、刘文成、刘文昭、刘湘、刘文辉的庄园

和一处祖居地。庄园连为一体，规模庞大，建筑上体现了典型的川西风格，也糅合了一些西洋文化的内涵在里面（图 2.3-129），现在为川西民居博物馆。"陈家桅杆"川西民居的权贵典范（图 2.3-130）。陈家桅杆始建于清同治三年（1864 年），由清代咸丰年间翰林陈宗典及其子武举陈登俊所营建，经 8 年修筑竣工。曾有述评："陈家桅杆占地约十亩，四周溪水环绕，门前竖立双斗桅杆，巍然屹立，气势雄伟。院前照壁横陈，八字粉墙分列两旁，墙上镌有浮雕石刻，镂空的福寿二字和蝙蝠图案工艺精湛，黑漆卷拱重檐大龙门，檐上花鸟彩绘，光彩夺目。"诸如此类的符号，无论是规模上还是内容上都将它与纯粹的民居隔绝开来，它主要通过宗族祠堂的形式所呈现，处处展露陈氏家族曾经的显赫。

图 2.3-129　川西刘氏庄园

图 2.3-130　川西陈家桅杆

四川是我国道家的发源地，也是历史上道教特别发达的地区。唐代的时候，四川蟆颐观就是四川的三大道观之一（图 2.3-131），是四川无数道观中的前三甲。蟆颐山的重瞳仙翁、尔朱真人、弹弓张仙、杨太虚真人等都是中国道教史上有名的人物。如重瞳古观纪念的重瞳仙翁，本名陆敬修，是陶渊明的挚友，传说他和楚霸王项羽一样，眼睛中有重瞳。峨眉山佛教历史悠久（图 2.3-132）。公元 1 世纪，印度佛教随南方丝绸之路传入峨眉山。西晋和南北朝时期，为峨眉山佛教奠基阶段。唐朝，峨眉山佛教初具规模。两宋时期至明清从发展达到鼎盛，与五台、普陀，九华齐名。

图 2.3-131　四川蟆颐观

图 2.3-132　峨眉山

重庆市石柱县三教寺（图2.3-133），地处三河乡的回龙山上，那里森林密布，遮天蔽日，风景宜人。三教寺是集儒、佛、道三教于一体的寺庙，也因此得名。它也是唯一一座经皇帝御批和尚可以婚配的寺庙。三教寺首先以建筑雄丽和历史悠久著称。寺院主体建筑坐西向东。山门、正殿、观音殿依地势逐级升高。建筑面积800多

图2.3-133　重庆市石柱县三教寺信众

平方米。其正殿为三教寺主体和核心建筑。建筑面积190多平方米。前檐施用廊柱。面阔6柱5间17.2m，明间宽6m，装对开木门3对；次间宽3m，装对开木门2对；梢间宽2.6m，进深9柱8间11.4m。明间，仅由4根中柱支撑抬梁和房梁，为典型的"减柱造"。这样做，既俭省了6根内柱，又使殿堂更加宽敞明亮，在设计上颇具匠心。

4. 青海

青海历史悠久，地处华夏民族的摇篮：黄河、长江的源头。早在距今二三万年前的旧石器时代晚期，青海先民即在今柴达木盆地、昆仑山一带活动生息。据考古发掘，众多的古文化遗存证明，青海至少已有五六千年的历史。其境内新石器时代文化遗存，青海彩陶举世闻名。青海的古文化与羌人及其先民有关。古羌人活动地区很广，西起黄河源头，东到陇西地区，南达四川西部，北至新疆鄯善一带。秦汉时，羌人部落互不统属，过着逐水草而居的游牧生活，生产力低下，属原始社会形态。汉武帝元狩二年（公元前121年），西汉王朝派骠骑将军霍去病出兵击败河西匈奴，并在河西设4郡。武帝元鼎六年（公元前111年），汉军征讨河湟羌人，在湟中设"护羌校尉"，开始经略湟中，筑西平亭（今西宁市）。从此，汉王朝开始了对青海东部的管控。三国时，魏文帝黄初三年（222年），凭依汉西平亭故城，修成西平郡城。公元4世纪初，吐谷浑人迁入甘青地区，后向青海境内发展，并建立了吐谷浑国。其盛时，势力范围东南至四川松潘，北到青海祁连，东到甘肃洮河，西达新疆南部，东西长约1500km，南北宽约500km。吐谷浑人自进入青海至唐龙朔三年（663年）亡于吐蕃止。东晋十六国时，前凉、前秦、后凉、南凉、西秦、西夏、北凉相继统治过青海河湟地区。公元7世纪，松赞干布统一西藏高原，建立了吐蕃王朝。先后兼并了羊同、苏毗、白兰、党项诸羌，尽得其地。唐"安史之乱"后，吐蕃进一步东进，控制了青海全境，统治近200年。五代十国青海吐蕃部落分散，不复统一。唐末，"嗢末"一度控制河湟地区。宋时，角厮罗势力渐强，以青唐城（今西宁）为中心，在河、湟、洮地区建立了以吐蕃为主体的宗略地方政权，臣属于宋。徽宗初，角厮罗政权势力日衰，宋军遂进占河湟地区。崇宁三年（1103年），宋改鄯州为西宁州，是"西宁"见于历史之始。北宋亡后，金和西夏占有河湟地区，

约一个世纪。公元 13 世纪，南宋理宗元庆三年（1227 年），成吉思汗进军洮、河、西宁州，青海东部地区纳入蒙古汗国版图。忽必烈即位初，在河州设吐蕃等处宣慰使司都元帅府，管辖青、甘一带吐蕃部落。至元十八年（1281 年）设甘肃行中书省，辖西宁诸州。明洪武六年（1371 年）改西宁州为卫，下辖 6 千户所。以后又设"塞外四卫"：安定、阿端、曲先、罕东（地当今海北州刚察西部至柴达木西部，南至格尔木，北达甘肃省祁连山北麓地区）。孝宗弘治元年（1488 年），设西宁兵备道，直接管理蒙、藏各部和西宁近地，"塞外四卫"由西宁卫兼辖。明初青海东部实行土汉官参设制度。在青南、川西设有朵甘行都指挥使司，又在今青海黄南州、海南州一带设必里卫、答思麻万户府等。16 世纪初，厄鲁特蒙古 4 部之一的和硕特部移牧青海，一度成为统治青海的民族。清雍正初年，罗卜藏丹津反清斗争失败后，清朝在青海设置青海办事大臣，统辖蒙古 29 旗和青南玉树地区、果洛地区及环湖地区的藏族部落。青海东北部西宁卫改为西宁府，仍沿袭明朝的土司制度，属甘肃省管辖。青海地区古建筑特色，由农耕文化与游牧文化交汇而形成的，具有西北民族的建筑特色。西宁东关清真寺（图 2.3-134、图 2.3-135），位于西宁东关大街路南一侧。寺院占地面积 1.194 万 m²，大殿本体占地面积 1102m²，南北楼各 363m²。清真大寺历史上曾经多次遭到破坏，又不断修缮，是我国西北地区大清真寺之一。该寺建造雄奇，坐西面东，具有我国古典建筑和民族风格的建筑特点，雕梁彩檐、金碧辉煌，大殿内宽敞、高大、明亮，可以同时容纳 3000 多穆斯林进行礼拜。殿内和整个大寺处处都显得古朴雅致，庄严肃穆，富有浓郁的伊斯兰特色。塔尔寺是先有塔，而后有寺，故名塔尔寺（图 2.3-136）。塔尔寺是青海省和中国西北地区的佛教中心和黄教的圣地，主要建筑依山傍塬，分布于莲花山的一沟两面坡上，有大金瓦寺、大经堂、弥勒殿、九间殿、花寺、小金瓦寺、居巴扎仓、丁科扎仓、曼巴扎仓、大拉浪、大厨房、如意宝塔等 9300 余间（座），组成一庞大的藏汉结合的建筑群，占地面积 45 万 m²。寺庙的建筑涵盖了汉宫殿与藏族平顶的风格，独具匠心地把汉式三檐歇山式与藏族檐下巧砌鞭麻墙、中镶时轮金刚梵文咒和铜镜、底层镶砖的形式融为一体，和谐完美地组成一座汉藏艺术风格相结合的建筑群。塔尔寺不仅是中国的喇嘛教圣地，寺内设有显宗、密宗、天文、医学四大学院。塔尔寺殿宇高低错落，交相辉映，气势壮观。

图 2.3-134　西宁东关清真寺

图 2.3-135　西宁东关清真寺内景

图 2.3-136　青海塔尔寺鸟瞰

　　青海塔加藏族村（图 2.3-137），依山而建，呈梯状递升，民居错落有致，选址讲究，当地人称之为"布达拉式"的建筑风格。村庄内有藏传佛教寺院、嘛呢康建筑以及大量民居建筑，巷道众多。远观整个村庄呈扇形环山而居，庄廊形状有圆有方，依地势而建，格局紧凑，节节攀升，其型颇为壮观，是典型的藏地建筑群。塔加保存相对完好的民居有近 20 座，据说有的已经过了数百年。"塔加干木奏"是塔加村人引以为豪的一项石砌技艺，意为不用泥或者沙，直接干砌房屋外墙。村民说"一石九面"，无论石块大小、形状各异，均可顺手而砌，内外墙糊泥巴并将墙面磨平。塔加地区的院墙通常撒有白灰，据当地人说每年 10 月 25 日前就要往墙面洒灰，其意在为纪念宗喀巴大师。还要许多特色建筑如（图 2.3-138 ~ 图 2.3-140）。

图 2.3-137　青海塔塔加藏族村鸟瞰

图 2.3-138　青海依山而建藏族民居

图 2.3-139　青海撒拉族民居"篱笆楼"

图 2.3-140　青海湖金水滩驿站

5. 西藏

　　1978 年西藏在昌都考古发现了属于新石器时代的骸骨和陶器，认定这些物件距今大约有 7000 年之久。藏族原始宗教称为"苯教",藏族最原始有六个氏族(或六大姓氏,即噶、哲、扎、党、讷沃、韦达)。在公元 6 世纪以前,整个西藏高原都分布着很多说藏语的小国家和部族。这些部落后来合并为 12 个小邦,其中以位于山南地区雅隆河谷的吐蕃最为强大,不但统一了诸邦,而且后来还建立了吐蕃王朝。根据西藏史料的记载,在公元前 127 年的时候,雅鲁藏布江流域的几位苯教领袖,曾经一起迎立聂赤赞布为王。由于吐蕃王朝的建立者宣称自己是聂赤赞布的后代,因此西藏人就将聂赤赞布登上王位的那一年(公元前 127 年),称之为西藏王统元年,距今已经超过 2100 年了。西藏传统宗教建筑有着严格的宗教等级制度,通过低矮的辅助建筑突出高大的主体大殿。藏族寺庙无明显的中轴线,注重平面功能的协调配合,追求整体的结构布局,根据功能的需要兴建、改建、扩建,在平面上不断衍生。大昭寺就是平地寺院的代表(图 2.3-141),总平面采取了非对称灵活布局,觉康大殿居中,殿内环绕大小拉康,殿外竖转经筒,主殿前为千佛廊院,四周不规则的建有经堂和附属建筑。大昭寺刚建成时只是供皇家供佛念经使用的两层楼神殿(即现在的觉康大殿及前面的中庭和廊院部分)(图 2.3-142),吐蕃禁佛期又遭破坏,后弘期得到修复,扩建了释迦牟尼佛殿,13 世纪增加了大门、护法神殿和觉康主殿,第三层东、西、北建造神殿并盖金殿顶,15 世纪又加盖了部分顶盖,17 世纪五世达赖时期更换增建了金顶并增建了四座角楼佛殿及其他附属建筑(包括正门、上拉丈、下拉丈、噶厦政府机关、埃旺姆厦和各传昭机构),后历经各代修改与扩建,终形成今日占地 25000m² 之规模。

图 2.3-141　西藏大昭寺　　　　　图 2.3-142　大昭寺护法神殿和觉康主殿

西藏由于河谷平原面积相对狭小,还要靠近水源,而且要避免雪山融水导致的江河泛滥。所以,谷底两侧的山地便成为西藏人民的安居之所。整个村落通常会依坡而建——将山坡处理成若干个台地,台高与建筑层高相仿,上层建筑就建在下层建筑屋顶及台地上,有时还会采用与穴居与干栏式建筑相结合的方式,充分利用良好的日照条件,层层叠叠向上发展。建筑单体形制统一简单,多为二层建筑,底层多为储物、牲畜、厕所,楼层为会客、居室及宗教政务活动用房,屋顶则常成为台上人家的前坪广场,利用木梯上下(图 2.3-143)。

图 2.3-143　依山而建的藏式民居

位于拉萨西郊 10km 处的格培山半山腰的哲蚌寺（图 2.3-144），原名是吉祥永恒十方尊胜州，藏语意为"堆米寺"或"积米寺"，藏文全称意为"吉祥积米十方尊胜州"。它坐落在拉萨市西郊约 10km 的根培乌孜山南坡的坳里，由黄教创始人宗喀巴弟子降央曲吉 - 扎西班丹于 1416 年创建。哲蚌寺是中国藏传佛教格鲁派寺院，是格鲁派中地位最高的寺院。哲蚌寺顺沟谷延伸，占地面积约 20 万 m²，逐层升高的佛殿、经堂、僧舍群楼耸峙，宛如山城。若干房间连成一个"康村（僧舍）"院落，并以"钦措（大殿）""扎仓（经堂）"这些大型建筑物为中心，结合寺院行政生活组织"杜康"组成一个建筑群落。每个建筑群落基本上分为僧舍、经堂和佛殿三个层次，建筑结构严密，殿宇相接、群楼层叠，每个建筑单位基本上分为三个地平层次，即落院、经堂和佛殿，形成由大门到佛殿逐层升高的格局，强调和突出了佛殿的尊贵地位。经过数百年不断的兴建与扩建，不同时期的建筑群落依山形、沿等高线层层向上修建，形成内部井然有序，外部却因地势、体量、色彩的不同而不断变化的空间形态，有如立体迷宫一般。布达拉宫坐落于西藏拉萨市西北玛布日山上（图 2.3-145），是世界上海拔最高，集宫殿、城堡和寺院于一体的宏伟建筑，也是西藏最庞大、最完整的古代宫堡建筑群。布达拉宫依山垒砌，群楼重叠，殿宇嵯峨，气势雄伟，是藏式古建筑的杰出代表（据说源于桑珠孜宗堡），也是中华民族古建筑的精华之作。主体建筑分为白宫和红宫两部分。宫殿高 200 余米，外观 13 层，内为 9 层。布达拉宫前辟有布达拉宫广场，是世界上海拔最高的城市广场。布达拉宫最初为吐蕃王朝赞普松赞干布为迎娶尺尊公主和文成公主而兴建。1645 年（清顺治二年）清朝属国和硕特汗国时期护法王固始汗和格鲁派摄政者索南群培重建布达拉宫之后，成为历代达赖喇嘛冬宫居所，以及重大宗教和政治仪式举办地，也是供奉历世达赖喇嘛灵塔之地，旧时与驻藏大臣衙门共为统治中心。布达拉宫是藏传佛教（格鲁派）的圣地，每年至此的朝圣者及旅游观光客不计其数。布达拉宫，由顶部的红宫，两侧的白宫及山脚下名为"雪"的辅助用房，以及龙王潭四大部分组成。白宫及以下部分始建于松赞干布时期，五世达赖圆寂后增建了红宫与其灵塔殿，此后历经各代达赖扩建才形成此"屋包山"规模。主体建筑起建于山腰，内部

依山体不同走向、起伏、凹凸等地势建成大小不同的房间，若干房间再连成大小不同的院落、楼群。这些楼群高低不等、肥瘦各异，外部再由大面积的花岗岩宫墙统一立面，由下而上作明显收分成梯形，并略向后仰，不同时代建成的以梯形为母题的建筑轮廓再相互咬合、穿插，高低错落，前后参差。从下引上的踏垛呈"之"字形沿山周缓慢爬升，外围城墙亦依山体走向而建。整个建筑打破了传统中轴对称格局，与山体巧妙融合，布局灵活，呈现出均衡不对称的形态特征。同时，这种不对称性特征通过大量体量、色彩与装饰上的对比得到加强。在藏族宫殿、寺庙建筑群中为凸显统治阶级与神权的崇高地位，常以低矮的辅助建筑衬托高大的主殿，再加上碉楼、佛塔、晒佛台、晒经墙、台阶、踏垛、经幡柱等一系列点、线、面、体不同形态的建筑实体的设置，更加强了体量上的不对等性。在布达拉宫中地位最为崇高的红宫位于整座建筑群的最高位置的中部，庄严对称，次地位的白宫左右簇拥，辅佐用房的"雪"城位于山脚，体量矮小随机布置，再加上锯齿状跌落的踏垛和大小不一的碉楼，形成了丰富的造型。附属建筑物的色彩装饰尽量朴素简洁，以衬托主体建筑物的华美壮丽。通过山脚雪城与山腰白宫的素净反衬出山顶红宫的壮美。随着宫殿位置的增高窗洞由虚变实，由小变大，檐口角部的装饰也越加精美。

图 2.3-144　地处格培山半山腰的哲蚌寺

图 2.3-145　西藏拉萨市西北玛布日山上布达拉宫

　　西藏传统建筑由于受独特的地理与人文环境的影响，在空间布局上有着极其鲜明的地方特点，其形制依山而建，向上向外延伸扩展，且不拘一格。这种空间布局具有自由、灵活性，在群体外观形态上和单体体量造型上呈现均衡而又不对称的特点。西藏居住建筑群主要通过简单的单体——院落——组群的方式向水平方向和垂直方向发展，也并非要求每栋建筑都要采用不对称构图形式，而是在利用现有的地势情况下，灵活组织、合理设计突出传统建筑元素，非常注重材料、色彩及细部的对比与统一，使其内外空间丰富变化与外部造型错落有致，形成完整的空间有机组合，是土木建筑集大成的精品之作。

2.3.7　潇湘荆楚建筑文化

1. 湖南

　　湖南地处中国中南部、长江中游南部，宋代划定为荆湖南路而开始简称湖南，省内最大河流湘江流贯南北而简称"湘"，也称潇湘。湖南是华夏文明的重要发祥地之一，相传炎帝神农氏在此种植五谷、织麻为布、制作陶器，坐落于炎陵县西部的炎帝陵成为凝聚中华民族的精神象征。舜帝明德天下，足历洞庭，永州九嶷山为其陵寝之地。湖南自古盛植木芙蓉，五代时就有"秋风万里芙蓉国"之说，因此又有"芙蓉国"之称。远在旧石器时代湖南境地就有古人类活动，距今1.2万多年前人类即在此种植稻谷，距今5000年前湖南先民开始在此过定居生活。湖南在原始社会时为三苗、百濮与扬越（百越一支）之地，据宁乡县、安乡县、津市、澧县、道县和平江县等地考古挖掘出土的文物证明，湖南境内在40万年前有旧石器时期的人类活动，早在一万多年前就有种植稻谷，早在五千年以前的新石器时代湖南的先民就开始过定居生活。湖南在夏、商和西周时为荆州南境。春秋、战国时代属于楚国苍梧，洞庭二郡。秦始皇设黔中、长沙两郡；西汉初期属于长沙国，汉武帝之后属荆州刺史辖区，辖武陵郡、桂阳郡、零陵郡和长沙郡；三国时属吴国荆州，置昭陵郡，为荆南五郡。西晋时分属荆州和广州。东晋时分属荆州、湘州、江州。南朝宋、齐、梁时分属湘州、郢州和小部分荆州，南朝陈时分属荆州、沅州。隋高祖开皇九年（589年）平南陈统一中国后，在湖南设长沙、武陵、沅陵、澧阳、巴陵、衡山、桂阳、零陵等八郡。唐玄宗开元二十一年（733年）时分属山南东道、江南西道和黔中道、黔中道黔州都督府，唐代宗广德二年（764年）在衡州置湖南观察使，从此开始"湖南"之名。五代十国时期，马殷据湖南，建立楚国，国都为长沙。宋朝分全国为路，路下设州、府、军、监，各辖若干县。元代实行行省制度。湖南属湖广行省，分14路3州。岳州路、常德路、澧州路、辰州路、沅州路、靖州路、天临路、衡州路、道州路、永州路、郴州路、宝庆路、武冈路、桂阳路、茶陵州、耒阳州、常宁州。元朝政府还在今湘西少数民族聚居地实行土司制度，置有10多个长官司或蛮夷长官司，分别隶属思州军民安抚司、新添葛蛮安抚司和四川行省永顺等处军民安抚司管辖。明朝行省设布政使司，后改为承宣布政使司。省下为府（州），府下设县，实行省、府（州）、县三级制。湖南属湖广布政使司，辖地在今湖南境的有7府、2州、2司：岳州府、长沙府、常德府、衡州府、永州府、宝庆府、辰州府、郴州、靖州、永顺军民宣慰使司、保靖州军民宣慰使司。清朝地方政权实行省、道、府（直隶厅、直隶州）、县（散厅、散州）四级制。康熙三年置湖广按察使司，湖广右布政使、偏沅巡抚均移驻长沙。湖广行省南北分治，湖南独立建省。长沙、衡州、永州、宝庆、辰州、常德、岳州7府，郴、靖2州由偏沅巡抚直接管辖。清康熙三年（1664年）建立湖南省，下设长宝道、岳常澧道、辰沅永靖兵备道、衡永郴桂道四道，道下为府，直隶州（厅），府（州）下为县。雍正元年（1723年）设湖南布政使司，雍正二年，偏沅巡抚易名湖南巡抚。湖南为什么称为三湘大地？"三湘"的说法却很多，颇具影响和代表性的是潇湘、蒸湘、沅湘之说，具体指湘江从广西入湘到零陵与潇水汇合后称潇湘，至衡阳与蒸水汇合后称蒸湘，下游与沅水汇合称沅湘。还有一说法，因湘江与漓江共同发源于广西兴安县的海阳山，合流至兴安县后始向东西分流成湘江和漓江,有人把分流之前的合流部分称为漓湘。由此又有漓湘、潇湘和蒸湘的"三湘"之说。"三湘四水"是指湘江、资江、沅江、澧水四条河流,这基本取得了共识。但对"三湘"一词的理解却各有不同。湖南地域广阔,历史悠久,而且区域内各个地方的自然环境和人文环境也各不相同。湘北由于地处洞庭湖平原,地势平坦开阔,故建筑布局上比较讲究中轴线对称,而且院落往往向主院的纵深发展,讲究几进。而湘中、湘南、湘东、湘西等地由于地处高山丘陵,在建筑的布局上对于中轴线的对称就不那么严格,往往随地势而变化,院落则往往以向主院的两翼展开延伸的相对较多。由于湖南盛产木材,传统的板壁屋比较为普遍。比如,湘南三合或四合天井院传统民居,以长方形的小天井院落巧妙地有机组合,灵活板壁布置厨房等用房,采光通风良好,并且形成了变化的空间和丰富的造型。湘西吊脚楼是湘西民居最典型也是最独特的建筑型式,一般建于山坡或河岸边,主要因为这些地方平地不多,为了扩大房屋面积而采用了吊脚的做法,也有意外的审美效果。这其中要以湘西凤凰古城吊脚楼最为典型(图2.3-146),凤凰古城的吊脚楼充分利用水面以上空间,在河岸外悬挑建屋,下用大木构架支撑而形成吊脚,有些下面还有通到水畔的石踏步,极具地域特色。另外,湘西洪江的窨子屋(图2.3-147),窨子屋其实也是从四合院变化而来,其特点是房屋的格局可随地形变化为三合屋或其他不规则形式。其上建有晒楼,晒楼是窨子屋中的开敞空间,有采光、通风、晒晾货物等多种功能,过去湘西多匪盗,因而晒楼还有瞭望敌情、报警的作用。窨子屋的正门变化多端,可以双斜角开成八字形,吸引客人进入,有吸纳财富之意。窨子屋的建造具有某种商业的色彩,也是很具湖南特色的建筑类型。

图2.3-146　湘西凤凰古城吊脚楼

图2.3-147　湘西洪江古城窨子屋

岳阳楼位于湖南省岳阳市古城西门城墙之上,下瞰洞庭,前望君山,自古有"洞庭天下水,岳阳天下楼"之美誉,与湖北武汉黄鹤楼、江西南昌滕王阁并称为"江南三大名楼"。岳阳楼始建于220年前后,其前身相传为三国时期东吴大将鲁肃的"阅军楼"。南朝宋元嘉三年(426年),中书侍郎、大诗人颜延之路经巴陵,作《始安郡还都与张湘州登巴陵城楼作》诗,诗中有"清氛霁岳阳"之句,"岳阳"之名首次见于诗文。中唐李白赋诗之后,始称"岳阳楼"。此时的巴陵城已改为岳阳城,巴陵城楼也随之称为岳阳楼了(图2.3-148)。

图 2.3-148　湖南省岳阳市岳阳楼

北宋文学家范仲淹于庆历六年九月十五日（1046 年 10 月 17 日）应好友巴陵郡太守滕子京之请为重修岳阳楼而创作的一篇散文名扬千古。其文：庆历四年春，滕子京谪守巴陵郡。越明年，政通人和，百废俱兴。乃重修岳阳楼，增其旧制，刻唐贤今人诗赋于其上。属予作文以记之。予观夫巴陵胜状，在洞庭一湖。衔远山，吞长江，浩浩汤汤，横无际涯；朝晖夕阴，气象万千。此则岳阳楼之大观也，前人之述备矣。然则北通巫峡，南极潇湘，迁客骚人，多会于此，览物之情，得无异乎？若夫淫雨霏霏，连月不开，阴风怒号，浊浪排空；日星隐曜，山岳潜形；商旅不行，樯倾楫摧；薄暮冥冥，虎啸猿啼。登斯楼也，则有去国怀乡，忧谗畏讥，满目萧然，感极而悲者矣。至若春和景明，波澜不惊，上下天光，一碧万顷；沙鸥翔集，锦鳞游泳；岸芷汀兰，郁郁青青。而或长烟一空，皓月千里，浮光跃金，静影沉璧，渔歌互答，此乐何极！登斯楼也，则有心旷神怡，宠辱偕忘，把酒临风，其喜洋洋者矣。嗟夫！予尝求古仁人之心，或异二者之为，何哉？不以物喜，不以己悲；居庙堂之高则忧其民；处江湖之远则忧其君。是进亦忧，退亦忧。然则何时而乐耶？其必曰"先天下之忧而忧，后天下之乐而乐"乎。噫！微斯人，吾谁与归？时六年九月十五日。岳阳楼记千古名篇，建筑与名篇相得益彰，形神兼备，抒怀励志，鼓舞人心。

岳麓书院是中国历史上赫赫闻名的四大书院之一（图 2.3-149），坐落于中国历史文化名城湖南长沙湘江西岸的岳麓山脚下，作为世界上最古老的学府之一，其古代传统的书院建筑至今被完整保存，每一组院落、每一块石碑、每一枚砖瓦、每一支风荷，都闪烁着时光淬炼的人文精神。岳麓书院历经千年而弦歌不绝，学脉延绵。北宋开宝九年（976 年），潭州太守朱洞在僧人办学的基础上，由官府捐资兴建，正式创立岳麓书院。北宋祥符八年（1015 年），宋真宗召见岳麓山长周式，御笔赐书"岳麓书院"四字门额。湖南民居具有造型简洁、色调素雅，灵活运用吊脚楼穿

图 2.3-149　湖南省长沙岳麓书院

斗和马头墙手法，无固定形式因地制宜。房屋空间高大通畅，大门临街，进门是过堂，过堂两侧为耳房。一进堂屋是全家活动中心，两侧是主人卧室，二进堂屋为设有祭祀供奉祖先案台壁龛，两边房间是晚辈的卧室。厢房存放家庭生活用品，退堂屋放杂物。厕所放后院隐蔽处。湘南地处湖南最南部，东接江西赣州，南邻广东韶关，西与永州、桂林交界，北为湘中衡阳为邻。历史上是接受中原汉民最早最多的地方，是聚族而居是湘南民居村落一大特色。据考证，湘南其先民大多是从江浙和中原一带移民而来，特别是元末明初军籍移民和民籍移民较多。所以，建筑有合院、坞堡、徽派马头墙等特点（图2.3-150、图2.3-151）。坞堡，大约形成王莽天凤年间，算是一种自卫地方，后来演变成南宋的义军、清代团练的地方。史家陈寅恪在《桃花源记旁证》一文中认为："西晋末年，戎狄盗贼并起，当时中原避难之人民……其不能远离本土迁至他乡者，则大抵纠合宗族乡党，屯聚堡坞，据险自守，以避戎狄寇盗之难"。

图2.3-150　湘南古合院建筑屋顶翘角

图2.3-151　湘南郴州宜章黄沙堡坞堡建筑

2. 湖北

湖北在我国古代是属于荆楚地区，其建筑自然属于荆楚风格的建筑。湖北，简称"鄂"，位于我国中部偏南、长江中游，洞庭湖以北，故名湖北。东连安徽，南邻江西、湖南，西连重庆，西北与陕西为邻，北接河南。湖北省东、西、北三面环山，中部为"鱼米之乡"的江汉平原。湖北是承东启西、连南接北的交通枢纽。典籍中的鄂、噩等，金文中写作噩，是南方一个大国的国名。它在商王朝时期是雄踞南方的一个侯国，与商王室有着密切的关系。从青铜礼器《噩侯驭方鼎》的铭文记载得知：周王南征角夷，自征地返回到祛的地方，噩侯驭方献礼并宴享周王，又陪同周王行射礼。周王亲自赏赐给噩侯玉、马、矢。驭方拜谢周王，并作此宝鼎，留给子孙后代。在周王征伐角夷的返回途中，噩侯驭方亲往祛地恭候迎接，献礼设宴。周王显然也很重视噩国，因而亲赐驭方财物、弓矢、马匹。噩侯驭方也以此为荣，作器以志纪念"鄂"的名称，相传是随着古鄂国逐步由南向北迁移，才移到鄂州地区的。《史记正义》说：鄂，地名，在楚之西，后徙楚，今东鄂是也。夏代的"鄂"地，在今湖南省南部的宁乡县，史称"鄂侯故垒"。商代鄂侯之邑，在今湖南省湘江以北的岳阳，商纣王曾封鄂侯为三公。西周初年，鄂族迁徙到今湖北东北部河南南部一带。在南阳县北石桥镇附近，有西鄂故城，就是西周鄂侯国的势力范围。到西周中期，鄂国是一个强盛的地方国。鄂侯御方曾率南淮夷大举侵伐南国。他避开了汉水西面的楚国（当时在长江一带），打通了汉水以东的随（今湖北随州市）、枣（今湖北枣阳市）走廊，到达汉水下游，渡过长江、梁子湖，侵占了当时扬越的经济中心——今鄂州市境。鄂侯劳师远征，无非是为了开拓领土、掠夺财富，而铜可能是其掠夺的重要对象之一。鄂侯占领了湖北杨越的经济中心，扬越丰富的铜矿资源就成了鄂国的巨大财富。所以鄂侯把这块邻地也叫"鄂"，相对中原的西鄂而言，即东鄂。西周时期，湖北境内已出现诸多小国，春秋战国时期，南方诸国逐渐统一于楚。秦始皇统一中国（公元前221年）后，废除分封，实行郡县制，湖北大部属南郡，西北、北、西南各一部分属汉中、南阳、长沙、黔中和九江郡，并置若干县。西汉（公元前206～公元25年）湖北大部属荆州刺史部，东汉（25～220年）沿置南郡、南阳郡、江夏郡以及汉中郡、庐江郡等。三国（220～280年）时期，魏、蜀、吴争夺荆州，后魏、吴分置江夏郡、武昌郡、南郡、宜都郡、建平郡、武陵郡、长沙郡、襄阳郡、南阳郡、南乡郡、义阳郡、魏兴郡、新城郡、上庸郡等。荆楚建筑在建筑类型上丰富多彩，主要包括：宫殿、宗庙、公府、馆榭、地下宫室、离宫、坛、祠、警鼓台、舞台、观景楼阁等。它们的种类和使用功能虽不相同，但始终流露着"天人合一"的思想。荆楚建筑当推湖北十堰市丹江口西南武当山古建筑群（图2.3-152），它始建于唐贞观年间（627～649年），在宋朝也有所建设，元代进一步扩大修建规模，在明朝达到修建的鼎盛时期。明朝永乐皇帝亲自主持修建。建筑主体以宫观为核心，主要宫观建筑在内聚型盆地或山助台地之上，庵堂神祠分布于宫观附近地带，自成体系，岩庙则占峰踞险，形成"五里一庵十里宫，丹墙翠瓦望玲珑"的巨大景观。也是中国道教的发祥地。现存有建筑29栋，建筑面积6854m²。中轴线上为五级阶地，由上而下递建龙虎殿、碑亭、十方堂、紫霄大殿、圣文母殿，两侧以配房等建筑分隔为三进院落，构成一组殿堂楼宇、鳞次栉比、主次分明的建筑群。宫的中部两翼为四合院式的道人居所。紫霄大殿（图2.3-153），位于武当山东南的展旗峰下，始建于北宋宣和年间（1119～1125年），明永乐十一年（1413年）重建，明嘉靖三十一年（1552年）扩建，清嘉庆八年至二十五年（1803～1820年）大修，是武当山八大宫观中规模宏大、保存完整的道教建筑之一。紫霄大殿是武当山最有代表性建筑，它建在三层石台基之上，台基前正中及左右侧均有踏道通向大殿的月台。大殿面阔进深各五间，高18.3m，阔29.9m，深12m，面积358.8m²。共有檐柱、金柱36根，排列有序。大殿为重檐歇山顶式大木结构，由三层崇台衬托，比例适度，外观协调。上下檐保持明初以前的做法。柱头和斗栱显示明代斗栱的特征。梁架结构用九檩，高宽比为5：2.5，保持宋辽以来的用材比例。殿内金柱斗栱，施井口天花，明间内槽有斗八藻井。明间后部建有刻工精致的石须弥座神龛，其中供玉皇大帝，左右胁侍神像，均出自明人之手。它的屋顶全部盖孔雀蓝琉璃瓦，正脊、垂脊和戗脊等以黄、绿两色为主镂空雕花，装饰丰富多彩华丽，为其他宗教建筑所少见。最让人眼花缭乱和赞不绝口的是大殿内部，整座大殿雕梁画栋，富丽堂皇，构思巧妙，造型舒展大方，装修古朴典雅，陈设庄重考究。大殿内设神龛五座，供有数以百计的珍贵文物，大多为元、明、清三代塑造的各种神像和供器，造型各异，生动逼真，琳琅满目，美不胜收。正中神龛供奉真武神像，为明代泥塑彩绘贴金，高 4.8m，是武当山尚存最大的泥塑像。这里还供奉着一尊明末清初纸糊贴金神像，是中国迄今发现最早、保存最好的纸糊神像，它集聚了中国古代纸糊、雕塑、贴金、彩绘、防腐等工艺的精髓，是一件文物珍品，对研究中国古代纸糊工艺有很高的价值。屋脊由六条三彩琉璃飞龙组成，中间有一宝瓶，闪闪发光。因为宝瓶沉重高大，由四根铁索牵制，铁索的另一头系在四个儿童手中。传说，这四个小孩护着宝瓶，无论严寒酷暑和风雨雷电，他们都坚守岗位，确保宝瓶不动摇。因为所在位置比殿里供奉的主神还高，所以叫他们"神上神"。而老百姓看他们长年累月的风吹日晒，则叫他们苦孩儿。

图 2.3-152　武当山古建筑群

图 2.3-153　武当山紫霄大殿

以荆楚楼阁相当开敞，楼阁内外空间非常流通，体现与大自然的亲近感。汉口龙王庙（图 2.3-154）是武汉地区重要的道教宫观，始建于明代洪武年间（1368～1398 年），距今已有近六百年的历史。建筑风格上，荆楚建筑的屋顶、木构件、飞檐等人性化设计，机智而巧妙的组合所显示的结构美和装饰美本身也体现了天人合一的思想。

图 2.3-154　汉口龙王庙

源出于南方古老的干阑式建筑中的榫卯构造，为楚建筑所承袭发展，不但系列完备，而且技术先进。在承重结构过渡为装饰构件的过程中，无论从技术角度还是从审美角度都将两种功能结合得天衣无缝。终于成为其独特的南国风格。楚国人看重人与自然的统一，充分表达个性。昂首引吭、展翅欲飞的长颈彩凤偏偏要站到斑斓猛虎的背上去（图 2.3-155），三国"孙将军门楼"14 件，围墙为灰陶，余门楼、碉楼、前堂、正房、厢房为青瓷，前堂楼顶内刻有"孙将军门楼"（图 2.3-156）。楚国建筑装饰以红黑两色的强烈对比为基调，这是由于当时楚人的审美观决定的。值得注意的是，荆楚建筑始终是"天人合一"与"礼法、宗法制度"的联合体现。"天人合一"追求自然，"礼法、宗法制度"注重等级制和规矩，看似矛盾，但反映在建筑上，两者并没有截然分开。如"台"、"坛"等建筑形制是礼制建筑，但它们在布局上追求的还是"天人合一"的理念，二者并不矛盾。总的说来，"天人合一"建筑观是楚国古代建筑的中心思想，是楚人的伦理观、审美观、价值观和自然观的深刻体现。

图 2.3-155　长颈彩凤

图 2.3-156　孙将军门楼

2.3.8　齐鲁燕赵中原建筑

1. 齐鲁

齐鲁即山东，因居太行山以东而得名，简称"鲁"。先秦时期隶属齐国、鲁国，所以别名齐鲁。山东是儒家文化发源地，儒家思想的创立人有曲阜的孔子、邹城的孟子，以及墨家思想的创始人滕州的墨子、军事家孙子等，均出生于山东。姜太公在临淄建立齐国，成就了齐桓公、管仲、晏婴、鲍叔牙、孙武、孙膑、邹衍等一大批名士。齐国还创建了世界上第一所官方举办、私家主持的高等学府——稷下学宫。山东古建筑特色，最为有名的就是曲阜三孔、汶上宝相寺、庆云海岛金山寺。山东民居分为两大派，齐派和鲁派。鲁派建筑中规中矩，主次有序，以孔庙为代表。齐派建筑多自由布局，不拘泥严谨对称，因地制宜，依山就势，以蓬莱阁和栖霞山庄为代表。曲阜三孔建筑（孔府、孔庙、孔林）统称，是中国历代纪念孔子，推崇儒学的表征，以丰厚的文化积淀、悠久历史、宏大规模、丰富文物珍藏，以及科学艺术价值而著称。孔庙（图 2.3-157），公元前478 年始建，后不断扩建的古建筑群，包括三殿、一阁、一坛、三祠、两庑、两堂、两斋、十七亭与五十四门坊，气势宏伟、巨碑林立，堪称宫殿之城。孔府（图 2.3-158），

图 2.3-157　山东曲阜孔庙

建于宋代，是孔子嫡系子孙居住之地，西与孔庙毗邻，占地约 16hm²，共有九进院落，有厅、堂、楼、轩 463 间，旧称"衍圣公府"。孔林（图 2.3-159），亦称"至圣林"，是孔子及其家族的专用墓地，也是世界上延续时间最长的家族墓地，林墙周长 7km，内有古树 2 万多株，是一处古老的人造园林。孔子（公元前 551～公元前 479），名丘，字仲尼，春秋后期鲁国人。是春秋末期思想家、教育家，儒学学派的创始人，在世时已被誉为"天纵之圣"、"天之木铎"，是当时社会上最博学者之一，并且被后世尊为至圣（圣人之中的圣人）、万世师表。因父母曾为生子而祷于尼丘山，故名丘，鲁国陬邑（今山东曲阜东南）人。曾修《诗》、《书》，定《礼》、《乐》，序《周易》，作《春秋》。孔子思想及学说对后世产生了极其深远的影响。

图 2.3-158　山东曲阜孔府

图 2.3-159　山东曲阜孔林

宝相寺位于济宁市汶上县城西北隅，始建于北魏，被称为"北朝最初名胜，东土第一道场"宝相寺景区占地 600 多亩，供奉殿现供奉释迦牟尼檀木贴金大佛、青石彩塑十八罗汉。山门是寺院的正门。寺院有三个门，即"空门"、"无相门"、"无作门"，象征"三解脱门"。山门为殿堂式，叫"山门殿"。进入山门，两侧有彩塑金刚力士像，这两尊神像民间俗称"哼哈二将"。由山门前行，第一重殿是天王殿。东侧的文殊殿，供奉的是文殊菩萨。西侧是普贤殿，供奉普贤菩萨。大雄宝殿是整座寺院的核心建筑，为重檐歇山式仿宋建筑，占地面积 2560m²，九开间，五进深。大雄宝殿也称大殿（图 2.3-160），是整座寺院的核心建筑，也是僧众朝暮集中修持大雄宝殿主尊是佛教创始人释迦牟尼佛。大殿占地面积 2560m²，建筑面积 1703m²。大殿围栏用三尺白汉白玉材质，精雕宝相花、如意和缠枝纹等图案。大殿内供奉的全堂佛像包括释迦牟尼佛、摩诃迦叶尊者、阿难尊者、文殊普贤菩萨、十八罗汉及海岛观音群像等。供奉殿高 9m，占地 500m²，为歇山式建筑。供奉殿供奉的是旃檀贴金释迦牟尼佛像（图 2.3-161）。周边的十八罗汉彩绘塑像是用青石雕刻而成。太子灵踪塔（图 2.3-162），建于熙宁六年至政和二年（1073～1112 年），前后 38 年。是由

图 2.3-160　汶上宝相寺大雄宝殿

皇帝赐紫高僧知柔大师亲自监造、仿照京师皇家开宝寺灵感塔建造的一座典型的"佛牙舍利塔"。佛塔上半部七层"圭形"窗牖等特征，佛塔为八角砖塔，楼阁式、仿木斗栱结构。塔高为41.75m，底座直径为10m，共13层。塔身东、西、南、北均有券形佛龛，龛内原供奉佛像。北面一层是登塔正门，有螺旋式台阶达于塔顶。五层以上四面辟洞门。塔内设螺旋阶梯直达顶层。塔宫面积80m²，塔宫深处供奉释迦牟尼真身佛牙。

图2.3-161 汶上宝相寺供奉殿

图2.3-162 太子灵踪塔

庆云海岛金山寺（图2.3-163），海岛金山寺位于庆云县汾水王村西一里许，建于何年已无从考证，隋代即有此寺。据传该寺院规模宏大，占地千余亩，有骑着毛驴儿关山门之说。相传唐僧成长出家于该寺。玄奘祖籍河南，出身官吏家庭，外

图2.3-163 庆云海岛金山寺

族籍地长安。据"轶事"中记述，隋代陈光蕊携妻殷满棠赴无棣县（今庆云于家店村北——无棣故城）上任，途经庆云志门刘村，乘船渡河，水贼刘洪见殷氏娇柔妩媚，顿起歹心。船至河中深处，将陈光蕊推入河中溺死，强行霸占了殷氏。当时，殷氏已有身孕，只得忍辱偷生。孩子生下后，刘洪又欲加害。殷氏将写有身世的布条缝于孩子胸襟上，然后将孩子藏入木匣里，偷偷放入河中。木匣顺水漂至金山寺河段，被寺内僧侣发现救起。之后不久，殷氏自尽身亡。法明长老先将孩子托付附近康家村（该村原在庆云镇陶家村西北角，早已不存）一梁氏乳养，稍长后回寺，俗称海流和尚，这就是后来的唐僧。此事编成戏曲《殷满棠诉苦》流传下来。

蓬莱阁（图2.3-164）。位于山东省烟台市蓬莱市，是中国古代四大名楼之一，是一处凝聚着中国古代劳动人民智慧和艺术结晶的古建群。蓬莱阁的主体建筑建于宋朝嘉祐六年（1061年），素以"人间仙境"著称于世，其"八仙过海"传说和"海市蜃楼"奇观享誉海内外。典型齐派建筑风格。济南四合院（图2.3-165）。山东传统城市民居大多集中在就旧时各地的府县城镇之中，分布于全省各地，只是各地规模不同而已。大都留存有清代民居，少数城镇中保留有明代民居。各地城镇民居中，

最为典型的应为济南旧成的民居，济南旧城区位于现在历下区环城公园以内，其历史迄今已有1000多年了。旧城民居一直沿着传统而稳定的趋势发展着，特别是明代以后，建筑规模大大超过了前代。济南旧城的民居为典型的北方四合院，在布局、结构、风格上与北京四合院有着许多相似之处。过去，这些四合院多分布于旧城街巷的两边，大多为二进院落，分前院和后院，大门位于前院的东南或西北角，称之为门楼。济南门楼都高大而精美，门楼的门枕石、犀头、跑马板上大都雕刻有精美的图案。济南的四合院不同于北方民居厚重、严谨的特征，而体现除了一种江南民居建筑的轻巧与明快。济南四合院中常栽几株石榴树和梧桐树，泉城中许多有名的泉水也散落在旧城中大大小小的四合院中，清澈的泉水常常从院落外的水巷流过，因而旧时济南的四合院一年四季都感受这大自然无尽的变化。

图2.3-164　山东省蓬莱市蓬莱阁

图2.3-165　山东老济南四合院

胶东沿海民居海草房（图2.3-166）。胶东半岛位于山东的东部，属于沿海丘陵地区，这里的村落历史都不太久，多为明朝以后从内地移民或屯兵设防而形成的村落，村落布局也大都保持了内地原有村落的形式，但民居建筑却充分地利用自然材料，结合当地的条件而形成了一种独特的建筑风格。这里的民居多依山面海而建，因而院落大多都依坡就势。自前向后，步步登高，虽然庭院狭小，但几乎每家每户都能保持良好的通风与采光，这里的民居院落多为三合院的形式，即正房多为三间，两侧为厢房，对围墙门楼，房屋的建筑材料就取之院落后面的山上石头，以及当地的海边出产一种柔韧细长的海草，保温隔热经久耐腐，过去用他造成的屋顶冬暖夏凉、浑厚朴实，别有渔村的风味，这些海草房的墙体由当地生产的暗红色的花岗石砌成，墙体厚实，整个民居给人粗犷、朴实的感觉。过去，胶东荣城一代的沿海渔村几乎全是这种紫灰色海草顶和暗红色石墙的民居，成片望去，屋脊起伏、色彩温和，整个村落呈现出一片祥和温馨的气氛。栖霞牟氏庄园（图2.3-167）。始建于清雍正年间的栖霞牟氏庄园，面南背北，共分三组六个院，占地2万 m^2，建有万堂楼厢480多间。以套院式布局为主，大院套小院，院与院间由偏离中轴线的一条过道（更道）来联系。六个大院沿南北中轴线依次建为南群房、平房、客厅、大楼、小楼、北群及东西群厢多进四合院落，形成一套完整的具有典型北方民居建筑特色的古建筑群落。庄园建筑工艺独特，雕刻砌凿，工艺细腻精湛，明柱花窗，文采斐然，美妙绝伦，具有"三雕"、"六怪"、"九绝"之艺术特色。石墙均平整如镜，石缝细如线，据说，砌墙时，主人每天都会给石匠发一些铜钱和锅铁，用之嵌在墙缝间，使墙面平整。如若仔细观察，经常可以发现墙缝里嵌着的铜钱。据说，平均每块石头造价为一斗谷子，此面墙就耗谷物四百四十六斗。院落里有一面花墙，砌有三百八十六块六边形的墙石，任取其中一块，均可与周围石块组成六边形花卉图案，总体上组成一个百花相连的连续图案。具有山东齐派建筑地域风格。

图 2.3-166　山东胶东沿海民居海草房

图 2.3-167　山东栖霞牟氏庄园

山东中部山区的石屋（图 2.3-168）。山东中部的山区地势起伏、平地狭小，那儿的民居村落多分布在山坡陡地，以求少占耕地，因而整个村落远远望去，民居院落高低起伏有变化，与脚下的青山融为一体。山区的民居院落也多以三合院为主，因地制宜，布局自由、注重实用。房屋都用大大小小的石板石块砌成，屋顶的檐板石有的达 1m 多长，气势颇大，这种石头民居加上原木的木门窗构件给人质朴粗犷的感觉，与山东其他地区的民居风格截然不同。

图 2.3-168　山东中部山区的石屋

2. 燕赵建筑

燕赵即河北简称"冀"，因位于黄河以北而得名。地处华北平原，东临渤海、内环京津，西为太行山，北为燕山，燕山以北为张北高原。河北地处中原地区，文化博大精深，自古有"燕赵多有慷慨悲歌之士"之称，是英雄辈出的地方。河北是中华民族的发祥地之一，早在五千多年前，中华民族的三大始祖黄帝、炎帝和蚩尤就在河北由征战到融合，开创了中华文明史。春秋战国时期河北地属燕国和赵国，故有"燕赵大地"之称，汉代属幽州、冀州。唐代为河北道，宋代为河北路，元代为中书省，明清属直隶省。河北传统民居建筑多为三、四合院（图 2.3-169），坐北朝南，高墙对外不开窗，大门开正中或东南角，多为平顶、卷棚和硬山顶，墙顶厚实。河北古代桥、塔、贡院、长城等也很有特色。

图2.3-169　河北传统民居建筑

　　河北赵州桥又名安济桥（图2.3-170），位于石家庄市赵县县城南2.5km处大石桥村，南北横跨于洨河之上。建于隋开皇至大业年间（595～605年），由工匠李春建造。赵州桥是世界上现存最古老、跨度最大的单孔圆弧敞肩石拱桥，在大拱两肩，砌了四个并列小孔。全用青石砌成，全长64.4m，高8.65m，宽9m，跨度37.02m。赵州桥敞肩圆弧拱的出现，是石拱桥建筑史上的里程碑，是富有重要意义的伟大发明创造。

　　定州贡院（图2.3-171）。定州贡院是我国北方地区现存较完整的一座清代科考场所，是举行科试和清代考取秀才和贡生的场所。乾隆三年（1738年），由州牧王大年创建定州贡院，汇集辖区内文武考生应试。定州贡院自始建至今已有270余年的历史，其整体建筑气势雄伟，雍容壮观。定州贡院中轴线上的建筑排列犹如一段短小精练的乐曲，高低起伏，缓急相间。影壁作为重音开始，待续到大门，经过平淡的二门过渡，到中部魁阁号舍掀起高潮，旋律渐趋华丽，到后楼的小高潮后结束，整个建筑布局不仅给人一种森严之感，同时兼具艺术美感，是一处不可多得的历史文化遗产。

图2.3-170　河北赵州桥又名安济桥

图2.3-171　河北定州贡院

　　滦平金山岭长城（图2.3-172）。金山岭长城位于承德市滦平县境内的燕山深处。明朝爱国将领戚继光担任蓟镇总兵官时期所建，因其视野开阔、敌楼密集、景观奇特、建筑艺术精美、军事防御体系健全、保存完好而著称于世，素有"万里长城，金山独秀"之美誉，是明代长城中视觉效果最恢弘、最具冲击力、最有感染力和震撼力的长城全景画。金山岭长城西起龙峪口，东至望京楼，全长10.5km，有关隘5处，敌楼67座，烽燧2座。

图 2.3-172　滦平金山岭长城

涉县娲皇宫（图 2.3-173）。娲皇宫，坐落在太行山东麓的涉县索堡镇的唐王山腰，是我国最大的奉上古天神女娲氏的古代建筑群。娲皇宫，始建于北齐，迄今已有 1400 余年历史，是神话传说中女娲氏"炼石补天，抟土造人"的地方。分山上、山下两部分，由朝元宫、停骖宫、广生宫（山下）和娲皇宫（山上）四组建筑组成，占地面积为 15033m²，建筑面积 1632m²。娲皇阁，俗称"三阁楼"，是娲皇宫建筑群中的主体建筑，坐东面西，背靠悬崖，面临深涧，通高 23m。基层为石券，券前建木构建筑拜殿，前设廊，外砌石栏杆。阁身分为三层，三层俱系面阔五间，进深三间，南、北、西三面设廊，廊内向西一面为格扇，人们可凭栏眺望周围的景色。

曲阳北岳庙（图 2.3-174）。位于曲阳县城西侧，始建于南北朝北魏宣武帝景明、正始年间（500～515 年），清顺治十七年以前，曲阳北岳庙一直是历代封建帝王祭祀北岳恒山之神的场所。我国现存元代最大的木结构建筑，面阔九间，进深六间，占地 2009.8m²，通高 25.6m。殿内东西两壁及北山墙均绘有唐代画圣吴道子的巨幅彩色壁画，画面大、人物大、气派大，是河北省之最，为国内罕见珍品，是研究我国壁画的宝贵资料。

图 2.3-173　涉县索堡镇娲皇宫

图 2.3-174　曲阳北岳庙

玉田净觉寺（图 2.3-175）。净觉寺是全国重点文物保护单位，位于玉田县杨家套乡蛮子营村东，占地面积 18540m²。净觉寺始建于唐代，历经宋、金、辽、元、明、清修建，展现在今人面前的仍保留了它的宽敞、豁达、庄严和肃穆的风貌。净觉寺享有"京东第一寺"的美誉。最夺人眼目的是门殿——"无梁殿"，可以说是古刹的第一奇观。门殿建筑面积 120m²，高 12m，皆为砖石拱券灌以澄浆而成，它不仅无梁，而且无檩、无柱。其内壁外壁都是磨砖对缝，它的椽、飞、昂、拱均用青砖精工雕琢，昂嘴间还刻有九十六尊神态各异的佛像，全殿除去门窗，没有任何木制品，从建筑学上堪称一绝。

蔚县玉皇阁（图 2.3-176）。玉皇阁，始建于明洪武十年（1377 年）。坐北面南，占地 2022.30m²，分前后两院，建筑在一条中轴线上。前院由牌坊、龙虎殿、东西禅房等组成，后院东南、西南两角分立钟鼓楼，正北耸立着玉皇阁正殿。殿内塑有 4m 多高的玉皇大帝彩像，东西北三面墙壁绘有封神榜神像画，东西墙壁画各长 7.4m，高 2.5m，北墙壁画长 12.8m，高 2.5m。帝王威严，雷公狰狞，侍者秀丽，场面宏大，设色艳丽，人物形象栩栩如生，绘画风格相承"吴带当风"。玉皇阁之靖边楼，顾名思义，乃安靖边防之楼，它作为蔚州铁城之一角，与东西南三门之三楼并峙，成为蔚州古城的屏藩，起着瞭望敌情、防御外侮的重要作用。

图 2.3-175　玉田县杨家套乡净觉寺

图 2.3-176　蔚县玉皇阁

3. 河南

古称中原、中州、豫州，简称"豫"，因历史上大部分位于黄河以南，故名河南。河南位于中国中东部，黄河中下游。中国四大发明中的指南针、造纸、火药三大技术均发明于河南。从夏朝至宋朝，河南一直是中国政治、经济、文化和交通中心，先后有 20 多个朝代建都或迁都河南，中国八大古都中河南有十三朝古都洛阳、八朝古都开封、七朝古都安阳、夏商古都郑州四个及商丘、南阳、许昌、濮阳等古都。是中国建都朝代最多，建都历史最长，古都数量最多的省份。河南自古就有"天下名人，中州过半"之说，河南是中华民族的主要的发祥地之一。河南古建筑有太室阙和中岳庙、少室阙、启母阙、嵩岳寺塔、少林寺建筑群（常住院、初祖庵、塔林）、会善寺、嵩阳书院、观星台等 8 处 11 项历史建筑，历经汉、魏、唐、宋、元、明、清，绵延不绝。还有淅川香严寺、鹿邑太清宫、应天府书院、禹州钧窑、开封府、包公祠、白马寺、广化寺、太昊陵等河南标志性建筑。河南民居表现出明显的北方风格，主要是四合院、三合院、窑房院、大别山区院等。河南四合院（图 2.3-177），由正房、厢房和过门房围合中间小内院组成。

三合院，分为封闭和开口两种。一般坐北朝南，北面正面为堂屋，左右分别是客厅和粮仓，东厢房作厨房和餐厅，西厢房为卧室，四周用围墙连起来为封闭式三合院。开口式三合院。中间院作晒场或植花木。与南方三合院布局有点差别，主要正房与厢房间距不同，正房与偏房有区别（图2.3-178、图2.3-179）。窑房院，也叫天井窑院，俗称"地坑院"（图2.3-180）。早在4000年前就存在了。因为它坚固耐用、造价低廉、冬暖夏凉、挡风隔声，可以独院、二进、三进、联院布置。河南新县处于河南省南端，大别山腹地，鄂豫皖三省六县结合部，属河南信阳管辖，与湖北红安、大悟等县城接壤。东距合肥240km，南距武汉160km，北距郑州390km，素有"三省通衢"、"中原南门"之称。新县周河乡的西河大湾、毛铺、丁李湾等古村落，保存完好的古建筑建筑，西河大湾古村落民居多为二进院三进房间，部分石刻、砖雕、木雕现保存完好，其中最具特色的建筑当

图2.3-177 河南四合院

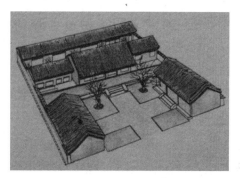

图2.3-178 北方地区三合院

数张氏焕公祠（图2.3-181～图2.3-184）。张氏焕公祠位于村口，始建于清朝乾隆年间，房屋均为歇山式砖木结构，墙体用青砖砌成，屋顶用灰瓦盖面和调脊，檐口用雕花砖封檐，从梁架到砖墙均为典型的豫南建筑风格。河南窑洞形式有窑间窑、间墙窑、天窑、地窑、房洞结合窑以及人工锢窑等。窑间窑呈拱形，属靠崖窑。开挖前先要在沟畔崖腹处辟一垂直崖壁，高约二三丈，俗称"窑脸"。然后根据其宽度确定开挖窑洞孔数和挖凿位置。一般讲究以三孔为佳，意配"福"、"禄"、"寿"三星。如宅基宽度不够，只能挖两孔者，多在两孔窑之间挖一小坷窑，以敬天神和补三星不足之嫌。开挖时先凿一宽可置一门框、高可在门框上置一窗，深五尺左右的小拱形"窑间"，然后扩大，开挖高3m、宽3m的拱形窑体。此窑不需垒建洞前窑壁，窑体一经挖好，装上门窗便可居住。其窑门大多为木质粗厚的独扇门，门上木窗在严寒冬季糊以薄纸。"窑间窑"因有"窑间"，旧中国一些装不起门窗的贫苦之家，多于窑间处挂一草帘代替门窗。间墙窑亦属靠崖窑，分布于陕县、灵宝一带。此种窑不挖"窑间"，直接在窑脸上开挖高大拱形窑体。窑体挖好后，再于窑体前与窑脸看齐，垒砌"窑间墙"，墙上一侧设门，一侧设窗户，上部与拱形窑顶接近处设一通风出烟口，（称"马眼"）。"间墙窑"光线充足，比"窑间窑"采光好。"窑间窑"、"间墙窑"洞内或通为一室或中间设隔壁，分里外两间。里间还可在窑洞侧壁挖"拐窑"。旧社会，拐窑曾成为人们躲避战乱的藏身、藏物之所。天窑也称"悬窑"。豫西一些窑顶很高的人家在窑上凿窑。此窑和下面窑洞相通，可于下面窑洞内设梯而上，形似楼房。天窑多不在窑脸开门，只设一窗，以通光亮。地窑豫西人在地平面下开挖的窑洞，俗称"天井窑"、"窑里"，

陕县人也称"地阴坑"。开挖地窑要在选择好的地方，先辟一深两丈多、面积依自己所需一般七八平方大小的四方坑、然后在方坑四壁挖凿窑洞。其中一洞呈 45°斜坡通向地面，称"窑漫道"或称"门洞"。房洞结合窑窑洞前紧挨窑脸建筑"崛肚房"，多为瓦房，因山就势，前房后窑。进院之人，只知有房，进房之后，方知里边还有窑洞。"锢窑"，讲究一次锢三孔，窑前设院。窑顶上要铺五尺以上的湿土砸实拍光，并筑水道经窑前院内而出，认为"水主财，不应外流"。居窑人家很会利用窑洞的自然特性，尤其居住靠崖窑者。过去，许多人家的桌凳床厨，就窑内之壁自然开凿而成。陕县等地还习惯在窑内傍壁凿筑土炕，冬天在炕下洞内点燃柴炭犹如暖气。窑院村落豫西沿邙岭一带多窑院村落，村落顺沟沿坪以列，窑院背山面谷而立。院内有两孔窑者，右为"正窑"、左为"陪窑"；三孔的，中为"正窑"，两边为"陪窑"。"陪窑"和"主窑"多以洞相连，前不设门，只开一窗，称"暗窑"。一般人家多在窑院两侧一角或大门外一侧盖设草房作厨房、牲口房或它用；傍崖挖成凹字形的窑院，沿凹两侧挖窑，在凹前设置院墙和门楼，院内可种植各种花草树木。地窑的院落也称"天井窑院"，院内也有主窑、陪窑和各种设置。如窑院院底平面顺窑腿砌砖至窗下称"间脚"。以防窑腿为雨水所毁。院下侧挖一两三丈深的干井，以为院内排水处。井院顶部四周建筑带有流水檐道的土墙或砖墙。俗称"女儿墙"、"护崖墙"。墙外四周再设置院围、打麦场。院内主窑或灶窑门侧常垒有小厨屋。作仓的窑洞多在窑顶凿孔，直通地面打谷场，收获之日，直接将谷场的粮食灌入井院窑内囤中。天井窑院也有两进院、三进院。在院内种上树木。外人路过井院区，常闻人嬉笑言语和鸡犬声，却不见村屋庄舍之形。故人们称"上山不见人，入村不见村，院落地下藏，窑洞土中生，平地起炊烟，忽闻鸡犬声，寻觅树影处，农家乐融融"。居窑院贫者，院内仅一两孔窑洞；富者院内汇窑、房、楼等建筑为一体。巩县康百万地主庄舍，便是这种窑院建筑的典型。窑院村落中的沟、坪，广狭、深浅不同。沟坪狭浅地方，夏秋日为阴雨流水通道，平日则为进出的路径；沟坪阔而深的地方，窑院层叠，呈一层、两层或三、四层布置，站在上层窑院，沟坪之中窑院，尽收眼底；一些沟深而又狭窄，上部只能建一层窑院，沟底又不能作出入通道，两崖人家隔沟也不能相互交往的地方，人们便在沟口架筑桥梁，桥下为洞，穹庐如门，为沟内夏日出水通道。石桥两侧筑土砌石，形如城阙，外人初到此地，看不见其沟，误为街道。此沟亘两崖树木成荫，民居之间可相望对谈。窑院村落多以"沟"、"洼"、"窑"命名。如汤泉沟、魏窑、马洼等。河南窑居人们对居住窑洞感情颇深。窑院人家，主窑为父母长辈的住室也是设置祖宗供桌、日常用餐和待客之处。子女以长幼论之或住陪窑或住窑院厢房。

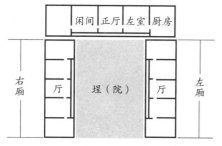

图 2.3-179 南方闽南地区三合院平面

图 2.3-180 河南三门峡地坑式窑洞

图 2.3-181 新县张氏焕公祠豫南建筑风格

图 2.3-182 张氏焕公祠盔形山花

图 2.3-183 张氏焕公祠山花灰瓦盖面和调脊

图 2.3-184 张氏焕公祠雕花砖封檐细部

2.3.9 蒙新东北建筑文化

1. 内蒙古

在蒙古语中内蒙古的意思是"山的阳面"即"阴山的南面"。汉语一般仍称为"内蒙古",也有少数人称这一地区来源于漠南蒙古的一词,直译"南蒙古"。5000多年前,内蒙古已经是仰韶文化的分布范围。春秋战国之前,一些北方的游牧民族,如匈奴和东胡人在今天的内蒙古地区游牧生活。据史记记载:夏桀的儿子淳维在夏朝灭亡后北逃建匈奴,史记还笼统的介绍了淳维北遁后匈奴千余年的历史。"东胡"一名最早见于成书年代可能是先秦的《逸周书》,《逸周书·王会篇》提到"东胡黄罴 山戎戎菽",考证认为,早在商初东胡就活动在商王朝的北方。在老哈河与西拉木伦河流域发掘的东胡人墓葬,被认为是对上述说法的旁证。战国后期,燕国、赵国、秦国的领土已经拓展到今天的内蒙古地区,中原的华夏民族开始在阴山山脉南部定居。赵国国君赵武灵王推广"胡服骑射",打败林胡、楼烦这两个游牧民族之

后，在今呼和浩特托克托县建云中城（图2.3-185），中原的华夏民族开始在呼和浩特定居。内蒙古拥有全国最多、最集中、种类最全、内容最丰富的长城古迹。从先秦一直到明末，包括战国时魏、赵、秦、燕和此后的秦、汉、北魏、北齐、隋、辽、金、明等历代长城在内蒙古都有遗迹可寻。赵武灵王筑赵长城，自代郡经阴山至高阙"赵长城"经过呼和浩特北面的大青山（图2.3-186）。燕将秦开击败东胡之后，构筑"燕北长城"，在今内蒙古赤峰市南建右北平部治所在宁城。东胡之后往北迁移。秦国的北部领土已经拓展到今天的内蒙古地区，成为西部霸主（图2.3-187）。秦统一后，赵长城东段与燕长城联结（图2.3-188），成了当时最靠北边的长城。到西汉武帝时代，北方实际统领地区又较秦代扩展了好几百里以至千余里，于是长城的防御设施亦向北推移。历史上五胡乱华，是指匈奴、鲜卑、羯、羌、氐五个胡人大部落，但事实上五胡是西晋末各乱华胡人的代表，数目远非五个。

图2.3-185　内蒙古托克托县战国时期云中城老城墙

图2.3-186　内蒙古浩特北面的大青山赵长城

图2.3-187　内蒙古赤峰市南建右北平燕长城

图2.3-188　秦统赵长城东段与燕长城联结

辽金以前，匈奴冒顿单于在夺取单于之位后，公元前206年灭了东胡，并对汉朝产生了威胁。匈奴帝国疆域十分广阔，疆域最东达到辽河流域，最西到达葱岭（现帕米尔高原），南达秦长城，北抵贝加尔湖一带。内蒙古成为了匈奴与中原王朝争夺的焦点。匈奴曾两次分裂成北匈奴和南匈奴，其中北匈奴逐渐北迁、西迁。南匈奴逐渐内徙，在五胡乱华期间被消灭。秦始皇修筑万里长城，连接和增建加固从前各国的长城，以防御匈奴。阴山山脉南部，如云中郡，是边防重镇。两汉时修筑汉长城并且对匈奴的三百年战争最终取胜，汉朝全盛时，在今天的漠南地区置五原郡、朔方郡，辖境相当于今巴彦淖尔市、包头市和鄂尔多斯市一带。鲜卑起源于辽东塞外鲜卑山，后主要活动于内蒙古东部科尔沁右翼中旗哈古勒河附近。内蒙古是两晋南北朝时期胡人迁入中原的主要发起地之一。公元4世纪，西晋灭亡后，鲜卑陆续在今天的中国北方建立前燕、代国、后燕、西燕、西秦、南凉、南燕及北魏等国，而漠北则由鲜卑别支柔然称霸。439年拓跋鲜卑人建立的北魏统一北方，之后时常与柔然发生冲突。而后北魏经历六镇之乱后分裂成东魏、西魏，东魏、西魏随后也分别被北齐、北周所篡。最后北周统一华北，于581年因杨坚篡位而亡。称霸塞北的柔然汗国也于552年为突厥汗国所灭。北齐、北周和隋唐时突厥势力左右蒙古高原。隋开皇十九年（599年），东突厥突利可汗在突厥内战中战败只身南下归附隋朝，隋文帝册封突利可汗为启民可汗。在隋朝的大力扶持下，突厥启民政权在内蒙古建立。隋朝短暂的控制了大约今内外蒙古全境。唐太宗时，突厥颉利可汗南下侵唐，迫使唐结渭水之盟。突厥颉利可汗的牙帐在定襄（今内蒙古清水河县林格尔北土城子古城），贞观四年（630年）正月，唐将李靖率三千精骑夜袭阴山趁黑夜攻下颉利可汗的牙帐所在地，迫使颉利可汗逃遁铁山（今内蒙古白云鄂博），贞观四年（630年）三月颉利被俘，东突厥亡。唐军把颉利带到长安，颉利可汗后投降唐朝，老死长安。唐朝在突利可汗故地设置顺、祐、化、长四州都督府，颉利可汗故地置定襄都督府、云中都督府。646年，唐朝联合回纥等铁勒部落，击灭薛延陀。由燕然都护府管理铁勒故地，治所在阴山之麓（今内蒙古杭锦后旗），辖境东到大兴安岭、西到阿尔泰山、南到戈壁、北到贝加尔湖的整个蒙古高原。650年，唐朝军队俘车鼻可汗，突厥故土尽为唐有。唐高宗设瀚海都护府（后改为单于都护府），治所在云中故城（今内蒙古和林格尔西北土城子），领狼山、云中、桑干三都督、苏农等二十四州。五代初年，契丹入侵，916年，契丹占领云中故城，单于都护府废除。唐代天宝元年（742年）将云州改为云中（今山西大同市），辖境约是今日的内蒙古土默特右旗以东，大青山以南，卓资县以西，黄河南岸及长城以北。乾元元年（758年）云中再改为云州。唐安史之乱后，内蒙古地西部为回鹘国控制，以明教为国教。东部为兴起的契丹人的势力范围。辽金时期，五代十国初柔然人的一支后裔契丹人耶律阿保机于907年创立了契丹部族政权，916年建立契丹国，947年更国号为辽国，期间在今内蒙古赤峰市巴林左旗附近建立了蒙古草原上的第一个都城上京。辽代"丰州"为今呼和浩特市附近。辽被金灭了之后，蒙兀室韦人的一个小小分支的后裔蒙古人进入这一地区，今内蒙古的大部地区还是属于金国的范围。1206年成吉思汗建立了大蒙古国，54年之后元世祖忽必烈在中原建立了元朝。忽必烈迁都大都前的上都（开平城）就在今内蒙古的锡林郭勒盟正蓝旗境内，多伦县西北闪电河畔。漠北地区是初期蒙古帝国的核心地，帝国初期首都就在漠北的哈拉和林。1260年，蒙哥汗死后，留守首都的阿里不哥被蒙古本土的贵族推举为大汗，据有漠北。而忽必烈闻讯后，也在开平自立为大汗，据有漠南。双方遂展开激烈内战，历时四年之久。1264年阿里不哥力竭投降，忽必烈把他幽禁，不久逝世，或谓遭忽必烈毒杀。漠北、漠南尽为忽必烈所有。由于忽必烈的政治、军事和经济力量的基础都在漠南地（今内蒙古），因此不再以和林为都城，而迁都于燕京，并改称大都。由于政治中心南移，漠北置和林宣慰司都元帅府镇守。后改为岭北等处行中书省，省会和林，管辖范围大概为今内蒙古北部、蒙古国全境、西伯利亚南部。而今天内蒙古东部的呼伦贝尔市，通辽市属于辽阳等处行中书省，西部一部分土地属于甘肃行省，中部一小部分直辖于行中书省。明朝成立后，元朝势力退回漠北，戈壁沙漠北部是蒙古人北元和1388年北元覆亡之后而分裂出来的鞑靼和瓦剌和兀良哈的活动范围，漠南则是明军对抗北元的前线反攻基地。明朝在漠南地区先后设置了卫所40多处分别为九大塞王辖区，永乐元年后诸卫非徒既废。土木堡之变英宗复辟后河套无人驻守，鞑靼在天顺年间（1457~1464年）开始有规模地进入河套，15世纪末，东部蒙古首领达延汗统一漠南蒙古实现"中兴"。1572年，蒙古首领达延汗的孙子阿勒坦汗率土默特部驻牧呼和浩特，并在今玉泉区境内建"库库和屯"城，从此土默特部从草原游牧过渡到定居生活。阿勒坦汗在此前和明朝订立藩属关系，阿勒坦汗被奉为"顺义王"。明政府于万历年间赐汉名"归化"，意思是令少数民族归顺、化一，服从明朝廷的统治。明朝在辽东西部、漠南南部、甘肃北部和哈密一带先后设置了蒙古卫所20多处，各卫所长官由蒙古封建领主担任。清治时期，漠南蒙古16个部49个封建主在1636年前后归属于清朝。此后，漠北蒙古和青海的厄鲁特蒙古各部封建主先后向清朝遣使纳贡。同时，沙俄的侵略魔爪伸进了我国新疆厄鲁特蒙古地区，并收买和策动厄鲁特准噶尔部贵族噶尔丹等对青海蒙古、漠北蒙古和漠南蒙古发动侵袭，清朝经过多次用兵，终于在1776年平定了准噶尔少数贵族的叛乱，重新统一了蒙古族地区。为了加强对蒙古族的统治，在重新调整蒙古原来的大小封建领地"兀鲁斯"、"鄂托克"的基础上，清政府参照满族的八旗制，在蒙古族地区建立了盟旗制度。清朝雍正十三年（1735年）至乾隆四年在今呼和浩特东部新建军事驻防城，命名为"绥远城"，后将"归化"、"绥远"两城合并为归绥县。清朝时漠南蒙古没有统一的行政区划，内札萨克49旗分属于6个盟，同时呼伦贝尔地区隶属黑龙江。鸦片战争后，沙俄不仅通过一系列不平等条约侵占了中国大片领土，还攫取了各种特权，倾销商品、输出资本、修筑铁路、掠夺资源，控制蒙古地区的经济命脉，掠夺和搜刮财富。1859年6月，英、法侵略军进犯大沽口，驻守在那里的2000多名蒙古族骑兵在僧格林沁的指挥下，不顾清朝政府的卖国投降命令，奋起自卫还击。经过一昼夜激战，击沉敌舰4艘，毙伤敌军400多人，打得侵略军狼狈逃窜。太平天国运动时期，蒙古族人民也掀起了反对清朝政府和蒙古族封建统治阶级的斗争。1858年，内蒙古伊克昭盟乌审旗爆发了由贫困牧民丕勒杰等领导的"独贵龙"运动（或作"多归轮"，蒙古语"环形"、"圈子"之意。参加"独贵龙"的人，开会时按环形席地而坐，发表文件签名时也依次将名字排成一个圆圈，因以得名），反抗贵族官吏的苛捐杂税和兵差徭役。

内蒙古建筑是以蒙古包这一名称闻名于世的一种建筑形式，是亚洲游牧民族的一大创举。距今两千余年前，匈奴人的房屋叫穹庐或毡帐。蒙古包的包门开向东南，既可避开西伯利亚的强冷空气，也沿袭着以日出方向为吉祥的古老传统。以蒙古包这一名称闻名于世的一种建筑形式，是亚洲游牧民族的一大创举。这一居屋的早期形式可能曾被更早的亚细亚游牧民族所使用，后来许多游牧民族或长或短地使用过它或类似于它的住屋。以木杆儿为主要支撑材料的人类早期建筑形式，在其发展过程中形成了两大流派：一种是中国鄂伦春人的传统建筑歇仁柱式（在鄂伦春语里歇仁柱为"木杆屋"之意），即尖顶、用兽皮或树皮、草叶子做苫盖。西伯利亚埃文基（鄂温克）人的拄屋、美洲印第安人的梯比和北欧萨米人的高阿邸或拉屋等均属这一类型。另一种是蒙古包式的，即穹顶圆壁，主要用毛毡做其覆盖物。普通的蒙古包，高约十尺至十五尺之间。包的周围用柳条交叉编成五尺高、七尺长的菱形网眼的内壁，蒙古语把它叫作"哈那"。蒙古包的大小，主要根据主人的经济状况和地位而定。普通小包只有四扇"哈那"，适于游牧，通称四合包。大包可达十二扇"哈那"。包顶是用七尺左右的木棍，绑在包的顶部交叉架上，成为伞形支架。包顶和侧壁都覆以羊毛毡。包顶有天窗。包门向南或东南。包内右侧为家中主要成员座位和宿处，左侧一般为次要成员座位和宿处（蒙古族住房也以西为大，长者居右）。中华人民共和国成立前，信奉喇嘛教的人们，在蒙古包的西侧或住房的西间，设置佛龛，供奉佛像。蒙古包的中央设有供饮炊和取暖的火炉，烟筒从包顶的天窗出去（古时没有火炉和烟筒，一般都是在帐幕中央生火，烟从天窗出去）。蒙古包地上铺羊毛毡。包门口和火炉旁铺牛皮。现代卧榻有的铺设木床，有的设有矮床。一个蒙古包一般只供一夫一妻及其子女居住。新婚夫妇要建新包，有的是新娘父母陪送。家庭经济条件好的或眷属多的，一家有几个蒙古包。但凡有两个以上蒙古包的家庭，都是长者居最西侧的蒙古包。蒙古包主要由架木、苫毡、绳带三大部分组成。制作不用泥水土坯砖瓦，原料非木即毛。

"蒙古包"是满族对蒙古族牧民住房的称呼（图 2.3-189），蒙古包呈圆形，有大有小，大的可纳二十多人休息；小的也能容纳十几人。蒙古包源自满语，在《史记》《汉书》等汉语典籍中，被称作"毡帐"或"穹庐"。在蒙文中籍里被称为"斡鲁格台格儿"，意为无窗的房子，现代蒙古语则称"奔布格格日"或"蒙古勒格日"，意为圆形或蒙古人房子。"包"字，出自满语。满语称蒙古人住的这种房子为"蒙古博"，"博"意是"家"的意思，"博"与"包"音近，因此，蒙古包则作为一种译音流传下来，至今已有三百多年的历史。蒙古包的架设很简单，一般是在水草适宜的地方，根据包的大小先画一个画圈，然后沿着画好的圆圈将"哈纳"（用 2.5m 长的柳条交叉编结而成）架好，再架上顶部的"乌尼"（长约 3.2m 的柳条棍），将"哈纳"和"乌尼"按圆形衔接在一起绑架好，然后搭上毛毡，用毛绳系牢便大功告成（图 2.3-190）。蒙古族古代歌谣《敕勒川》自南北朝时期流传至今：敕勒川，阴山下，

天似穹庐，笼盖田野；天苍苍，野茫茫，风吹草低，见牛羊；木栅蒙语称"哈纳"，是用长约 2m 的细木杆相互交叉编扎而成的网片，可以伸缩，几张网片和包门连接起来形成一个圆形的墙架，大约 60 根被称作"乌尼"的撑杆和顶圈插结则构成了蒙古包顶部的伞形骨架。牧民们用皮绳、鬃绳把各部分牢牢地扎在一起，然后内外铺挂上用羊毛编织成的毡子加以封闭，一个精美观的蒙古包就建造完成了，可以说是用最简洁的手法和最省料的工艺完成的一种极富表现力的创造。

图 2.3-189　蒙古包

图 2.3-190　哈纳、乌尼

辽代是中国古塔建筑的鼎盛朝代，也是八角砖塔最流行时期，庆州白塔是这个时代佛塔的代表作（图 2.3-191）。这是一座仿木结构的楼阁式塔，非常逼真地以砖模仿柱、枋、斗栱、出檐、门、窗等木结构。辽庆州白塔为八角七级，通高 73.27m 的砖木结构楼阁式塔。造型玲珑秀美、浮雕精湛细腻，宏伟壮观。始建于辽兴宗重熙十六年二月（1047 年），竣工于重熙十八年七月十五日（1049 年）。塔身洁白如玉，挺拔秀美，坐置平原，直插蓝天，背靠青山，面对白水（查干沐沦）。塔身通体白色，遍饰各种精美的浮雕；七层出檐上缀挂 2240 个生铁铸造的风铃，随风鸣声；铜制鎏金的刹顶及塔身嵌装的几

图 2.3-191　庆州白塔

百面铜镜，在蓝天白云下，熠熠生辉，光亮夺目。塔内中空，每层均砌有塔室，但不知什么时代拆除了第一层阶梯，改建为经堂，已无法登临。据说 20 世纪维修时从塔刹的刹穴中发现了一批辽代雕版印制的佛经、木质佛舍利塔、银制和琉璃制舍利瓶、水晶杯以及精美的丝织绣品等，更使这座古塔增添了几分神秘色彩。庆州白塔，是今人的俗称，此塔原名"释迦佛舍利塔"，是辽重熙十六年至重熙十八年（1047 ~ 1049 年）间，辽兴宗耶律宗真为自己的生母章宣皇太后"特建"的。辽兴宗与自己的母亲之间，曾发生过一段与春秋时郑庄公与其母亲武姜类似的宫廷权力倾轧故事。辽兴宗的生母萧氏为圣宗生下了耶律宗真和耶律重元两个儿子，长子宗真被当时没有儿子的齐天皇后收养了，萧氏也从一个普通宫人被封为顺圣元妃。

圣宗死时遗诏以齐天皇后为皇太后，但萧氏藏匿了诏书，在宣布耶律宗真（兴宗）即位时，自封为章宣皇太后并把持朝政。虽然新皇帝也是自己的亲生儿子，但自幼被齐皇后领养，感情毕竟疏远了许多。重熙三年（1034年），章宣皇太后曾与娘家兄弟密谋立小儿子耶律重元为帝，不想事情败露，辽兴宗在朝臣支持下先发制人，掌控了局面，将章宣皇太后用一个黄布围幔的小车送到刚刚筑就的庆州城内的七括宫幽禁起来，当时的庆州城是专为奉守圣宗陵寝而建的，大概是让章宣皇太后在此伴着先皇帝陵反思吧。春秋时代的郑庄公在粉碎了母亲与弟弟合谋的政变企图后，曾将母亲放逐到一个小邑，并发誓不及黄泉永不见自己的母亲，后来郑庄公觉得自己的誓言太重了，念及母子亲情，搞了一个特殊仪式解除了誓言，与母亲和好了。

我国北部的广大内蒙古地区，在成吉思汗以前，"萨满教"十分兴盛，在人们的精神生活中处于主导地位。元朝建立后，佛教、道教、伊斯兰教相继传入内蒙古，萨满教逐渐衰落。由于元帝推崇佛教，所以在内蒙古寺庙居多，保留最大四大寺院，大召寺，五当召，白灵庙，贝子庙。大召寺（图2.3-192）（非西藏拉萨大昭寺），蒙古语称"依克召"，意为大庙。汉名原为弘慈寺位于呼和浩特旧城的南部，由明代蒙古土默特部落的首领阿拉坦汗，在明万历八年（1580年）主持修建。寺庙属于藏传佛教格鲁派（喇嘛教中的黄教），是呼和浩特最早兴建的喇嘛教寺庙。大召寺在清代被尊为"皇庙"。因为清顺治皇帝迎接达赖五世赴京时，曾住宿在这里；康熙皇帝也在这里住过几日，并铸有"皇帝万岁"的金牌，为了表示对皇帝的尊敬，此后这里取消了活佛的转世规定，成为了蒙古地区少有的不设活佛的寺庙，寺庙的正殿也换成了黄色琉璃瓦。五当召（图2.3-193），位于内蒙古自治区包头市石拐区东北约45km的吉忽伦图苏木五当沟内的大青山深处。先说一下五当召是什么意思，五当召蒙古语称巴达格尔召，就是柳树的意思。当年的五当召创始人为了弘扬佛法，千里跋涉，历经艰辛从西藏来到这里，被苍鹰引至此地，发现这个山谷里柳树成荫，三面环山。所以就决定在此开始修建寺庙，弘扬佛法。苏古沁殿，是五当召内最大的建筑物，位于寺院最前部，高三层，一楼前大厅是经堂，有80根方柱上部雕刻和彩绘着各式花纹图案，外裹云龙图案的地毯。地上排列着数十排坐榻，上铺藏式地毯。四壁彩绘释迦牟尼佛传故事和各种护法神像。顶部挂着各色幡幔，殿内庄严肃穆、富丽堂皇。全殿可容纳千余喇嘛在这里诵经。凡属全召性的集会都在此举行。每天的早经——满迦经，各殿喇嘛都来此诵读，经堂内正面的座椅是活佛出经的席位，左右是高层喇嘛的座位。下边地毯木榻是喇嘛诵经的座席。后厅为藏经阁，供奉着各种佛像、唐卡，二楼回廊处绘有"九大佛寺建筑"鸟瞰壁画极为珍贵。

图 2.3-192　大召寺

图 2.3-193　五当召，苏古沁殿

　　百灵庙（图 2.3-194）位于内蒙古自治区包头市达尔罕茂明安联合旗政府所在地。建于康熙四十二年（1702 年）。百灵庙系达尔罕贝勒庙的转音，亦称乌力吉套海（吉祥湾）召庙群。庙宇由 5 座大殿、9 顶佛塔和 36 处藏式结构的院落组成，总占地面积 8000 多平方米。各处殿塔雕梁画栋、廊柱林立，墙壁上彩绘着佛经里的人物故事，造型生动，构图细腻。清康熙皇帝御赐"广福寺"牌匾悬挂于大佛殿正门上方。百灵庙是蒙古语贝勒因庙的转音，亦称乌力吉套海（吉祥湾）召庙群。达尔罕茂明安联合旗是由原清喀尔喀右翼旗和茂明安札萨克旗合并而成的。喀尔喀右翼旗俗称达尔罕贝勒旗，后来蒙古人习惯称"贝勒因庙"（贝勒：清代封爵，位在亲王、郡王下，"因"为助词，相当于汉语的"的"），汉人又讹"贝勒因"为"白林"，一度曾写作"白林庙"。百灵庙为其谐音，因庙周围风景秀丽，庙前有一条清澈见底的小河，河两岸的草地上开满了各色无名的野花，风和日丽之时，常有一群群百灵鸟在附近婉转鸣啼，百灵庙这一名称也就得以流传了下来。贝子庙（图 2.3-195），蒙古语名"班智达葛根庙"，汉名"崇善寺"。是内蒙古四大庙宇之一，位于锡林郭勒盟锡林浩特市北部的"额尔敦陶力盖"敖包南坡下。始建于清乾隆八年（1743 年），又于道光、光绪年间扩建。据说历经七代活佛精修而成，共耗费白银 174 多万两。整个建筑群有朝克钦、明干、却日、珠都巴、甘珠尔、丁克尔、额日特图七座大殿，五座拉布楞（活佛殿），五座佛塔，此外尚有 30 多个庙仓及两间喇嘛住宅在庙宇的东西两侧和后面。建筑群规模庞大，气势雄伟。"先有贝子庙，后有锡林浩特。"这是当地群众耳熟能详的一句话。

图 2.3-194　百灵庙

图 2.3-195　贝子庙

　　据史料记载，明万历九年（1582 年），土默特蒙古部，席力图召，阿勒坦汗死后，其子僧格都楞继承了汗位。他执政后，效仿他父亲的做法，决定邀请三世达赖索南

坚措到内蒙古右翼各部传播宗教。三世达
赖接受了他的邀请。为了迎接索南坚措
三世达赖的到来，僧格都楞于万历十二年
（1585年）为他建立了这座小喇嘛庙——
席力图召（图2.3-196），汉名"延寿寺"，
为康熙所赐。后在清康熙、雍正、咸丰和
光绪年间，经不断扩建和修缮，成为呼和
浩特地区规模最大的喇嘛教寺院，并掌握
着这个地区的黄教大权。召庙建筑宽敞，

图2.3-196　席力图召

风格独具，虽经四百年风雨和动乱，仍保留较完整。席力图一世呼图克图（活佛）
希体图噶因深谙佛教典籍，并精通蒙古、藏、汉三种文字，受到顺义王阿勒坦汗的
推崇，召中香火日盛。四世达赖幼年从希体图噶学习经典。（席力图，蒙古语意为
"首席"或"法座"，坐落在呼和浩特市玉泉区大南街，坐北向南，是呼和浩特建筑
规模最大，最著名的寺院之一，在历史上和古代建筑史上享有盛名。"召"这个词
的含义。中国只有内蒙古西部的鄂尔多斯地区和土默特地区把寺庙叫作"召"，这
是一个很有趣的现象。"召"不是蒙古语，而是藏语。在蒙古语里，寺庙被称作"斯
木"；而在青藏地区，寺庙通常叫作"禅林"，西藏地区的拉萨有大昭寺和小昭寺，
绝不可称作"大召"和"小召"，只有土默特和鄂尔多斯才这样叫。那么"召"是
什么意思呢？"召"的本意是兄长，引申为尊者，寺院中都有佛像，佛像就被吐善
人称作"召"。当年吐蕃松赞干布迎娶了两位外籍女子，一位是唐文成公主，另一
位是尼泊尔尺尊公主。两位公主下嫁到吐蕃时，不约而同都带着佛像作为陪嫁物，
一个是大召，另一个是小召。供奉大召的就是大昭寺，供奉小召的就是小昭寺。藏
传佛教于16世纪中叶传到鄂尔多斯地区，将供奉"召"的地方叫做召。三世达赖
来到呼和浩特传教期间，西藏方面派高僧希迪图噶卜楚专程来看望他。1588年，三
世达赖圆寂，死前他留下遗嘱，命令希迪图噶卜楚替他坐床传教，并指示在办完舍
利（遗体）事宜后，到东方寻找他的呼毕勒罕（转世）。希迪图噶卜楚遵从他的旨令，
在席力图召坐床，并负责蒙古右翼地区的佛教事务。1589年，希迪图噶卜楚同右
翼蒙古封建主商量，选取阿勒坦汗曾孙云登嘉措做了四世达赖，希迪图噶卜楚亲自
给四世达赖讲授佛教经典，一直把四赖教养成人。于明万历三十年（1602年），由
希迪图噶卜楚护送四世达赖到西藏举行坐床典礼。传说在典礼仪式上，希迪图噶卜
楚曾座席力图召大殿在达赖喇嘛的法座上，法座的藏语名称席力图，他被称为席力
图呼图克图。返回呼和浩特以后，希迪图噶卜楚便将他主持的寺庙改名为席力图召。
这位希迪图噶卜楚就是席力图一世。为了报答希迪图噶卜楚的执教之恩，四世达赖
曾授予他"乌汝勒克、班弟达固巧尔气"的称号。也有资料认为，席力图召的名字
就是来自他的这个封号（即有权坐床之意）。席力图一世活佛希迪图噶卜楚熟悉蒙、

藏、汉三种文字，精通佛教典籍，曾将藏文《般若经》译成蒙古文。康熙三十五年（1696年），康熙皇帝第二次亲征噶尔丹，抵抗沙俄侵略，西征凯旋回军路经呼和浩特，康熙皇帝驻跸此召。当时的席力图四世为康熙帝举行名为"皇图永固，圣寿无疆"诵经法会，康熙御赐《唐古特经》一部，《药王经》一部，还有珊瑚数珠，红珠宝石。又因席力图召的大殿正在此时新建落成，于是赐寺名为延寿寺，并在寺内立满、汉、蒙、藏四种文字的征噶尔丹记功碑，立于召内殿前，兼以表扬席力图四世对清廷的功绩。在雍正十二年（1734年），因席力图五世与清廷保持密切联系，被授封为掌印札萨克达喇嘛，总理"归化城"喇嘛教务。当时的掌印札萨克达喇嘛实权很大，可以直接上奏清朝皇帝。席力图活佛既累代掌印，召中权力更为集中。由于财力也比较雄厚，在清代后期，仍有增修。咸丰九年（1859年）还曾经重修殿基，增高数尺。十分可惜的是光绪十三年（1887年）席力图召发生火灾，将庙仓及住所几乎全部烧毁，召遂大破。后光绪十七年（1891年）加以重修后，较以前更加壮丽，便是现今席力图召的外观（图2.3-196）。

定远营（图2.3-197），是今内蒙古自治区阿拉善盟巴彦浩特镇旧称。巴彦浩特的历史可以追溯到汉代。相传汉代名将班超出使西域时就曾经在此驻扎。朝廷因为班超畅通丝绸之路有功，封班超为定远侯，他所驻扎的营地便称为"定远营"。1723年，阿拉善和硕特旗第二世旗王阿宝奉调征

图2.3-197　定远营

讨青海和硕特部罗卜藏丹津叛乱，因功晋爵多罗郡王。阿宝是和硕特部先祖顾实汗后裔中最忠实臣服清廷的额驸郡王，清廷对其倍加信任。在1724～1733的8年中，阿宝奉命统辖管理刚刚平息叛乱的青海和祁连山后和硕特诸部。期间，清廷认为"阿拉善辖地贺兰山之北，乃朔方之保障，沙漠之咽喉，圣心轸念山后一带，切近宁城。"为此，大清王朝先命工部侍郎通智先行踏看，勘察考证，再命通智与陕甘总督岳锺琦调研考察，详议具奏《建城方案报告》，呈报大清王朝。"贺兰山后，葡萄泉一带水甘土肥，引导诸泉，亦可耕种。兼之，山险挺生松柏，滩中多产红盐，且扼瀚海往来之捷路。控北塞七十二处之隘口，在此修建一城名曰'定远营'，可西接平羌，遥通哈密、巴里坤等处，东接威城，远连'三受降城'，两狼山之要地。借以保障边远与内地联络畅通，安定和睦。"通智与岳锺琦在《建城方案报告》中奏曰。大清王朝准奏，降旨委任工部侍郎通智，偕光禄卿臣史俞福共同督理，开拓造城工务。"定远营城依据地形高下，倚山筑城，气势轩昂。其占地东西长约1华里多，南北宽约1华里，面积约1平方华里；城墙周长3.3华里。城墙全部用灰白色黏土石杵夯打筑成，有高大雄伟、华丽的南城门，外侧门楣上书石刻大字'定远

营'。全城高大坚固，巍峨壮观。"阿拉善盟档案史志局赵明秀先生说，自1730年始建，1733年落成，是阿拉善的旗府驻地，政治、经济、军事、文化中心。

美岱召（图2.3-198）（蒙古语"美岱"意为弥勒）原名灵觉寺，后改寿灵寺。是内蒙古地区重要藏传佛教建筑之一，在京藏高速公路的北侧，东距包头市约50km的土默特右旗美岱召村。美岱召四角筑有外伸约11m的墩台，上有角楼。进入泰和门，迎面就是"大雄宝殿"，它是喇

图2.3-198 美岱召

嘛教传入蒙古的一个重要的弘法中心。寺周围筑有围墙，土筑石块包砌，平面呈长方形，周长681m，总面积约4000m²。明隆庆年间（1567～1572年），蒙古土默特部主阿勒坦汗受封顺义王，在土默川上始建城寺。万历三年（1575年）建成的第一座城寺，朝廷赐名福化城。西藏迈达里胡图克图于万历三十四年来此传教，所以又叫迈达里庙、迈大力庙或美岱召。独特的风格。它是仿中原汉式，融合蒙藏风格而建，是一座"城寺结合，人佛共居"的喇嘛庙。总面积约4000m²，寺内有大量的壁画，如大雄宝殿内释迦牟尼历史壁画及描绘蒙古贵族拜佛的场面的壁画都完好无损。经过修缮的美岱召城门，古朴典雅，虽说没有藏传佛教寺院四周的经幡飘动，但是建筑选址、格局还是透着黄教韵味。美岱召作为大明金国"都城"，是阿拉坦汗和三娘子的"皇城"，又是喇嘛教传入蒙古时期的一个重要弘法中心、藏传佛教圣地，它是一座"城寺结合，人佛共居"的喇嘛庙，在研究明代蒙古史、佛教史、建筑史、美术史上均有一定价值。美岱召四周筑有高厚的城墙，敦厚结实，可以抵御军队的炮弹和骑兵的突袭。整个城池略呈长方形，墙高约4m，周长681m，四角建有角楼。佛殿墙壁上的壁画，生动逼真，有很高的艺术价值。南墙正中开设城门，并建有城楼，城门上嵌有明代扩建寺庙时刻的石匾额，上题"泰和门"。供奉佛像的殿堂就在城内，山门匾额题有"皇图巩固，帝道咸宁，万民乐业，四海澄清"之句，落款为"大明金国"，颇为特别。成吉思汗八白宫以及其他奉祀之神，大都以宫帐形式建立的。宫帐，蒙古语称"朝木楚格鄂尔多"，是毡帐的尊称。宫帐，分单帐和双帐两种。双帐以相互连接的两顶宫帐所组成，是成吉思汗几位夫人所在的四大鄂尔多与八白宫合并时所产生的宫帐。到清代末，成吉思汗与孛儿帖格勒真哈屯宫帐、忽兰哈屯宫帐和准格尔伊金宫帐为双重帐，其余宫帐是单帐。宫帐是供奉成吉思汗奉祀之神的设施。成吉思汗八白宫，由宫帐所组成。宫帐的造型、结构虽然与传统的蒙古包相似，但不完全一样。据说，宫帐造型模仿传说中的桃儿形天宫，也象征福禄吉祥的葫芦形状。在历史记载中曾称"有天宫形状之帐曰宫帐"。宫帐是从大蒙古国时期七百多年来世代相传而来的，它保留着蒙古古代宫廷的造型。正

因为这样，俄罗斯的蒙古学者伏拉迪米尔佐夫说："在鄂尔多斯安置成吉思汗遗物的宫帐，其外观与现在蒙古人普通包有很大区别，宫帐顶端正如若布若克所叙述的有'颈子'"，宫帐是古代蒙古可汗及贵族宫室的一种。宫帐的架子，是在哈拉嘎斯（顶端筐状木头架子）上插入乌尼（椽子）并竖起哈那（木头花墙）做成的。顶端的哈拉嘎斯看起来真像有脖子似的，与一般的蒙古包不一样。宫帐平时用白毛毡蒙盖。为参加春季查干苏鲁克大祭，而三月十八日出游到巴音昌霍格草滩营地的专门制作的成吉思汗宫帐，除了用白毛毡蒙盖以外，外面还要罩一层用棕黄色的布料制作的缀有青绿色流苏的外套。在查干苏鲁克大祭期间，人们看到的是成吉思汗黄色宫帐，因而，成吉思汗宫帐亦称"阿拉坦鄂尔多"（金殿）。宫帐没有用毛毡覆盖，以前立起来的架木叫做"嘎希"，覆盖后叫做"朝木楚格"（宫帐）。宫帐的哈那是直竖的木头哈那，互相不往一块儿穿缀。哈那的下边有四方形的整体木头底座儿，底座儿上对着哈那下端和门的榫头凿了与哈那和门框相等数的孔，将哈那的木头和门框插入孔内。单帐合那的立木东、西、北三面连拐角在内分别都是九根，有门的一面是六根。哈那高五尺，哈那上端有块叫"木日布其"（插肩）的木头，哈那的上端和乌尼的下端都套在木日布其上。乌尼的上端稍微向外弯出一点儿，下端为了插入木日布其，向里稍弯曲。乌尼一般为六尺长，角上的乌尼为六尺半左右。乌尼的上端夹在一个倒扣的筐状式的哈拉嘎斯里。遮盖上毛毡以后，哈拉嘎斯的上端放置宫帐的金顶，并用绳索向四个方向绷紧。宫帐的陶瑙（天窗）不开在帐顶的正中间，而是开在金顶的前边。宫帐的门是双扇的。成吉思汗与孛儿帖格勒真哈屯双重宫帐，形状与其他的宫帐同样，只是后帐要比其他宫帐大，里边还用了柱子、梁，形成宽畅的鄂尔多。成吉思汗陵（图2.3-199）的主体是由三个蒙古包式的宫殿一字排开构，从蒙古族民族心理来说，成吉思汗陵是圣地，是"全体蒙古的总神祇"。成吉思汗在蒙古族人们心目中的神圣地位也就不难理解了，这也使得成吉思汗陵的地位变得极为神圣和尊贵，成为蒙古人民心

图 2.3-199　成吉思汗陵

中的圣地。"陵"的概念，蒙古族与汉族理解不同。"陵"在古汉语里的意思是"大土山"，由于古代帝王的陵墓在外观上是类似"大土山"的凸起物，进而引申为"帝王陵墓"。而蒙古族所谓的"陵"，如《黑鞑事略》所言："（蒙古人）其墓无冢，以马践蹂，使平如平地。若忒没真（铁木真）之墓，则插矢以为垣，阔逾三十里，逻骑以为卫"。据《蒙古秘史》记载，蒙古皇族下葬后，先用几百匹战马将墓上的地表踏平，再在上面种草植树，而后派人长期守陵，一直到地表不露任何痕迹方可离开，知情者则会遭到杀戮。这也说明了蒙古族丧葬习俗的特点之一，他们并不追

求外在意义上的高大雄伟，更渴望与自然的和谐统一。"平如平地"恐怕也是一种更高境界的追求，这与萨满教的肉体与灵魂分离观点是紧密相联的。伊克昭盟最后一位札萨克郡王奇忠义认为：从蒙古人的习俗和过去信奉的萨满教讲，祭奠先人主要是祭灵魂，不是祭尸骨。按照蒙古民族的习惯，人将死时，他的最后一口气——灵魂将离开人体而依附到附近的驼毛上。根据史料记载，吸收成吉思汗先祖最后一口气——也就是灵魂的驼毛，几百年来就收藏于鄂尔多斯成吉思汗陵。传说，成吉思汗下葬时，为保密起见，曾经以上万匹战马在下葬处踏实土地，并以一棵独立的树作为墓碑。为了便于日后能够找到墓地，在成吉思汗的下葬处，当着一峰母骆驼的面，杀死其亲生的一峰小骆驼，将鲜血洒于墓地之上。等到第二年春天绿草发芽后，墓地已经与其他地方无任何异样。在这种情况下，后人在祭祀成吉思汗时，便牵着那峰母骆驼前往。母骆驼来到墓地后便会因想起被杀的小骆驼而哀鸣不已。祭祀者便在母骆驼哀鸣处进行隆重的祭奠。可是，等到那峰母骆驼死后，就再也没人能够找到成吉思汗的墓葬了。所以除了蒙古高原上的疑似墓地以外，再没有任何已经获得证实的陵墓。达尔扈特人，是蒙古族中专门为成吉思汗守陵的部落。达尔扈特是蒙古语，翻译过来的意思是"担负神圣使命的人"。至今为止，达尔扈特人已经忠诚地为成吉思汗守灵近八百年，人口现有大约两千人。"达尔扈特"的称呼源于忽必烈时期，"约在1282年（至元十九年），元朝忽必烈时期钦定成吉思汗四时大典，产生规范的祭文、祭词，守护、祭祀人有了详细的分工。这部分专职祭祀者，那时开始称之为达尔扈特。并在朝廷中，为了规范成吉思汗等太庙的祭祀，委任了具体管理、主持祭祀的太师、宰相、洪晋、查尔彼为首的'八大亚门特'，并封了博斡儿出之子为'太师'，孙子为'丞相'称号，使他们世代为成吉思汗祭祀服务"。蒙古帝国和元朝还对达尔扈特人授予不服兵役、不纳税赋之特权。在清朝时这种特权得到了进一步的明确和保障，清政府理蕃院对此有明文规定。而且，在原来的基础上又授予一些新的权利，如达尔扈特人可以到蒙古地方征收祭祀所用的财物，驿站为他们免费提供乘骑等。这些特权也保证了他们作为祭祀文化载体的可能性、唯一性、职业性。这在世界文化传承史上也是独树一帜的。

2. 新疆

新疆古称西域，西域一词特指新疆地域范围，从古代一直延续至清朝中期乾隆帝时期。清朝平定准噶尔部的叛乱之后，将古称西域的天山南北地区称为新疆。新疆在1878年由左宗棠从阿古柏手中收复之后，1882年沙俄侵略者也被迫归还了伊犁地区。于是，左宗棠力主清朝廷在天山南北建省，他在给清朝皇帝的奏折中称新疆"他族逼处，故土新归"。于是以新疆为省名就又有了一层新的意义，即新疆自古是中国固有的领土，但因为是新从阿古柏和沙俄手中收复的失地，故以新疆定为省名，有"故土新归"之意。1884年新疆建省，正式定名新疆省。从口头传统上已经成为特指西域地区名词"新疆"一词正式成为特指中国西域地区的专用名

词，沿用至今。近代新疆各地考古资料表明，最晚在六七千年以前，新疆地区已有人类活动。在大约距今二三千年前的新石器时代，天山南北各地，诸如哈密的三道岭、七角井、吐鲁番盆地的阿斯塔那、乌鲁木齐县的柴窝堡，以及木垒、奇台、伊犁、库车、巴楚、且末、于阗、皮山等地都已出现人类祖先活动的遗迹，其石器形制、打刻技术以及共存的陶器色彩、花纹与中国甘肃、内蒙

图 2.3-200　新疆彩陶距今 3000 年

古、宁夏等地相近。新疆出土距今 3000 年前的彩陶三角形纹（图 2.3-200）、涡纹、弦纹的绘制和诸，如陶豆一类器形，甘肃和内地彩陶艺术已影响到新疆彩陶文化艺术的发展。中国古史中对于西域地理历史的真实具体记载当始自汉代。同样也在汉代，中央政府在西域各地开始设置地方政府机构。所以，自汉代起西域便已是中国不可分割的组成部分。西汉王朝征服西域之大业是从讨伐匈奴开始的。匈奴是秦汉之际在中国北方草原地区活动的一个实力强盛的游牧民族，初弱，后强盛。汉朝对北方地区，包括西域的统一管辖，结束了该地区长期以来诸游牧部落不相统属的分割局面，为后来全国性的统一局面形成创造了条件。汉武帝刘彻为了打败匈奴，巩固其统治，决定"通西域，以断匈奴右臂，隔绝南羌、月氏"。为此他先派张骞两度出使西域，以加强同西域诸地的联系，共同对付匈奴。汉武帝又命李广利于太初元年（公元前 104 年）、三年两伐大宛（在今中亚费尔干纳盆地），使西域的许多城国相继臣服于汉。汉朝在西域的轮台、渠犁等地驻兵屯田，并置使者校尉统领之。新疆是以维吾尔族为主体的多民族聚居地区，有维吾尔、汉、哈萨克、阿尔克孜、塔吉克、锡伯、乌孜别克、俄罗斯、塔塔尔等民族。几千年来，新疆各族人民把各种不同的文化相互融合。历代王朝为了军事防御，生产和生活需要在南北疆各地建立了各类建筑，这些建筑工程浩大，质地坚固。南疆多为木框架体系和生土体系建筑，北疆由于草原辽阔，所以一般是十分灵巧的可拆卸的毡房、蒙古包等。新疆有着独特的建筑结构体系——木框架、篱笆墙、密小梁顶的建筑体系。新疆建筑是中华民族建筑文化中的瑰宝。

维吾尔族民居分为两大类：一类称阿以旺式民居，另一类叫做米玛哈那式民居。阿以旺式民居（图 2.3-201、图 2.3-202），阿以旺在维吾尔语中有"夏室"的意思，意为明亮的住所。由三间房屋组成，中间一室呈横向长方形，为夏居室、客室，前面有一过道，室内即土炕台，墙上设壁台，小平天窗采光。走道的一端为主卧室、冬卧室，一般不开窗。双扇门入口处有一渗水坑，比土炕台低 15cm，做沐浴渗水用。阿以旺民居以阿以旺厅而得名，该厅在阿以旺式民居中面积最大，层高最高，装饰最好，最明亮，室内设有 2 到 8 根柱子，屋顶设窗户采光，柱子四周设有炕台，上铺地毯。

图 2.3-201　维吾尔族阿以旺式民居

图 2.3-202　阿以旺式民居阿以旺厅

米玛哈那式民居（图 2.3-203、图 2.3-204）米玛哈那式民居遍布全疆，由米玛哈那（客房）、代立兹（前室）和阿西哈那（厨房、餐室兼冬卧室）组成，呈一明两暗的形式，但它和汉族及其他民族的一明两暗房屋相比，无论是房间布局，或是开间尺度、使用功能都根本不同，它有着维吾尔民族的鲜明特征。米玛哈那呈横向布局，一般面宽三开间，约9m，进深5～7m，向院面设三樘平开窗，窗台低矮，窗向内呈喇叭形，房间明亮宽敞。室内三面墙设壁龛代替家具，天棚木雕刻梁，地面满铺地毯，窗挂2～3层不同质地的窗帘。喀什夯土民居、布尔津禾木图瓦人木板房、塔什库尔干哈萨克人毡房、吐鲁番高昌故城、尉犁罗布人村等都有特色（图2.3-205～图2.3-216）。由于新疆雨水少，居住点一般分布在有地下水的绿洲。这里除生活富裕的人家用砖修建房屋之外，一般人家就地取材，用土坯修造平顶住宅。以土坯外墙和木架、密肋相结合的结构，依地形组合为院落式住宅。在布局上，院子周围以平房和楼房相穿插。维吾尔族建筑空间开敞、形体错落、灵活多变。用土坯花墙、拱门等划分空间。由于大陆性气候非常明显，气温变化大，一般不开侧窗，只开前窗，或自天窗采光。新疆每年4～5月都要刮二十多天的十级以上的大风，所以，民居保持一定的密度，庭院也并不大。维吾尔族民居多用黏土、生土修建，在吐鲁番地域具备悠长的历史。吐峪沟居民继续了两千年前用黄黏土建造房屋的传统习性。房屋修建均是以黄黏土建成的窑洞式的修建，其特征是经济实惠、冬暖夏凉、外形雅观（图2.3-217～图2.3-219）。传统修建的建筑为方形，开天窗。屋顶个别平整，可作晒场用。室内个别砌实心土炕，亦有可取暖的空心炕，高约30cm，供起居坐卧。墙上开壁龛，搁置食物和器具，有的壁龛还造成各种几何图案，并喜欢在墙上挂壁毯和石膏雕饰。在南疆，维吾尔族住所多有院落，呈方形。大门忌朝西开，住室在较长的前廊。维吾尔族重要聚居，在新疆，为适应降雨量少，昼夜温差大的天然环境，他们的住房多用外地土质，粘结性强、轻易脱水成型，因地制宜，发明了隔热性能良好的平顶土坯住宅。它们由厚实的土墙和拱式的房顶组成，窗户少，注意庭院空间，使居室内外相互浸透融合。南疆民居修建具备以户外运动场合为中央的特征，"阿以旺"式、"阿克赛"式的民居，均是户外场合在两头，四周环以带外廊的房屋，造成了宅院的外向性作风。吐鲁番盆地的维吾尔族民居，流行土拱住宅，用土坯花墙、拱门等划分空间，注意院落内和室内通风，个别用筒做成门洞，这样

能够造成良好的穿堂风。在筒拱顶部留天窗，利于室内透气。楼房局部带外廊，使重要房间进深变浅，门面向外廊，以利通风。维吾尔族民居以南疆喀什一带最为典范，因外地干热少雨，风沙大，所以发明了一种土墙、土平顶，居室分为冬室和夏室的民居类型。新疆维吾尔族民居的门楼院子有拱形的门廊，雕饰优美。房屋为中亚地域的平顶，呈方形，墙壁是泥土夯筑的，有较深的带护栏的前廊。庭院中种植花卉、果树和葡萄，是弹唱、劳动、餐饮之所。维吾尔族国民喜欢在庭院或外廊陈设茶具。

图 2.3-203　米玛哈那式民居

图 2.3-204　奢华的维吾尔族民居

图 2.3-205　喀什夯土民居

图 2.3-206　布尔津禾木图瓦人木板房

图 2.3-207　哈萨克人正在搭建毡房

图 2.3-208　吐鲁番高昌故城

图 2.3-209　尉犁罗布人村

图 2.3-210　尉犁罗布人骆驼队

图 2.3-211 葡萄凉房用维吾尔语叫 chunche（群恰）

图 2.3-212 大巴扎

图 2.3-213 香妃墓

图 2.3-214 喀什艾提尕尔清真寺

图 2.3-215 惠远古城

图 2.3-216 长在沙漠的建筑

图 2.3-217 维吾尔族民居特征

图 2.3-218 一群土黄色建筑

图 2.3-219 蓝天金黄的建筑

3. 东北

"东北"一词，最早发见于《周礼·职方氏》，"东北曰幽州，其镇山曰医巫闾。"《山海经》中，"东北海之外，大荒之中"，"有山，名曰不咸，有肃慎氏之国"。元朝《大元一统志》说："开元路，南镇长白之山，北浸鲸川之海，三京故国，五国旧城，亦东北一都会也。"清朝康熙说"东北"是"中国地方"——《清实录康熙朝实录》"谕

朕前特差能算善画之人、将东北一带山川地里、俱照天上度数推算、详加绘图视之。此皆系中国地方。"东北红山文化把中华文明提前了1000年，在红山文化重大考古发现以前，只有夏商周以来近四千年的中华文明史。1971年，内蒙古翁牛特旗三星他拉村农民张凤祥在离村子不远处的田野中捡到了一件C形玉龙。十多年以后，这件玉龙终于得到考古学家的正式确认：这是一件可以上溯到5000年以前，由当时的红山人精心制作的玉器，是国内首次发现的"中华第一玉雕龙"（图2.3-220）。辽宁西部山区红山文化的重大发现，把中华文明史提前了一千多年。闻名于世的红山文化就是根据内蒙古赤峰市这座红色的小山命名的，20世纪上半叶，考古学者们在这里发现了红山文化的第一个遗址（图2.3-221）。

图2.3-220　中华第一玉雕龙

图2.3-221　红山文化遗址

　　1984年在辽宁朝阳的牛河梁，考古队员挖开了一座5000年以前、陪葬有玉器的红山文化古墓，在古墓主人的胸部，摆放着两个精美的玉器。这两件都是带有缺口的玦状玉器，玦的头部是一种动物，由于这种动物的形状很像猪，因此被称做"玉猪龙"（图2.3-222）。根据古文献记载，黄帝图腾主要有5种：一是熊。《史记》说："黄帝为有熊。"班固编著的《白虎通义》也说："黄帝有天下，号曰有熊。"在朝阳牛河梁红山文化遗址考古发掘中，不但出土了泥塑的熊下颚和熊掌残体，还出土了双熊头三孔玉器。《史记》说"轩辕，黄龙体"。闻一多先生认为，上古姬通女又通巳，而巳即是大蛇，这种大蛇又被人们称作龙，被

图2.3-222　玉猪龙

黄帝部落奉为图腾。红山文化蛇形龙玉器，以及从兴隆洼、查海遗址的玉玦，到翁牛特旗三星他拉遗址的玉龙，已经形成了一个系列。《国语》说"我姬氏出自天鼋"。郭沫若先生认为黄帝的图腾为天鼋，即神龟。在牛河梁遗址多次出土了神龟玉器和玉龟壳。红山文化的勾云形玉器，部分造型可能与云有关。《国语》记载，黄帝之子十二姓中，有"人面鸟身者"，可能以鸟为图腾。在牛河梁红山文化遗址的墓葬中，确实出土了玉鸟。与黄帝有这么多的契合，这种种契合的真正含义是什么？考古学家认为，红山文化图腾性玉器反映了红山先祖的生产、生活、生育和生灵这"四

生"情况。可以说，红山文化的每一件玉器均是"四生"的反映。黄帝多图腾一是龙，二是凤。从出土玉器实物上看也是如此：以蛇为原型的龙，以猫头鹰为原型的凤，组成了玉龙、玉凤系列。由此可以推断，龙和凤是黄帝部族的最高图腾，玉龙玉凤是红山最尊崇的玉器。夏以前将不是只有传说，红山文化是华夏文化的起源之一，在此基础上形成了东北的先民商族和古燕族，东北是华夏民族的传统聚居地。东北建筑特点：房屋尖顶，坡度陡，而且墙后，家中一般的都有火炕，冬天很暖和。其实最典型的东北民居样式就是坐北面南的土坯房，以独立的三间房最为多见，而两间房或五间房都是三间房的延伸。房子坐北面南最根本的原因就是采光和取暖的需要，这个因自然环境造成的建筑格局，最后演绎成一种风俗习惯，甚至还发展成带有等级性质的封建规则。在中国人们的观念中，以北为上，南面次之，甚至坐北面南成了君临天下的代名词。坐北面南的房子叫正房，面向东面或西面的房子叫厢房，东西厢房采光都不如正房好，所以人们都不愿意住厢房。从阳光照射的角度而言，人们把坐东面西的房子叫西厢房，坐西面东的厢房叫东厢房。东厢房要比西厢房好一些。厢房又叫偏房。北京之所以四合院建筑多，就是许多东北满族人家跟着清朝皇上到北京来了，这些有钱有势的人家所盖的房子自然就都是四合院了，如果更有钱一点的话，就不仅仅是四合院这么简单了，还要院中建院、院外跨院，可谓三进三出。大门不出、二门不进的典故也是源于东北民居故事的。以东北萧红故居为例介绍东北传统民宅形式：萧红（1911～1942）（图2.3-223），中国近现代女作家。长篇小说《呼兰河传》等。1942年1月22日，因肺结核和恶性气管扩张病逝于香港，年仅31岁。萧红被柳亚子先生赞美称，"掀天之意气，盖世之才华"，她的代表作品从《呼兰河传》到《后花园》里面风俗人情的描写，就是萧红小时候生长生活过的家乡呼兰县。萧红故居现坐落在哈尔滨市呼兰区，在满语中"呼兰"为"烟筒"之意，早在清代呼兰便被视为"龙兴之地"。萧红作为中国20世纪30年代著名的左翼女作家，她一生创作了百万字的

图 2.3-223　萧红

文学作品，是中华文化的宝贵遗产，是世界有影响的女作家之一。萧红故居整体分为东西两个院落（图2.3-224）。东院为本家居住，西院出租，萧红出生在东院的五间正房，整个故居反映出清末民初旧中国东北地区不同阶层的家居品质和地方传统特征，具有珍贵的历史文物价值。东院是由"东厢房"、"西厢房"及"五间正房"组成的呈半包围结构的院落式住宅。东厢房现已停止使用，西厢房原为张家粮仓（萧红本姓张，故名）现在已把其改为商店。五间房是由东西对称的四个小屋及一个中屋组成的正房。东屋是萧红出生时的地方，西屋是萧红同父亲、母亲及继母住的屋子。东西屋之间是厨房，东北人称这间房子为"外屋地"。西院是对外出租的

院落，是由"磨房"、"门洞房"、"养猪户"、"正草房"、"粉房"及"小偏房"组成的四合形式的院落住宅。东西院的后面便是萧红笔下的一块圣地——后花园。这个占地2000多平方米的地方曾是萧红与爷爷一起玩耍的场所。园子的里有榆树，右边种着北方常见的杨母段花、长茎、椭圆叶儿、圆盘一样橘黄的花。从这些植物的品种、物品的摆设来看，处处体现着北方园林小景的独特，使自然景观与观者的视角两者有机地结合起来。萧红故居的结构特征上还保留着满族民居建筑的风格，院落平面纵向长、横向短，"五间正房"坐北朝南，在结构上是五檩五鸠（就是五架抬梁式），软山、明栿、半明柱。房顶用青瓦盖顶、墙体用石头和红砖砌成。东西厢房面扩三间，进深二间，坐西朝东。"门洞子"房和"养猪户"的建筑特点为抬梁式、硬山、木屋架、青砖瓦土木结构。萧红故居建筑尤为重视细节装饰，并由物质功能提升至精神层面，许多细节都反映出美好意愿的向往，富有象征性。故居大门采用黑色厚木板门结构（图2.3-225），在东北一些地方，宅院的黑漆大门被称为"黑大门"。那是"黑煞神"的象征，并传说"黑煞神"当门，邪气难侵入，门色成了门神象征寓意。黑大门的门扇上装有一对铜制的兽面衔环——狮子铺首，铺首又称"金铺"、"金鲁"、"铜蠡"、"兽环"、"铜铺"等。瑞兽图案是一种具有装饰作用和镇凶驱邪寓意的传统门饰。东北民居常用平屋顶，北方由于降水较少，平的屋顶既可节省建筑材料，还可兼作晾晒作物的场所。在房顶加砌三面女儿墙，前面留一小部分斜坡屋顶，如同虎头向前伸张，故当地人称此种建筑为"虎头房"。屋脊采用具有满族特色的牡丹花草纹样。萧红故居房顶的瓦当采用兽面纹瓦当、荷花纹滴水的组合形式，瓦当檐下分别挂有一排黄绿色的万字托瓦和一排雀羽形托瓦，色彩鲜明，与黑色大门形成对比呼应。两层额枋上中间挂匾，两侧用木制暗红色楼柱支撑，额枋上用红、黄、蓝、绿、白五色描有对称的牡丹花与白玉兰、牡丹玉兰绘在一起，象征"玉堂富贵"即"富贵之家"之意。中间的牌匾写有"康疆逢吉"四字，是当年东北陆军旅长马占山前来祝寿送的牌匾。雀替是古代建筑特色构件之一，其形好双翼附于柱头两侧，而轮廓曲线及其上油漆雕刻，极富装饰趣味，为结构与美学相结合的产物。故居大门上方两侧的雀替采用仙鹤图案，绘有红、绿、白三种色彩，寓意仙鹤延年、长命百岁。两侧的椽头也雕刻有麒麟祥瑞的神兽图案，以象征吉祥如意、镇宅驱邪的装饰寓意。

图2.3-224　萧红故居

图2.3-225　萧红故居大门

五间房的窗户采用上下对开，带有盘肠子花格图案，中间镶嵌一块玻璃，四周裱糊北方特有的窗户纸，纸贴在窗户的外侧。糊窗所用的窗纸是一种叫"豁山"的纸，满语称为"摊他哈花上"，汉译为麻布纸或窗户纸，这种纸应糊在窗户的外边，一方面可以避免窗挡中积沙，另一方面可避免窗纸因冷热不均而脱落。五间房中的隔扇门采用的是具有江南水乡特点的房门，从中可以看到南北方文化的融合，而房间后门是北方传统的木板门。萧红故居中的每间房屋在正门上方都挂上了写有吉祥文字的方匾，如：挂有"和风玉露"的粮仓、挂有"福"字的小偏房以及挂有"平安"字样的粉房等具有美好意愿的祝福字样。

萧红故居是萧红童年时期居住过的地方，它独特的展现了清末民初北方乡村建筑的古朴和典雅——清末传统八旗式住宅，青砖青瓦、土木建造、青砖垒成的院墙，有着质朴、敦厚、浓郁的地域性建筑特色的萧红故居，可以说是东北传统民居的典型代表，它为我们研究北方民居文化特别是东北地区的传统民居提供了宝贵的借鉴。由于晚清封建社会的父严子孝、男尊女卑、主仆有别的等级关系，从厢房到正房，从群厢到屏门处处都有严格的等级限制。以萧红故居为代表的东北传统民居从房屋的建造上来看，当时社会就是以独立的三间房为主要构建模式，普通的百姓人家只能盖一个走向的房子，那就是正房，而只有出身名门或有权势的地主阶级才能有能力和需要去盖其他走向的厢房以显示财力和地位。因此，从萧红故居来看，萧红一家在当时的社会是具有一定经济基础和社会地位的，与故居西院的小偏房等普通人家居住的房子形成了鲜明的等级差异。晚清时东北地区是自给自足模式，房屋注重的是冬季防寒和空间宽敞，以坚固实用为建造标准。萧红故居中的所有房屋均为"框架"结构，砖石外墙。北方寒冷，防寒是建筑最主要的功能，萧红故居中所有建筑的屋顶为了防止冬天的积雪，都用了厚檐、吊顶，四面墙体都用了厚墙。

东北传统民居也强调中轴线的布局，强调房屋的围合性和对称性，去掉了繁琐的装饰而更加注重建筑本身的原有色彩，房屋结构采用木构架，砖墙瓦顶，门口设上马石，大门上装狮头铜门环，屋脊做各种花饰，明柱下设石刻柱础等在房屋构造上更趋于简单自然，淳朴敦厚的建筑特色既融合了汉族"举折、飞檐等形式"，又结合了满族"方正、简约、吉祥寓意"的审美标准。东北民居通常都要带一个院子，家里养的鸡鸭鹅狗猪都在院子里放养，院子大一点的还要种地，种一些家里常吃的青菜等，一般来说，所种的各种蔬菜基本够一户人家整个夏天吃的了，自给自足。草苫房（图2.3-226）。就是老东北民居了，在东北广大的农村还有许多人家住这样的土坯墙茅草盖的房屋。房顶是用茅草盖的，在东北行话叫苫房。所以就导致了"呼兰"

图2.3-226　东北草苫房夹杖子

烟囱的出现。篱笆寨其实就是围墙，东北过去的院子就是用山上砍来的木头扎成篱笆。东北当然不会叫篱笆，那是关内的说法，在东北叫"杖子"。砌围墙就叫"夹杖子"。东北民居的窗户通常是扁宽型的，木头做的，比较小。窗棂是用小木条做成井字格然后糊上窗户纸。这样的窗户缺点就是采光效果极差，后来即使有了玻璃也不行，主要原因就是窗户太小。但窗户小也有优点，那就是保暖性能好，这对于有着漫长冬季的东北来说是至关重要的，生存永远都是高于一切的。东北民居还有一个致命的缺点就是没有厕所，厕所都盖在室外，非常简陋。东北民居不带厕所这一缺陷也被清朝皇上带到了北京，所以北京所有的四合院包括皇宫都没有厕所，那么皇上到哪去方便呢？清代皇宫里主要是使用便器，包括便盆、恭桶等，而没有专门的厕所，存放便器的地方叫做"净房"。装满炭灰的便盆是为大便准备的，解完后用炭灰盖住就行了，小便时不用炭灰，直接倒进恭桶里，用盖盖好。

东北满族宅院（图2.3-227），一般均为方形，早期"立木为栅"将房屋包围起来，前面正中立一栅门。后期房屋建筑形成多与汉族建筑风格相结合，尤其是门窗及主体装饰部分多祈福纳祥方面的雕刻和彩绘图案，体现出民族融合的社会风尚。满族传统住宅一般三间房或五间房，多在最东面一间开门，或在五间的东起第二间开门。

图 2.3-227 东北满族传统住宅

整座房屋形似口袋。因此称作"口袋房"，进门的一间是灶房，西侧居室则是两间或三间相连。开门的一间称"外屋"、"堂犀"；西面屋又称"上屋"，上屋里南、西北三面筑有"刀"字形大土坯炕，叫做"万字炕"，民间俗称为"弯子炕"，也有叫做"蔓枝炕"。室内南北炕与屋的长度相等，俗称"连二炕"或"连三炕"。因是供人起居坐卧的，炕面宽五尺多，又叫"南北大炕"或"对面炕"，正面的西炕较窄，供摆放物品之用。炕之间的空地称为"屋地"。实际上，室内的大部分平面空间都被炕占据，所以人们的室内生活主要是在炕上。家里时来客人，首先请到炕上坐，平日吃饭、读书写字都是在炕桌上，孩子们抓"嘎拉哈"、弹杏核、翻绳（俗称"改股"）等游戏也是在炕上玩。一般南、北炕为大炕，东端接伙房炉灶，西炕为窄炕，下通烟道。三炕各有不同的使用习俗，南北炕也称"对面炕"，是人们起居坐卧的主要场所。南炕因在南窗下，冬季阳光可直射其上，以较暖和，在旧时老少几代同居一室的大家庭中，是家中长辈居住最热乎的"炕头儿"位置（靠近连炕锅灶的一侧），也是家中辈分最高的主人或尊贵的客人寝卧。北炕冬季阳光不易直射，较为阴冷些，往往住晚辈或用来存放粮食，北炕墙上供置放宗谱的谱匣。南炕梢一般放描金红柜，北炕梢陈设一只与炕同宽的长木箱，俗称檀箱，内放被褥和枕头。北炕上常放一张小炕桌，冬令时，常放一只泥制或铁制的火盆。西炕最重要，一般人不能坐，连贵宾挚友也不能坐。因为在西炕墙上端供着神圣的"窝萨库"——祖宗板。平时不许在上面任意踩踏或存放杂物，否则便是对祖宗的大不敬，会亵渎神灵，要遭到惩罚和报应。从炕面到房梁栅成里外两个空间，也有的是在相应位置设活动的栅板，白天撤去，晚间安放。此外，在与炕沿平行的正上方，从棚顶吊下一根长杆，称为"幔杆子"，用以悬挂幔账，晚间睡觉时可以放下，避免头顶受风着凉，也可以起到南北炕之间的遮挡作用。满族传统住房的门窗也有特点，门是独扇的木板门，有木制的插销，内门是双扇木板门（图2.3-228～图2.3-231）。满族入关前的住房特点"樵以架屋，贯绳覆以茅，列木为墙，而墐以土，必向南，迎阳也。户枢外而内不键，避风也。室必三炕，南曰主。西曰客，北曰奴，……"。一般的房屋是"三楹或五楹，皆以中为堂屋，西为上屋"房顶覆以莎草，厚二尺许，上面用草绳牵拉，或者用木杆压住，以防风雨。墙体多用土坯，室内的间隔墙多用"拉合"墙，（拉合墙：以纵横架木，尺许为一挡，在横木上挂麻草辫下垂至下一挡，两面涂泥，墙体薄而占地不大。）清朝中期，东北地区的经济发展较快，房屋的建筑也有了进一步发展，"房屋大小不等，木料极大。墙厚几尺，屋内南、西、北接绕三炕，炕上用芦席，席上铺大红毡。炕阔六尺，每一面长一丈五六尺。夜则横卧炕上，必并头而卧，即出外亦然。橱箱被褥之类，俱靠西北墙安放。靠东壁间以板壁隔断，无椅凳，有炕桌，俱盘膝坐"。吃饭时围桌盘膝而坐，暖和方便。炕上不备笤帚，扫炕掸尘用狐尾，扇风用雉翼，"尘消书案狐摇尾，烟起茶炉雉展翎"能道其实。南北炕西头皆摆一个高四尺、长五尺、上下两层双门对开的大衣柜。柜上镶有四个圆形铜质大合页，八个梅花状的小铜垫，柜门中间设有黄铜的柜权，镶在一个较大的圆形铜片上。柜的表面涂深红色的油漆，并绘有金色的图案。外形平整大方，（小时候在姥姥家见过这种柜）在两个大柜的中间摆一个高三尺的杂物柜，（叫做"炕琴"，不知何意）用以陈设梳妆用品、帽筒、茶具等物。冬季，农村的满族家庭大部分都有一个火盆。火盆一般是用黄土托制而成，盆沿上镶有小玻璃片等装饰，光滑、美观、保温性能好。晚饭后将烧后无烟的木炭火放入火盆，合家围着火盆唠嗑。满族家庭炕上常年备一个烟盒子，大部分是用木头雕制而成，有的家庭的烟盒子雕工精致，非常讲究，久经使用，已经磨成深红色。盒内不仅放着"关东烟"，而且还备有烟袋，客到先敬烟，以示欢迎。"子孙椽子"是满族家庭室内必有的装备，有小孩时挂摇车，没有孩子时备用。（离屋顶十几厘米处，东西墙之间横架的圆木杆，挂摇车用）。满族先民是以狩猎为生，妇女也和男人一样，也要骑马去打野兽，带着婴儿行动不方便，放在居住的窝棚又不安全，担心野兽伤害，便想出把婴儿装在桦皮篮子里悬挂在树上的办法。后期演变成了摇车，（摇车，是用两块筛板圈曲而成，两头翘起似船形，外面刷有红漆，并绘有金色图案，两头各写着"长命百岁""九子十成"等吉祥字。底为薄板，内铺糠口袋（内装谷糠或荞麦皮）。优点是利水、不热）。满族家庭西墙上供有佛爷匣子，满族的佛爷匣子是极为神圣的，一般人不能随便看。匣子里珍藏着本民族祖先和民族功臣的王爷像和十八位尊神，还有宗谱，记载着家庭的历史，兴衰变化和祖先的功绩。因此，满族西炕也称为"佛爷炕"，来客人一般不能坐西炕，只能在南北炕上坐，更不能往西炕上放狗皮帽子、皮鞭子之类的东西。如果有不懂规矩的人坐在西炕上或往西炕上乱放东西，主人就会不满意，并认为是对其祖宗最大的不敬。（至今东北农村还保留着"以西为大"的习惯，房屋的样式虽然改变，但长辈是要住在西侧的）。满族的住房和居住习惯是由其地理条件和生产、生活条件决定的，入关以后随着条件的变化，居住习惯也发生了一些变化。但是，满族原有的建筑形式还长期保存着，迄今北京故宫博物院的坤宁宫、宁寿宫等建筑，外观上吸收了汉族古建筑的特点，宫内配置还是满洲式的。满族住房的建筑风格，即适应我国东北地区的气候特点，又有很强的适用性。例如：房屋分为上屋、下屋、堂屋三大间，中间开门，门两旁各三窗，屋内宽敞，采光充足，便于通风，可保持室内温度的相对平衡，同时又有利于室内卫生，烟囱建在房子的一侧，而且宽大，一方面适应围炕过火量大的特点，便于烟火通畅，避免发生火灾。另一方面适应高寒地区特点，冬冻春化，不容易倒塌。窗户纸糊在窗外，不仅可以加大窗纸的受光面积，而且可以避免冬季大风雪（俗称"大烟泡"）的冲击，还可以避免窗户纸一冷一热容易脱落。窗户纸用盐水、苏油喷浸，可以持久耐用，不会因风吹日晒而损坏。窗户下面固定，上面向外横开，可以避免大风吹坏窗户。下面固定可以避免风雨直接吹入室内。北面的窗户很小，既能保证夏季开窗户时有一定数量的"过堂风"，又能保证冬季免受强劲的北风之苦。

图 2.3-228 　东北满族口袋房

图 2.3-229 　东北满族住宅内室

图 2.3-230 　东北满族住宅摇车子

图 2.3-231 　东北满族住宅窗户纸糊在外

宁古塔城遗址（图 2.3-232）。相传清皇族远祖有兄弟六人居此，满语"六个"为"宁古塔"，故称其地为宁古塔贝勒，简称宁古塔。有新旧二城：旧城在今海林市旧街。新城在位于黑龙江省宁安县，是著名的流放地。据《盛京通志》第三十一卷载："宁古塔旧城，在海兰河（今海浪河）南岸有石城（内城），高丈余，周一里，东西各一门。"经实测内城（即石城）为正方形，边长171m，周长684m，外城边墙周围2.5km，四面各一门。康熙五年（1666年）迁建新城，即今宁安市区，称宁古塔新城。

图 2.3-232　东北宁古塔城遗址

清初宁古塔为设置在盛京（今沈阳）以北管辖黑龙江、乌苏里江广大地区的军事、政治和经济中心。"流放宁古塔，与披甲人为奴"。

哈尔滨关道是中国传统式建筑于北方地方建筑的混合体（图2.3-233），他规模庞大，气势巍然，占地面积两万八千余平方米，遵循封建礼仪，呈对称布局，左文右武，前衙后寝。他南北轴线长七十丈，东西宽四十五丈。中轴线上由外至内依次为照壁、大门、仪门、大堂、二堂、宅门、三堂；东侧线上有衙神庙、书房、厨房、戈什房、杂项人房。西侧线上有冰窖、督捕厅、洪善驿、会华官厅、会洋官厅。院墙内有车棚、马厩、茶房、粮仓等。整个建筑群体错落有致，结构合理。

图 2.3-233　清代道台府

金上京会宁府遗址（图2.3-234），俗称白城，位于阿城区南郊2km，张广才岭西麓大青山脚下，阿什河左岸，依山傍水。是女真族建立的金帝国的早期都城，历经金太祖、太宗、熙宗、海陵王四代皇帝，作为金王朝的政治、军事、经济、文化中心达38年之久。因其又是金上京路和会宁府的治所，故称。据史书记载，太祖阿骨打称帝时，只设毡帐（称皇帝寨），晚年始筑宫殿。金

图 2.3-234　金上京会宁府遗址

太宗天会二年（1124）始建南城内的皇城，初名为会宁州。金太宗建为都城，升为会宁府。天眷元年（1138）八月，金熙宗以京师为上京，府曰会宁，开始有上京之称。皇统六年（1146）春，仿照北宋都城汴京的规模进行了一次大规模的扩建，奠

定了南北二城的雏形。贞元元年（1153）海陵王迁都于燕京，正隆二年（1157）削上京之号，并毁宫殿庙宇。金世宗大定十三年（1173）七月，又重新恢复了上京称号，成为金朝的陪都。大定二十一年金世宗复建上京城。两年后，又内外砌青砖。清初，此城砖石砌筑的城墙外表保存尚好，后"城之楼堞"为阿勒楚喀副都统拆运去建筑阿城（今县治），遂毁。

五国城遗址。又称坐井观天遗址（图2.3-235）。位于黑龙江省依兰县城西北部。辽代，女真人在沿松花江下游到乌苏里江口建立了五个大的城落，这就是历史上著名的五国部。依兰是五国部第一城之越里吉城，为五国部会盟之城，因此称为五国头城。1127 年金灭北宋后，将徽宗、钦宗二帝押解北归，于 1130 年 7 月抵达五国城，并囚禁于

图 2.3-235　坐井观天遗址

城内。1135 年和 1155 年，徽、钦两帝相继病死，并葬于五国头城的巩洛之原。有关北宋徽、钦二帝在五国头城"坐井观天"的故事，只是古人用来形容被囚禁的惨景而已。"井"是指四合院的院心。五国头城遗址暨"坐井观天园"，位于黑龙江省依兰县境内，它三面环山，地势险要，是辽金时期重要的城堡。这就是历史上有名的"靖康之难"。

第 3 章

我国古建筑技术

3.1　建筑外形上的特征

3.1.1　古建筑屋顶式样

我国古建筑外形上由屋顶、屋身和台基 3 部分组成。特征最为显著的是屋顶，这是与世界上其他建筑迥然不同，这种独特的外形，完全是由于建筑物的功能、结构和艺术高度结合而产生的。古建筑的屋顶对建筑立面起着特别重要的作用，屋檐和微微起翘的屋角（也称"翼角"）以及硬山、悬山、歇山、庑殿、攒尖、十字脊、盝顶、重檐等众多屋顶形式的变化，加上琉璃瓦，使建筑物产生强烈的视觉效果和艺术感染力。建筑的"第五立面"是最具魅力的，从西周时代屋顶就开始使用瓦件，因为屋面两坡相交的地方必须把屋脊搭盖好，才不致漏雨，故该建筑形式逐渐形成，实物以汉代阙楼和唐代佛光寺大殿为最早。其中庑殿顶最早，约出现于先秦时期。在商代的甲骨文、周代铜器、汉画像石与明器、北朝石窟中都有反映。据《周礼·考工记》载："商人四阿重屋"，即早在商朝，已有四阿屋顶，但只是四坡水的茅草房而已。我国古建筑屋顶式样非常丰富，变化多端。等级低者有硬山顶、悬山顶，等级高者有庑殿顶、歇山顶。此外，还有攒尖顶、卷棚顶，以及扇形顶、盔顶、盝顶、勾连搭顶、平顶、穿窿顶、十字顶等特殊的形式。庑殿顶、歇山顶、攒尖顶等又有单檐，重檐之别，攒尖顶则有圆形、方形、六角形、八角形等变化形式。古建筑屋顶千变万化，瑰丽多姿，不同的屋顶相互组合、穿插，又会形成不同的屋顶形式。从古至今中国的建筑都突出屋顶的造型作用，只是在不同的历史时期呈现出不同形态，有等级低者的硬山顶、悬山顶，等级高的庑殿顶、歇山顶。硬山式屋顶（图 3.1-1）只有一条正脊和四条垂脊，这种屋顶造型的最大特点是比较简单、朴素，只有前后两面坡，而且屋顶在山墙墙头处与山墙齐平，没有伸出部分，山面裸露没有变化。关于硬山这种屋顶形式，在宋《营造法式》一书中没有记载，现存宋代建筑遗物中也未见，推想在宋代时，建筑屋顶还没有硬山这种形式。明、清时期及其后，硬山式屋顶广泛地应用于我国南北方的住宅建筑中。硬山式屋顶是一种等级比较低的屋顶形式，在皇家建筑和一些大型的寺庙建筑中，几乎没有硬山式屋顶。同时正因为它等级比较低，所以屋面都是使用青瓦，并且是板瓦，不能使用筒瓦，更不能使用琉璃瓦。悬山式屋顶（图 3.1-2）与硬山式屋顶一样有一条正脊和四条垂脊。不过，它又有不同于硬山式屋顶那样与山墙平齐，而是伸出山墙之外。这部分伸出山墙之外的屋顶是由下面伸出的桁（檩）承托的。所以悬山式屋顶不仅有前后出檐，在两侧山墙上也有出檐。悬山又称挑山，就是因为其桁（檩）挑出山墙之外。从外观来看，这可以说是悬山式屋顶与硬山式屋顶最大的不同点。悬山式是两面坡屋顶的早期做法，不过中国古代的重要建筑基本没有使用悬山式屋顶的，特别是唐代以前尤为少见。歇山是清式叫法（图3.1-3），在清代之前它又有曹殿、汉殿、厦两头造等不同名称。歇山式屋顶在具体形式上又有最基本形式的单檐歇山顶，以及变化形式的二层、三层或多层屋顶的重檐歇山顶，还有最上面的屋顶可以不设正脊而形成卷棚式的卷棚式歇山顶等多种形式。庑殿式屋顶（图3.1-4）是四面斜坡，有一条正脊和四条斜脊，且四个面都是曲面，又称四阿顶。重檐庑殿顶是古建筑中最高级的屋顶样式。一般用于皇宫，庙宇中最主要的大殿，可用单檐，特别隆重的用重檐，如北京的太和殿。盝顶（图3.1-5）是一种较特别的屋顶，屋顶上部为平顶，下部为四面坡或多面坡，垂脊上端为横坡，横脊数目与坡数相同，横脊首尾相连，又称圈脊。盝顶在古代大型宫殿建筑中极为少见。卷棚顶又称元宝脊（图3.1-6、图3.1-7），屋面双坡相交处无明显正脊，而是做成弧形曲面。多用于园林建筑中，如颐和园中的谐趣园，屋顶的形式全部为卷棚顶。在宫殿建筑中，太监、佣人等居住的边房，多为此顶。有卷棚歇山式和卷棚悬山式。攒尖式屋顶（图3.1-8~图3.1-10）多见于圆形、八角形和方形的亭、阁，尤其是亭子，绝大部分都是攒尖式屋顶，作为景点或观景建筑。北京颐和园中的郭如亭，是全国最大的攒尖式屋顶的亭子。十字脊（图3.1-11），也是一种非常特别的屋顶形式，它是由两个歇山顶呈十字相交而成。目前留存的比较有代表性的十字脊建筑是北京紫禁城的角楼。角楼因建于城角而得名，主要的作用是瞭望和警卫。盔顶（图3.1-12）是一个比较形象的屋顶名称，也就是像古代军队中战士所戴的头盔一样形状的屋顶形式。盔顶的顶和脊的上面大部分为凸出的弧形，下面一小部分反向的往外翘起，就像是头盔的下沿。盔顶的顶部中心有一个宝顶，就像是头盔上插缨穗或帽翎的部分一样。盔顶在现存古建筑中并不是那么多，著名的岳阳楼就是使用的盔顶。穹窿顶又称圆顶（图3.1-13），一般从外观来看屋顶为球形或多边形。如伊斯兰教清真寺中的天房。室内顶部呈半圆形，就可以叫做"穹窿顶"。此外，蒙古族的蒙古包等圆顶的民居，也可以归为穹窿顶建筑一类。圆券顶又称"拱顶"（图3.1-14）。是一种用砖或土坯砌筑的半圆形的拱顶房屋，或是两间，或是三间，或是数间相连，在我国山西一带出现。外形圆润优美而又给人完整与统一之感。单坡顶（图3.1-15）就是只有一面坡的屋顶。它与我们常见的两面坡屋顶有较大的不同，但从一面来看又有极大的相似性。我们甚至可以说，单坡屋顶就像是两面坡屋顶被从中间一切两半了。单片屋顶一般都用在不太重要的建筑或是附属性的建筑上。在已发现的商代宫殿遗址中，可以看到在商代就有单坡顶的廊子了。而现在的陕西等地的农村，许多民居仍然使用单坡式的屋顶，成为现今较富有特色的一种民居形式。勾连搭屋顶（图3.1-16、图3.1-17）就是两个或两个以上屋顶，相连成为一个屋顶，但看起来还是两个或两个以上屋顶，只是每个屋顶之间是连在一起的。这样的屋顶形式，可以在建筑下部结构不变的情况下，使上部屋顶更富有变化，更为生动多姿。一殿一卷式勾连搭，比较著名的一殿一卷式勾连搭屋顶建筑，要数北京四合院中的垂花门。"卐"字纹形屋顶（图3.1-18）是我国古代装饰中非常常见的一种纹样，"卐"读作"万"，它可以代表万事如意、万寿无疆等，非常吉利。因为它的吉利意义，所以也有一些建筑的平面和屋顶采用"卐"字形的万字顶。北京圆明园中的万方安和就是采用的万字顶。扇面顶（图3.1-19）和万字顶一样，是一种非常别致的屋顶形式，扇面顶顾名思义，就是扇面形状的屋顶形式，其最大特点就是前后檐线呈弧形，弧线一般是前短后长，即建筑的后檐大于前檐。建筑的西山墙的墙线若向内延伸，可以交于一点，而这一点就是扇形的扇子柄端。扇面顶的两端可以做成歇山、悬山，也可做成卷棚形式。扇面顶一般都用在形体较小的建筑中，会让建筑看起来更为小巧可爱。平顶（图3.1-20）这种"平"既包括中间顶部略有突出或是屋顶为一面坡式，当然这种一面坡与单坡顶是不同的，它没有单坡顶屋面那么大坡度。平顶建筑主要常见于我国的西北、西南和华北等地区，这些地区干旱少雨，较为适合建筑平顶房屋。平顶的做法是先安装檩、钉椽，然后在椽子上铺设苇草、秸秆或是铺板等，其上再用土和草垡成灰顶。稍微讲究的做法是铺墁石，打压磨平。而最为讲究的做法是用方砖铺顶。灰背顶（图3.1-21）就是屋顶表面不用瓦覆盖，仅凭灰背密实的面层防雨防漏。灰背顶做法大多用于平顶或囤顶建筑，但也可以用在起脊建筑上。在起脊建筑上使用灰顶，大多只是局部使用。灰背顶属于一种民间建筑形式。勾连搭顶（图3.1-22）中使用灰背，大多是局部形式，并且大多是用在两个相互搭连的屋顶间的部分，也就是天沟处。当然也有同时在外侧两屋面上做棋盘心的形状。棋盘心屋顶（图3.1-23）是将屋面的当心部分做成灰背或石板瓦形式，这一部分所占屋面面积相对比铺瓦面积大，并且位置略为偏下。它不是整个屋面做成一块灰背或石板瓦形式，而是每一间的屋面中部偏下位置坐一块灰背或石板瓦形式，即建筑有几间屋面就有几块灰背面或石板瓦面，剩下的部分铺瓦。因为这样的屋面整个看起来就像是一个个的棋盘，所以得名棋盘心。还有草顶、石片顶等在其他章节中有介绍。

图 3.1-1　硬山式屋顶

图 3.1-2　悬山式屋顶

图 3.1-3　歇山式屋顶

图 3.1-4　庑殿式屋顶

图 3.1-5 盝顶

图 3.1-6 卷棚歇山式

图 3.1-7 卷棚悬山式

图 3.1-8 攒尖式圆屋顶

图 3.1-9 攒尖式八角形屋顶

图 3.1-10 攒尖式方屋顶

图 3.1-11 十字脊屋顶

图 3.1-12 盔顶屋顶

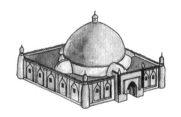

图 3.1-13 穹窿顶

图 3.1-14 圆券顶

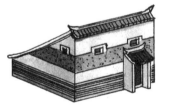

图 3.1-15 单坡顶

图 3.1-16 勾连搭屋顶

图 3.1-17 一殿一卷式勾连搭

图 3.1-18 "卐"字纹形屋顶

图 3.1-19 扇面顶

图 3.1-20 平顶

图 3.1-21 灰背顶　　图 3.1-22 勾连搭顶灰背顶　　图 3.1-23 棋盘心屋顶

3.1.2 古建筑屋顶细部

屋面就是建筑屋顶的表面，它主要是指屋脊与屋檐之间的部分，这一部分占据了屋顶的较大面积，或者说屋面是屋顶中面积最大的一部分。传统建筑的屋顶在不同的历史时期和地域有些差异。汉唐时代的屋顶比较平缓，宋代的屋顶逐渐升起，曲率加大，屋檐也是一条中间下垂、两边上扬的笑嘴曲线。到了明清时代，这个笑嘴曲线屋檐中段的大部分下垂线又变成了一条水平的直线，仅有两端屋角略有上翘而已。不仅如此，清代屋顶的总体造型也不再平缓，而是举架很高。在古建筑屋顶细部处理上，以明清建筑为例有：剪边：屋面近檐处往往会有与上部不一样的色彩，比如屋面大部分是绿色，屋檐处却是一道横的黄色带，这样的色带就称作剪边，它是由于屋面使用了不同颜色的铺瓦而产生的效果，它丰富了屋面的色彩。正脊：正脊是处于建筑屋顶最高处的一条脊，它是由屋顶前后两个斜坡相交而形成的屋脊。从建筑正立面看，正脊是一条横走向的线。一般来说，在一座建筑物的各条脊中，正脊是最大、最长、最突出的一条脊，所以也称为大脊。正脊装饰：在我国古代的很多建筑中，特别是一些等级较高的建筑中，其屋顶正脊上往往设有各色装饰。除了常见的正脊两端的吻合正脊中心的宝顶外，在正脊的前后两个立面上，还会雕饰或塑有花、草或龙等。垂脊：在庑殿顶、悬山顶、硬山顶建筑中，除了正脊之外的屋脊都叫做垂脊。而在歇山顶建筑中，除了正脊和戗脊外的屋脊都叫做垂脊。垂脊都是沿着山面的博风板走势下垂。戗脊：在歇山顶建筑中，垂脊的下方从博风板尾处开始至套兽间的脊，叫做戗脊。出檐：在带有屋檐的建筑中，屋檐伸出梁架之外的部分，叫做出檐。透空式山花（图 3.1-24），在歇山式屋顶的两端、博风板下的三角形部分即为山花。山花在明代以前多为透空形式，仅在博风板上用悬鱼、惹草等略加装饰。

图 3.1-24 透空式山花

封闭式山花（图 3.1-25），明代以后多用砖、琉璃、木板等，将歇山式屋顶山花的透空部分封闭起来，并在其上施以雕刻作为装饰。这种山花形式称为封闭式山花，它与早期的透空式山花有了不一样的效果与韵味。自此以后，山花也逐渐发展成为建筑中的一个重要装饰区域。悬鱼（图 3.1-26），位于悬山或歇山建筑两端山面的博风板下，垂于正脊。悬鱼是一种建筑装饰件，大多用木板雕制而成，因为最初为鱼形，并从山面顶端悬垂，所以称为悬鱼。关于这个装饰还有一个典故。据《后汉书》记载：府丞送给公羊续一条活鱼，而是将鱼挂在庭中。当府丞再送鱼来的时候，公羊续便让他看悬在庭中的那条鱼，以此婉转地拒绝了府丞的第二次送鱼，明示自己不愿受贿的心意。后来人们便在宅上悬鱼，以此表示房主人清廉高洁。宝顶（图3.1-27），在建筑物的顶部中心位置，尤其是攒尖式屋顶的顶尖处，往往立有一个圆形或近似圆形之类的装饰，它被称为宝顶。在一些等级较高的建筑中，或者确切地说，在皇家建筑中，宝顶大多为铜质鎏金材料。

图3.1-25　封闭式山花

图3.1-26　悬鱼

图3.1-27　宝顶

吻，也称正吻、大吻（图3.1-28），是明清时期宫殿建筑屋顶正脊两端的装饰构件，为龙头形，龙口大张咬住正脊。而在当时的南方有些地区则将之称为鳞尾，与大吻的做法有一些不同之处，如，尾部卷曲时不并拢，或在边缘加有许多花纹等。根据现存资料来看，吻最早出现于汉代，如，汉代的石阙、明器上就有吻的形象，不过，其形象与现今所能见到的明清时期的吻有很大差别。汉代的吻，大多是用瓦当堆砌的翘起的形状，尊贵的建筑中则多用凤凰、朱雀或孔雀等。由汉代至清代，吻有一个不断的发展过程，并且在工艺上也是越来越精美、生动。鸱尾（图3.1-29），南北朝时期及其之后，鸱尾逐渐代替了汉代的朱雀等形象，而成为正脊脊式的新样式。郦道元在《水经注—温泉》中就有"广兴屋宇，皆置鸱尾"的记载。鸱尾，原是一种鹞鹰。看来，这一时期的鸱尾还保留有一定的鸟的形象，也就是说，虽然它由汉代的朱雀发展而来，但还有一些朱雀的影子。中唐至晚唐时期，鸱尾发展演变成带有短尾的兽头，口大张，正吞着屋脊，尾部上翘而卷起，被称为鸱吻，又叫蚩吻（图3.1-30），据明代李东阳《怀麓堂集》记载："龙生九子，蚩吻平生好吞。今殿脊兽头，是其遗像。"明人认为蚩吻是龙的儿子，而龙生于水、飞于天，人们将它放在屋脊上既是装饰又有兴雨防火的喻意。

图3.1-28　正吻、大吻

图3.1-29　鸱尾

图3.1-30　蚩吻

民居建筑上的鳌鱼（图3.1-31），从设置的位置上来看，民居建筑中的鳌鱼与官式建筑中的吻是同一种建筑构件。因此，鳌鱼的发展与吻是一样的，或者更准确地说，它是吻在某一阶段时出现的形象。也可以这么说：吻这种构件在各个时期有不同的名称，鳌鱼即是其中之一。据《事物纪原》引《青箱杂纪》称："海有鱼，虬尾似鸱，用以喷则降雨。汉柏梁台灾，越巫上大庆胜之法；起建昌宫，设鸱鱼之像于屋脊。"看来，这种设于屋脊上的鸱鱼装饰，应当就是我们现在在某些民居等建筑中能看到的鳌鱼。在古代建筑的屋脊上，除了正脊两端的吻之外，还有很多走兽类的装饰，因为它们的形象特殊，所以也称为神兽。它们的位置在垂脊或戗脊的脊端。神兽的形态都很特别、非常有意思，不过他们的排列和所用数量是很讲究的。在宫殿上所用神兽的数量，其最高等级是10个，外加一个跨凤仙人。按顺序分别是仙人、龙、凤、狮子、天马、海马、狻suan猊ni、押鱼、斗牛、獬xie豸zhi、行什（图3.1-32）。关于建筑上神兽的使用，清朝规定，仙人后面的走兽应为单数，按三、五、七、九排列设置，建筑等级越高走兽的数量越多。例如乾清宫，它是明清两代帝王的寝宫，在脊上就排列有九个走兽，按例是最高等级。但太和殿的地位显然比乾清宫更为显赫，因此在太和殿的脊上多设了一只神兽——行什，它是能飞的猴子，可以通风报信。而交泰殿是皇后在重要节日接受朝贺的地方，较乾清宫又低一级，所以只有七个小兽。故宫宫殿脊上的神兽，在色彩与材质上均与殿的屋瓦一致，和谐统一。它们立于脊上，除了区分等级，还有重要的装饰作用，在庄严肃穆而恢弘的宫殿中增添了一道活泼、灵动、可爱的风景（图3.1-33）。古代一般居住建筑的屋顶分为前后两面坡，两坡上端在屋脊处相交，形成建筑屋顶的正脊。这种两面坡屋顶从山墙立面看，其屋顶的形象就像是一个"人"字，所以把这种屋顶形式叫做人字顶。人字顶是一般住宅较常用的屋顶形式，硬山顶、悬山顶都属于人字顶（图3.1-34）。小式瓦作的屋脊大多用于硬山或者悬山建筑，这类房屋的屋面只有两坡，较为简单，相应的屋顶的正脊做法也较简单、朴素，没有复杂的饰件，大多只是在两端雕刻花草盘子和翘起的鼻子作为装饰，这种装饰简单的脊就叫清水脊（图3.1-35）。清水脊鼻子（图3.1-36）在清水脊中，脊端向上翘起的部分，叫鼻子，也俗称蝎子尾。清水脊细部（图3.1-37）和鞍子脊细部（图3.1-38）。

图3.1-31　鳌鱼

图3.1-32　屋脊上的神兽

图3.1-33　故宫殿脊上的神兽

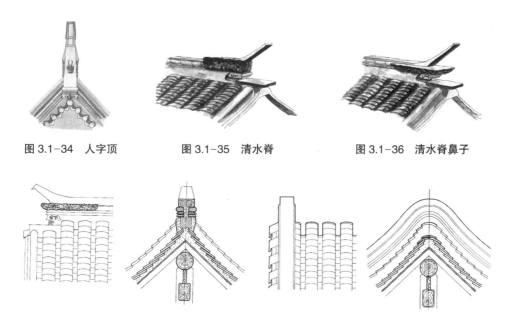

图 3.1-34　人字顶　　　图 3.1-35　清水脊　　　图 3.1-36　清水脊鼻子

图 3.1-37　清水脊细部　　　　　图 3.1-38　鞍子脊细部

3.1.3　古建筑屋身特征

古建筑屋身，是研究中国古建筑的关键部分。古建筑惯用木构架作房屋的承重结构。木构梁柱系统大约在春秋时期已初步完备并广泛采用，到了汉代发展得更为成熟。我国古建筑一般情况都采用承重墙与柱子混合构造，墙体包裹柱子共同承重（图3.1-39）。有建筑两侧的山墙，建筑前后的檐墙、封火山墙、竹木夹泥墙、木板墙、竹篾墙、夯土墙、砖墙、石墙等。古建

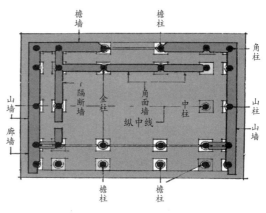

图 3.1-39　墙柱构造平面图

筑由于采用木构架结构，屋身的处理比较灵活，门窗柱墙往往依据用材与部位的不同而加以处置与装饰，极大地丰富了屋身的形象。古建筑在木构架的下部和四周还有一层围护结构，这就是墙体。古代墙体材料主要有土、石、砖，分别称为土墙、石墙、砖墙。在具体的建筑中各种建筑材料不同，做法也不同，外观形象也不同。因此，就产生了丰富的檐墙、看面墙、包框墙、廊墙、风火墙、马头墙、干干摆墙、磨砖对缝墙、空心斗子墙、花式砖墙等。还有独立的墙，如影壁墙、回音墙、围墙等。

下面详细介绍几种墙。

槛墙（图3.1-40），在有窗户的墙面下，由地面到窗槛下的矮墙叫"槛墙"，一般在民居中窗槛同其他墙面做法一样，在宫殿、庙宇等建筑中多用黄绿琉璃砖拼砌。

三合土墙（图3.1-41），由石灰、沙子、卵石等合成的建筑材料筑成，是土墙

中最为坚固结实的一种，它可以作为承重墙。

竹筋土墙（图 3.1-42），在夯土墙内放置一定数量的竹片，以起到加固墙体的作用。在南方一些山区中夯土墙仍然采取竹筋土墙做法。

空心斗子墙（图 3.1-43），也就是空心砖墙，也叫斗子墙或空斗墙。

清水墙（图 3.1-44），即表面不刷粉，不加饰面，用灰浆勾缝的砖墙。花式砖墙，俗称花墙，就是墙体镂空的部位，用砖瓦砌筑，大小、位置、花式千变万化由个人喜好而定。南方气候炎热而且墙体比北方墙薄，许多房屋后檐砖墙砌到椽下，并且逐层出挑砌之檐下，把木构件全部包裹住不外露（图 3.1-45）。

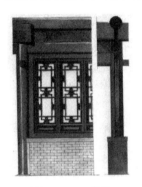

图 3.1-40　槛墙

图 3.1-41　三合土墙

图 3.1-42　竹筋土墙

图 3.1-43　空心斗子墙

图 3.1-44　清水墙

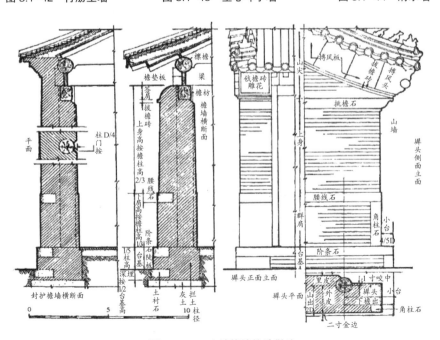

图 3.1-45　山墙檐墙构造做法

中国古建筑文化集锦

3.1.4 古建筑台基特征

古建筑为保证建成后不会沉降塌陷，就需要在建造房屋前先作一个平整坚硬的基础，就称为台基（图3.1-46）。台基主要有两种类型：土质台基和石质台基。其中，土质台基最为普遍。因此，建造时，通常需要大量的土方。土是一种松散的物质，但是古人

图3.1-46　古代建筑台基

通过用重锤夯打的方式将其压实，这一过程称为夯土。我国黄河流域的中原一带是中华民族起源地之一。这一地区干燥少雨，丰富的黄土层就成为原始先民的天然建筑材料。距今6000年的半坡遗址地穴、半地穴和地面建筑即用的是生土建筑材料；4000年前的龙山文化遗址，出现了夯土建造的城墙、台基点的各类生土建筑遗址，如河西走廊绵亘千里的长城遗址、新疆交河故城遗址、高昌古城遗址等，都是古代先民因地制宜的伟大建筑杰作。土作为最简单的建筑材料，在古建筑的发展过程中一直扮演着重要的角色。精心夯制的土层又极其致密，所以在中国古代获得广泛应用，不仅用于房屋基础，也用于构筑墙体。大家都知道，古代木结构建筑不好保存下来，但这些建筑的夯土基础往往都能保留下来，人们据此获得地面建筑的很多信息。如商殷墟建筑夯土台基及散水。夯土台基虽然牢固，但并不美观。因此，人们有时用加工好的条石将土台包砌起来，形成石制台基。石制台基上通常有压栏石、角柱石和石间柱等装饰件。

台基是高出地面的建筑物底座，又称座基。其主要作用为防潮、防腐，承托建筑物，增强单体建筑的高大雄伟。一般房屋用单层台基，隆重的殿堂用两层或三层台基（图3.1-47）。普通台基，早期用素土或灰土或碎砖三合土夯制而成，后也用砖石，常用于小式建筑。但在台基上建汉白玉栏杆的则用于大式建筑和宫殿建筑中的次要建筑。须弥座又称金刚座，由佛座演变而来，形体比较复杂，用砖或石砌成，一般用于宫殿和著名寺院中的主要殿堂建筑，是我国古代表示建筑级别的标志之一。初始的须弥座形式很简单，没有多少装饰，后来逐渐出现了凹凸线脚和莲瓣、卷草纹饰等，装饰性很强，造型也日益复杂，并建有汉白玉栏杆等。故宫太和殿就建有三层须弥座。建筑台基表面就是房屋的地面，早期的房屋地面多无装饰，后来才出现了木质地板和砖铺的地面。地面经过装饰，不仅美观，而且还起到保护台基的作用。房屋地面上还有一个重要的构件，那就是柱础。柱础通常为圆形，石质，用于承接木柱。柱础主要起两个作用：一是扩大柱下承压面，有利于分散重量；二是抬高木柱底部，防止木柱受潮腐朽。早期柱础较矮，表面亦无装饰。后来，柱础逐渐加高，又增加了许多雕刻纹样，逐渐成为建筑装饰的一个组成部分。房屋外部，

沿屋檐一圈的土质台基表面有时还会镶嵌一些石子，称为"散水"。中国古建筑多为坡顶，下雨时雨水会沿屋檐汇集落下，冲击力较强。如果存在"散水"，不规则的石子面就会将水滴弹射到各个方向，从而起到分散水流冲击力，保护台基的作用。

图 3.1-47 北京故宫太和殿三层台基图

明清时期官式建筑的台基大致分为。台明、月台、台阶和栏杆 4 个部分。上台阶之后主体建筑（比如大殿）之前延伸出的小台子是月台，月台再往前、主体建筑之下的部分就是台明，台明是台基的主体，低等级的台明是平台式，高等级的就是须弥座。我国古建筑台基分多个等级，普通台基用素土或灰土或碎砖三合十夯筑而成，约高一尺，常用于小式建筑。较高级台基，较普通台基高，常在台基上边建汉白玉栏杆，用于大式建筑或宫殿建筑中的次要建筑。更高级台基，即须弥座，又名金刚座（图 3.1-48）。"须弥"是古印度神话中的山名，相传位于世界中心，系宇宙间最高的山，日月星辰出没其间，三界诸天也依傍它层层建立。须弥座用作佛像或神龛的台基，用以显示佛的崇高伟大。中国古建筑采用须弥座表示建筑的级别。一般用砖或石砌成（图 3.1-49），上有凹凸线脚和纹饰，台上建有汉白玉栏杆，常用于宫殿和著名寺院中的主要殿堂建筑。最高级台基，由几个须弥座相叠而成，从而使建筑物显得更为宏伟高大，常用于最高级建筑，如故宫三大殿和山东曲阜孔庙大成殿，即耸立在最高级台基上。

图 3.1-48 北京故宫太和殿三层台基细部图　　图 3.1-49 北京圆明园万方安现仅存建筑台基

3.2 建筑承重结构体系

3.2.1 抬梁式木建筑结构

抬梁式构架（又称"叠梁式"），简言之就是柱子将梁抬起，梁承托檩子。是在台基上立柱，柱上沿房屋进深方向架梁，梁上立短小的矮柱，矮柱上再架短一些的梁，如此叠置若干层，在最上层架上立脊瓜柱，这就是一组梁架。在相邻两组梁架之间，用垂直与梁架方向，并且位于柱上部的水平联系构件"枋"，把两组梁架组合起来。每层梁的两端上面，垂直于梁架方向放置檩。檩不仅加强了梁架间水平方向的联系，构成稳固的组合构架，而且承受上部屋顶荷载。抬梁式构架在中国古代建筑上使用非常普遍，尤其是在中国北方。这是因为抬梁式可使室内柱子较少甚至是无柱。但是，抬梁式构架用料较大，耗费木材较多。而且这种构架基本上不采用三角形这种最稳定的构件组合形式，所以稳定性较差（图3.2-1）。

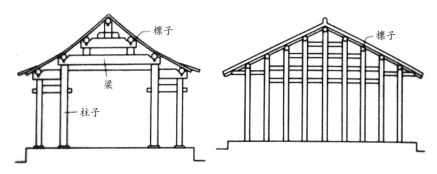

图 3.2-1　传统抬梁式结构与穿斗式结构比较图

3.2.2　穿斗式木建筑结构

穿斗式构架（又称立贴式），简言之柱子直接承托檩子。用穿枋把柱子串起来，形成一榀榀房架，檩条直接搁置在柱头，在沿檩条方向，再用斗枋把柱子串联起来，由此而形成屋架。在中国南方长江中下游各省，保留了大量明清时代采用穿斗式构架的汉族民居建筑。特点：柱上搁置梁头，梁头上搁置檩条，梁上再用矮柱支起较短的梁，如此层叠而上，梁的总数可达3～5根。当柱上采用斗栱时，则梁头搁置于斗栱上。特色：相比之下，穿斗式木构架用料小，整体性强，但柱子排列密，只有当室内空间尺度不大时（如居室、杂屋）才能使用；而抬梁式木构架可采用跨度较大的梁，以减少柱子的数量，取得室内较大的空间，所以适用于古代汉族宫殿、庙宇等建筑。

3.2.3　井干式木建筑结构

井干式木建筑结构是一种不用立柱和大梁的汉族房屋结构（图3.2-2）。这种结构以圆木或矩形、六角形木料平行向上层层叠置，在转角处木料端部交叉咬合，形成房屋四壁，形如古代井上的木围栏，再在左右两侧壁上立矮柱承脊檩构成房屋。中国商代墓椁中已应用井干式结构，汉墓仍有应用。最早的井干式房屋的形象和文献都属汉代。在云南晋宁石寨山出土的铜器中就有双坡顶的井干式房屋。《淮南子》中有"延楼栈道，鸡栖井干"的记载。结构需用大量木材，在绝对尺度和开设门窗上都受很大限制，因此通用程度不如抬梁式构架和穿斗式构架。中国只在东北林区、西南山区尚有个别使用这种结构建造的房屋。云南南华井干式结构民居是井干式结构房屋的实例。它有平房和二层楼，平面都是长方形，面阔两间，上覆悬山屋顶。屋顶做法是左右侧壁顶部正中立短柱承脊檩，椽子搭在脊檩和前后檐墙顶的井干木上，进深只有二椽。

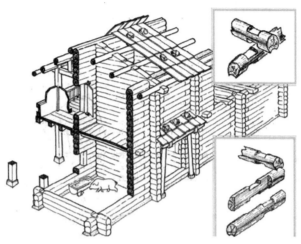

图 3.2-2 传统井干式结构图

3.2.4 夯土坯墙承重结构

讲到我国古建筑墙体，就必须讲一讲生土建筑，由于受不同地区不同环境的影响，各地区的生土建筑在建筑结构和建筑艺术上也各有特点，如窑洞、夯土版筑建筑和土坯建筑。按结构特点可分为，生土墙承重房屋，土坯墙承重房屋，夯土墙承重房屋等。南方生土建筑包括了客家土楼和闽南土楼，夯土墙还加料和"加筋"。而且还改成"三合土"了，使不同土壤成分之间还会发生化学作用，如贝灰版筑墙就有石灰产生的化学作用使墙体更加坚固。同时，还通过掺入适当骨料和合理级配，使夯土的密实度最大，从而提高夯土强度。在北宋李诫编修的《营造法式》中就有泥作相关的论述，其中的用泥垒墙都涉及了"三合土"化和加料：即：用石灰等泥壁（涂）之制：先用粗泥搭络不平处，候稍干，次用中泥趁平。又候稍干，次用细泥为衬。上施石灰泥毕，候水脉。生土建筑受地域限制比较大，而且地形地貌也在很大程度上控制着施工技术的选择，如在台地和平原区，一般可向下挖出空间或在地面上夯土、垛泥。斜坡和陡面的地貌处，可以借用崖体向内挖出空间。各种生土建筑，通常情况下并不是单独使用一种施工工艺进行建造，而是几种施工技术相互结合而建造。我国许多土遗址一般都是先在生土层中挖造基础，于其上夯筑一定高度的墙体，再于其上用土坯砌建。有些烽燧、土塔，周围先用土坯砌建，中心用粉土夯筑。有的在夯筑基础上垛泥或土坯砌筑，分层中间铺夹灌木枝条或芦苇类的柴草。福建土楼把中国传统的夯土施工技术推向了顶峰。以南靖县怀远楼为例，其外墙总高 12.28m，底层墙壁厚 1.3m；方楼和贵楼外墙总高 13m，底层墙厚 1.3m；高厚比达到 10 ∶ 1。若按宋《营造法式》的规定建造土楼，则底层墙厚要做到 4.1 ~ 4.3m。福建土楼比宋时做法足足减薄了近 3m，更不用说在永定县一些五凤楼中高 4 ~ 5 层的主楼，其内外墙厚度不过 50 ~ 60cm。可见在明末清初，福建的夯土技术已经达到了巅峰。福建古代工匠在土楼建造中从地基处理、夯土墙用料、墙身构造以及夯筑方法诸方面都积累了宝贵的经验。正因为如此，福建土楼的夯土墙才能做到这样薄而又能达到坚固和抗震的要求。首先福建夯土墙的土是就地取材，一般选用黏性较好含砂质较多的黄土，如果黏性不够，还要掺上"田岬泥"（又称"田底泥"，即水田下层未曾耕作过的黏土）。一般净黄土干燥后收缩较大，夯成土墙易开裂，含砂质则可降低缩水率以减少土墙开裂，有的掺合旧墙的泥土（老墙泥）也可以减少土墙开裂。掺黏土是为了增加黏性，保证墙体的整体性与足够的强度。由于各地方土的含砂量千差万别，因此，黄土、黏土及老墙泥的配合比例完全由经验确定。通常不能直接使用生土，而要把生土与掺合的田底泥等反复翻锄，敲碎调匀，而且翻锄得越仔细、堆放的时间越长越好。这实际上是促使土壤中的腐殖质通过发酵流失（俗称"熟化"），这样的泥土版筑成的土墙强度高且不易开裂。而通常用"三合土"即黄土、石灰、砂子拌和夯筑，有的土中还掺入红糖和秫米浆，以增加土墙的坚硬程度。这样的土夯成的土墙铁钉都难以钉入，经数百年风雨仍完好无损。此外，夯筑时对土中含水量的控制，也是保证土墙质量的关键。含水量太少，土质黏性差，夯筑的土墙质地松散，显然不结实；含水量过多，土墙无法夯实，水分蒸发后墙体容易收缩开裂。通常施工中依经验掌握，熟土捏紧能成团，抛下即散开就认为水分合适。其次是墙身的构造处理。墙脚用卵石干砌以防洪水浸泡。墙厚从底层往上逐渐减薄，外皮略有收分，内皮分层退台递收，一般每层减薄 3 ~ 5 寸（约 10 ~ 17cm），这样在结构上更加稳定，又减轻了墙身的自重。为增加墙身的整体性，土墙内还配筋，即在水平方向设置"墙骨"。通常的做法是将毛竹劈成一寸多宽（约 3 ~ 4cm）的长竹片，作为竹筋夹在夯土墙之中，墙的高度方向每隔 3 ~ 4 寸（约 10 ~ 13cm）放一层竹筋，其水平间距 6 ~ 7 寸（20 ~ 24cm）。也有用小松木枝、小杉木枝做墙骨的。两枋之间配长的竹筋拉结，客家人称之为"拖骨"，即在模板底伸出，比模板长 1 ~ 2 尺（约 33 ~ 66cm）。由于夯筑中上下枋之间在各层均错开以避免通缝，所以加上墙骨、拖骨的拉结使墙的整体性大大增强。在方形土楼中，外墙的转角处还要特别布筋加固，即用较粗的杉木或长木板交叉固定成"L"形（当地称"勾股"），埋入墙中，通常每三"版"土墙放一组"勾股"拉结，以增强墙角的整体性。闽西的客家人在夯土墙施工中，有一套科学的夯筑方法，当地称为"舂法"，其操作要分三阶段完成：首先是沿墙的厚度与长度两个方向间隔 2 ~ 3 寸（约 6.6 ~ 10cm）舂一个洞，每个洞要连舂两下，客家人称为"重杵"；然后在每四个洞之间再舂一下，客家人称为"层杵"，最后才舂其余的地方，"重杵"

的目的是把黏土固定住，才能确保春得密实，如果无规则地乱春，黏土挤来挤去，厚度这么大的土墙就很难夯得均匀，夯得结实。夯好之后还要用尖头钢钎插入土墙，通常凭经验以钢钎插入的深度来判断土墙夯筑的密实度，这种严格的检测手段也是确保土墙质量的重要环节。此外，福建土楼土墙的夯筑是分阶段有序地进行的。土楼每层的层高约3.6m，通常分两个阶段夯筑：第一阶段夯筑八版，每版高40cm，然后停1～2月，第二阶段待墙体干燥到一定程度，再夯第九版，随之在土墙上挖好搁置楼板龙骨的凹槽，槽的深度随龙骨的大小有所变化，以保证楼面的水平。搁好龙骨后，不等墙体干燥即可重复以上两阶段夯筑法，夯筑第二层楼的八版，如此直到顶层。这样分阶段夯筑，不仅便于挖槽，使搁置楼板龙骨时墙体有足够的强度，而且又能配合农家耕作季节，分阶段地农新生空隙施工。因为土墙高度大，又有相当的厚度，由于自重和上部荷载的作用，以及本身干燥过程的收缩，整个墙体在施工过程中变形是比较大的，因此如何保证墙体变形之后仍能保持垂直，这是夯土墙施工的一大难点，除了施工中不断检测之外，客家人还从实践中摸索出一套保持土墙垂直的经验。由于日晒和风吹的作用，土墙的两个面干燥的快慢是不一样的：向阳面即先干的一面较硬，后干的一面相对较软，在巨大的自重压力作用下，后干的一面压缩变形较大，因此土墙会倒向后干的一侧，民间把这种现象形象地称为"太阳会推墙"。因此他们在夯筑土墙时，依照常年积累的施工经验，有意识地使土墙微微倒向朝阳的一侧，这样，待土墙筑好之后会自动调整为垂直。有时刚建好的土楼还很难对夯墙质量下结论，要待1～2年后，土墙干透了若还能保持垂直、稳定才算高质量。这些夯土施工经验直到今天还具有现实意义。除了夯土墙身质量之外，土墙的基础处理更是至关重要。通常用大卵石来砌筑基础。若在土质不理想的地方建楼，比如在淤泥地、稻田等软土地基上建造，在如今也是一个难题。土楼高4～5层，墙又厚、自重又大，只有保证整座楼的墙很均匀地沉降，才不至于造成墙体开裂或倒塌，客家人在实践中摸出一套用松木垫墙基的方法（图3.2-3）。

图 3.2-3　夯土墙做法图

3.2.5　各式砖墙影壁结构

早在新石器时代，我们的祖先已熟练地掌握了制陶技术，为以后烧制砖、瓦创造了条件。从已知的实物看，铺地砖和瓦在西周已经产生了，空心砖及砖条出现于战国。发展到明清时期，砖墙的砌法有如下几种：平砖丁砌错缝，平砖顺砌错缝，侧砖顺砌错缝，平砖顺砌与侧砖丁砌上下层组合式，席纹式或"实滚芦菲片"式，空斗及空斗式等，在墙体中砖的砌法灵活多样，各地都有自己的一套做法。但是，北方由于气候寒冷，墙体砌法变化较少砖花砖雕较多（图3.2-4）。而南方气候温暖，墙体较薄砌法花样较多（图3.2-5）。

图 3.2-4　山西王家大院砖墙

图 3.2-5　古徽州砖墙和砖雕

明清时期由于制砖技术的提高，此时期用砖建的房屋猛然增多，且城墙基本都用砖包砌，大式建筑也出现了砖建的"无梁殿"。现保存比较完好的是明西安城墙，它始建于明洪武三至十一年（1370～1378年），是在唐长安皇城的基础上扩建而成的，明隆庆四年（1570年）又加砖包砌，留存至今。传统的青砖墙硬度大，砌筑的墙壁比较坚固结实，不易损坏（图3.2-6）。青砖最初多用于墓室及塔，直到明代普通住宅才普遍使用。在我国南方古代还使用空心砖墙，又称"空斗墙"，它具有节约材料的特点，因为中间空出部分多填土和碎砖等，对隔声、隔热具有良好的作用，而且还能作为承重墙（图3.2-7）。砖花墙是花式砖墙的一种，就是整片墙都做成各种透空花样的砖花图样比较美观（图3.2-8）。漏窗墙也是花式砖墙的一种，只是在墙面上局部做一个透空的花窗，形成虚实对比也比较美观（图3.2-9）。包框墙，多应用于影壁、看墙、门墙，其墙体的裙肩、墙顶、壁身两侧，四边作实墙砌筑，框内为壁心向里收进，如镜框。壁心可砌实砖、碎砖、土坯、空斗等，可抹面粉刷，也可清水勾缝，还有雕刻等做法，在明清时期非常盛行（图3.2-10）。影壁，又称照壁、照墙、萧墙。影壁从建筑材料来说，主要是琉璃影壁（图3.2-11）、石影壁（图

3.2-12）、砖影壁（图3.2-13）、木影壁，古代许多官宅、过街影壁就是木影壁，因为在室外风吹雨淋易腐朽留存不多（图3.2-14）。目前留存以砖影壁居多。滚墩石主要用在木影壁和垂花门上，是安装柱子，稳定上部的底座，与老宅门前抱鼓石作用差不多。影壁还有过街影壁（图3.2-15），即在建筑之外，隔街设一面影壁，并非私人所有，是建筑空间和气势的延续。滚墩石主要用在木影壁和垂花门上，是安装柱子、稳定上部的底座，与老宅门前抱鼓石作用差不多（图3.2-16）。跨河影壁是在建筑之外隔河设置的一面跨河影壁（图3.2-17），没有屏障作用，主要为界定空间或延续建筑的气势，大多在寺庙等大型建筑群中布置。八字影壁，在建筑大门两侧各设一座影壁，斜放布置，民间俗语"发"的意思（图3.2-18）。回音壁，是指能将声音沿墙壁传送的环形墙壁，北京天坛和清东陵等处都有回音壁的实例。其中主要是墙壁采用水磨砖对缝的方法砌成的，因此，墙面非常光洁，墙缝细密整齐，加上圆形的墙体，所以就能产生沿墙壁传声的效果。北京天坛的回音壁（图3.2-19），墙高3.72m，厚0.9m，直径61.5m，周长193.2m。墙壁是用磨砖对缝砌成的，墙头覆着蓝色琉璃瓦。围墙的弧度十分规则，墙面极其光滑整齐，两个人分别站在东、西配殿后，贴墙而立，一个人靠墙向北说话，声波就会沿着墙壁连续折射前进，传到100～200m的另一端，无论说话声音多小，也可以使对方听得清清楚楚，而且声音悠长，堪称奇趣，给人造成一种"天人感应"的神秘气氛。所以称之为"回音壁"。磨砖对缝时将砖摆好后再灌泥浆，称为"干摆"，有时砌砖不用胶结材料也叫"干摆"（图3.2-20）。山墙是建筑物两端的墙体，以支撑建筑上部的屋山。上部高出屋面的称为防火山墙，也称封火墙、风火墙，有一颗印式、复合曲线式、人字式、猫拱背式、五岳朝天式、叠落山墙、马头墙等（图3.2-21～图3.2-25）。

图3.2-6　青砖实墙

图3.2-7　空斗墙

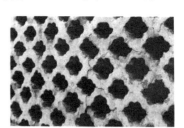

图3.2-8　砖花墙

图3.2-9　漏窗墙

图3.2-10　包框墙

图 3.2-11　琉璃影壁

图 3.2-12　石影壁

图 3.2-13　砖影壁

图 3.2-14　官宅木影壁

图 3.2-15　过街影壁

图 3.2-16　滚墩石

图 3.2-17　跨河影壁

图 3.2-18　八字影壁

图 3.2-19　北京天坛的回音壁

图 3.2-20　干摆

图 3.2-21　软心、干摆、丝缝山墙

图 3.2-22　山墙

图 3.2-23　风火墙

图 3.2-24　叠落山墙

图 3.2-25　马头墙

3.2.6　石砌混合承重结构

古建筑石砌墙中有虎皮石（毛石）、方整石、条石的砌筑工程。石砌体使用的石料品种，规格、颜色、质量有要求。山东海草房，是将原始石块或砖石块混合垒起的屋墙，有着高高隆起的屋脊，屋脊上面是质感蓬松、绷着渔网的奇妙屋顶，海草房屋顶用海带草苫成（图3.2-26）。青海省海东市循化撒拉族自治

图 3.2-26　山东海草房石墙面

县藏族乡东部的宁巴村，就有长短不一、高低不等的护墙、护栏，还有某个斜坡，凡是被垒叠起来的石头都会被砌得错落有致，既留下工匠质朴的巧艺，又留下石头粗朴、歪斜、参差的原貌。就是山野平旷处的庄稼地，也是用西瓜般大小的石头，垒成凸凹有致的低矮界墙，上面再堆放一些灌木枝条，既充当平畴的界线，又能起到阻挡牲畜闯入的作用，还有石砌墙的象征符号（图3.2-27）。广西都安三只羊乡石砌房屋（图3.2-28），广西隆林县德峨乡干栏式土石木结合民居（图3.2-29），广西贺州富川县最大的庄园100m×160m大院墙3m长的条石墙（图3.2-30）。

图 3.2-27　宁巴村石砌墙的象征符号

图 3.2-28　广西都安三只羊乡石砌房

图 3.2-29　广西隆林县德峨乡干栏式土石木结合民居

图 3.2-30　广西贺州富川县最大的庄园条石墙

3.3 古建筑营造技术

3.3.1 木建筑榫卯与斗栱

榫卯是中国古建筑、古代家具及其他器械的主要结构方式，是在两个构件上采用凹凸部相结合的一种连接方式。凸出部分叫榫（或叫榫头），凹进部分叫卯（或叫榫眼、榫槽）。中国古建筑的无钉神话就是榫卯的功劳（图3.3-1）。榫卯的应用是古人在使用木材的过程中逐步优化发展起来的，今天的梁架结构更是千年的优化中脱颖而出的，榫卯的优点是拉结、稳固、防震、抗震。但是，榫卯形式伤及木理，削弱了构件的良好应变和应力，因此，木材的选料要精致，这点在封建统治下的官式建筑中尤为重要。

图3.3-1 凸出部分叫榫或叫榫头凹进部分叫卯或叫榫眼、榫槽

榫卯的种类很多，应用在不同的位置叫法和做法也不同：固定垂直构件的管脚榫、套顶榫；垂直构件与水平构件连接的馒头榫、燕尾榫、箍头榫、透榫、半透榫、大进小出榫；水平构件相交时用的：燕尾榫、刻半榫、卡腰榫、正交桁碗；水平与倾斜构件重叠做稳固作用的：栽销榫、穿销榫；水平与倾斜构件半叠时用的斜交桁碗、扒梁刻榫、刻半压掌榫；门扇用：银锭扣、穿带、抄手带、裁口、龙凤榫；斜交支撑构件的搭掌榫。比如：馒头榫是柱头与梁头垂直相交时所使用的榫子，与之相对应的是梁头底面的海眼，馒头榫用于各种直接与梁相交的柱头顶部，其长短径寸与管脚榫相同中，它的作用在于使柱与梁垂直结合，避免水平移位（图3.3-2）。箍头榫是枋与柱在尽端或转角部相结合时采取的一种特殊结构榫卯。"箍头"，顾名思义，是"箍住柱头"的意思（图3.3-3）。桁碗（小式称檩碗）在古建大木中用处很多，凡桁檩与枹梁、脊瓜柱相交处，都需要使用桁碗。桁碗即放置桁檩的碗口，位置在枹梁头部或脊瓜柱顶部。碗子开口大小按桁檩直径定，碗口深浅最深不得超过檩径，最浅不应少于1/3檩径。为了防止桁檩沿面宽方向移动，在碗口中间常常做出"鼻子"。其方法是将梁头宽窄均分4等份，鼻子占中间2份，两边碗口各占一份（图3.3-4）。

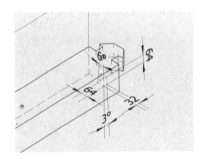

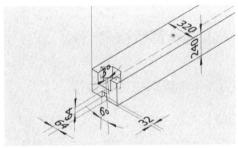

图 3.3-2 馒头榫

图 3.3-3 箍头榫、挂柱榫、卯口

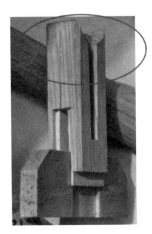

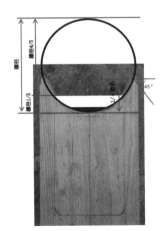

图 3.3-4 柱头檩椀

我国古建筑特有的一种结构叫作斗栱。两千多年前，战国时代采桑猎壶上的建筑花纹图案（图 3.3-5），以及汉代保存下来的墓阙、壁画上，都可以看到早期斗栱的形象（图 3.3-6）。斗栱在唐代发展成熟后便规定民间不得使用。斗栱是由方形的斗、升、栱、翘、昂组成（图 3.3-7），古建筑因朝代不同对斗栱的部件叫法也不同，如清代叫法（图 3.3-8），宋代的叫法在大木作中详解。斗栱是我国古建筑中特有的形制，是较大建筑物的柱与屋顶间过渡的部分。其功用在于承受上都支出的屋檐，将其重量或直接集中到柱上，或间接的先纳至额枋上再转到柱上。一般非常重要或带纪念性的建筑物，才有斗栱的安置。斗栱无论从艺术或技术的角度来看，斗栱都足以象征和代表中华古典的建筑精神和气质。

图 3.3-5　战国时代采桑猎壶上的建筑花纹图案

图 3.3-6　汉时阙仿木构

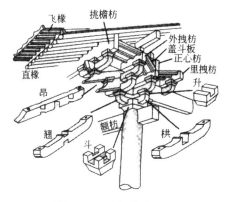

图 3.3-7　斗栱基本构成

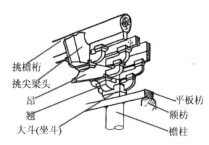

图 3.3-8　请代柱头科主要构建名称

建筑史的解释：清式大木作斗栱形式，即里外各出三拽架的斗栱。如果翘重昂七踩斗栱有头翘一件，头昂后带翘头一件，2昂后带六分头一件，蚂蚱头后带菊花头一件，撑头木后带麻叶头一件，正心瓜栱、正心万栱各一件，外拽单材瓜栱、单材万栱各两件，厢栱一件。此外，还有正心枋、里外拽枋、桃檐枋、机枋、井口枋、垫栱板、桃尖梁等斗栱构件。一斗三升、一斗二升、麻叶斗栱制作、安装，昂翘斗栱制作、安装，平座斗栱制作、安装，镏金斗栱制作、安装，品字斗栱制作、安装，牌楼斗栱制作、安装及其他斗栱制作、安装等7节共60个子目。各种斗栱除牌楼斗栱外，斗口均以二寸五分（8cm）为准；牌楼斗栱以一寸六分（5.12cm）为准。其中：（1）昂翘、平座斗栱外拽附件包括正心枋、外拽枋、挑檐枋及外拽斜盖斗板；里拽附件包括里拽枋、井口枋及里拽斜盖斗板、垫栱板。其中昂翘斗栱里拽不论使用单材栱、麻叶栱、三幅云栱。（2）品字斗栱附件包括正心枋、拽枋、井口枋及垫栱板。（3）牌楼斗栱附件包括正心枋、拽枋、挑檐枋、斜盖斗板。（4）垫栱板镂雕金钱眼、牌楼斗栱雕做如意昂嘴及斗栱的各层安装。（5）各种斗栱角科带枋的分部件，以科中为界，外拽的工料包括在角科斗栱之内。宋式形制和构造，《营造法式》中每一组斗栱称一朵，在柱上的叫柱头铺作，角柱上的叫转角铺作，两柱之间阑额上的叫补间铺作。每朵最下部有一托住整组斗栱的大斗，称栌斗。栌斗一般用在柱

列中线的上边。栌斗上开十字口放前后和左右两向，栱前后向（内外）挑出的称华栱，左右向的称泥道栱。华栱可挑出 1～5 层，每挑一层称一跳；挑向室外的称外跳，挑向室内的称里跳。同华栱成正交的栱称横栱，除泥道栱外，最外一跳华栱头上的横栱称令栱，用以承托外檐的栱檐方（即枋）和承托内檐天花的算栱方。在柱心泥道栱和外跳令栱之间各跳跳头（即华栱头）上的横栱都称瓜子栱。瓜子栱、泥道栱上可直接承托方木，也可再加一层横栱，称慢栱。瓜子栱、慢栱上的方木称罗汉方；宋式斗栱中向外挑出的构件除华栱外，还有斜置的下昂和上昂。下昂大体平行于屋面，昂尾压在梁下或椽（即檩）下。上昂自斗栱中心向外上方斜出，以承令栱。下昂的作用是在少增加斗栱高度的条件下增加挑出长度；上昂的作用是在少增加挑出长度的条件下增加斗栱高度，两者的作用正相反。各层栱间用斗垫托、固定斗位于栱的中心、两端或栱与昂等相交处。华栱头上的斗叫交互斗，在横栱中心的叫齐心斗，两端的叫散斗。斗栱以榫卯结合，出跳栱昂的卯口开在下方受压区，横栱的卯口开在上方。栱上的斗用木销钉与栱结合，斜置的昂则用昂栓穿透到下层的栱中进行固定。宋《营造法式》中的大木作规定房屋建筑的尺度、比例，均以"分"为基本模数（见材份）。这个基本模数同斗栱就有关系。所谓一"分"，指的是一"材"大小栱的断面高度的 1/15。斗栱本身各个分件的断面大小、长短比例也是用"分"来度量的。比如单材栱断面高 15 "分"，宽 10 "分"；足材栱高 21 "分"，宽仍为 10 "分"。足材栱高度多出的 6 "分"恰为上下栱之间由斗垫托而出现的空隙的高度——一栔（6 "分"）。泥道栱上有慢栱时两栱之间空隙里通常用称为暗栔的木条进行填充它的断面被规定为高 6 "分"，宽 4 "分"。又如，第一跳华栱长 60 "分"由此确定了华栱出跳最长为 30 "分"；泥道栱、瓜子栱长 62 "分"；令栱长 72 "分"；慢栱长 92 "分"。宋式斗栱中每挑出一层为一跳，每增高一层为一铺。斗栱的大小等级就是以出跳数和铺数多寡来排定次序的。宋《营造法式》"总铺作次序"条规定："出一跳谓之四铺作，出两跳谓之五铺作，出三跳谓之六铺作，出四跳谓之七铺作，出五跳谓之八铺作"，由此可以知道每朵斗栱的铺作数为出跳数加 3 即 n（铺作数）$=x$（出跳数）$+3$（常数项）。关于常数项 3 有多种解释。一种是：栌斗、耍头和衬方头；一种是栌斗，最上一跳跳头上的令栱和令栱上的栱檐方或算栱方；一种是柱列中线上的方木泥道栱（单栱造时用栌斗）、慢栱（单栱造时用令栱）和罗汉方。斗栱组合中有慢栱的称重栱没有慢栱的则称单栱；跳头上有横栱的那一跳称计心没有横栱的那一跳称偷心。此外，还有两种不出跳的，一种叫"单斗支替"，是在栌斗上加替木以承下平栱；一种叫"把头绞项作"，是栌斗上用泥道栱承托下平栱，用于柱头上，梁与泥道栱相交出头。还有一种最简单的出一跳斗栱，称"斗栱跳"，是梁与泥道栱交叉后出跳做为华栱，直接承托栱檐方。它虽出一跳，但铺叠不足 4 层，所以有一种意见认为跳和铺的关系并不总是跳数加 3 为铺数；也有一种意见，认为它不足 4 铺，不典型，所以被排除在"总铺作次序"之外。清式形制和构造，从宋式演变而来，但名称、构造和在构架中所起作用都有变化。清式每一组斗栱称一攒，每个瓜栱上都用万栱，如宋式全计心造。瓜栱和万栱又依所在位置冠以正心或里、外拽的称谓。如用在正心瓜栱上的万栱称正心万栱；用于斗栱前边（或室外）的称外拽瓜栱、外栱万栱；用于斗栱后边（或室内）的称里拽瓜栱、里拽万栱。万栱上的枋子，也依所在位置称正心或里、外拽枋。清式小斗除表列名称外，用于正心相当宋式散斗的不叫三才而称槽升子。昂在清式里仍称昂，但只是把翘头刻成下折的昂嘴形式，不再是斜直内外的构件。清式斗栱每出一跳称一拽架，最多也可挑出五拽架。清式有斗栱的建筑改以平身科斗口的宽度为权衡构件比例的基本模数，挑出的翘、昂和正心枋，内外拽枋均高 2 斗口，相当于宋式的足材，每一拽架为 3 斗口。每两攒斗栱间的最小间距称攒挡，为 11 斗口，建筑面阔即以攒数而定，明间一般平身科六攒，加两边柱头科各半攒。斗栱形制以踩数计。踩数指斗栱组中横栱的道数。清式斗栱每拽架都有横栱，故每攒斗栱里外拽架数加正心上的一道正心栱枋，即每攒的踩数。清式斗栱形制的表示方法为：几踩几翘几昂（但以"单"、"重"表示一、二）。最简单的斗栱是不出踩的一斗三升或一斗二升交麻叶，最多为五拽架的十一踩重翘三昂，但实际上，明清北京紫禁城宫殿的正门午门，正殿太和殿的上檐斗栱也只用到九踩单翘三昂。清式斗栱中还有一种"镏金斗栱"，用于外檐或重檐建筑下檐的平身科，前面有昂，后尾为斜起长一步架的秤杆。它是由宋式下昂演变来的，秤杆即昂身，但外檐部分改为平置的昂头和蚂蚱头，整个构件做成曲折形，构造不如宋式合理。（图 3.3-9 ～图 3.3-11）

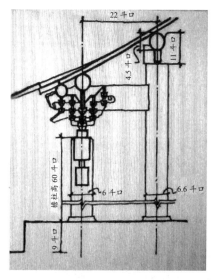

图 3.3-9 斗口

图 3.3-10 斗口度量

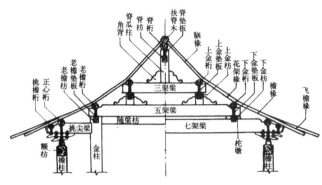

图 3.3-11　古建筑木作各部名称

3.3.2　大木作以及小木作

宋营造法式的称谓，栿（fú）就是梁，是建筑的纵向主要承重构件。栿上面横向的构件是槫（tuán），现在称为檩条，槫上面纵向搭的小木棍是椽（chuán）。两条槫之间的椽子称为一架椽。山西芮城广仁王庙正殿的四椽栿（图 3.3-12、图 3.3-13）。根据建筑形式断代的主要依据，脊槫：屋架最高处的槫，位于正脊下。叉手：脊槫两侧，平梁之上的斜撑。平梁：又称平栿，梁架结构里最上层的梁，长两椽，其上蜀柱、叉手承托脊槫。

图 3.3-12　四椽栿

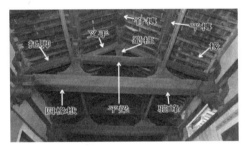

图 3.3-13　平梁

山西平顺淳化寺正殿的六椽栿，即托六架椽的梁。六椽栿以上用平梁和劄牵（劄牵：长一椽的梁）错落搭配，托举出房子的山间尖（图 3.3-14）。早期木结构中用六椽檐栿通搭的实例很少见。山西泽州西四义普觉寺，六椽檐栿通搭的建筑，结构与上图有很大不同。六椽栿上用四椽栿，四椽栿上用平梁（两椽），逐层递减，形成中国式房屋的山尖（图 3.3-15）。

图 3.3-14　六椽栿

图 3.3-15　六椽檐栿通搭

阑额：是柱头间的联系构件，安装于柱头，上皮与柱齐平。有些建筑柱子最下端也有一道这样的联系构件，称为"地栿"。普拍方：安装于柱头阑额之上，压于栌科之下。普拍方与阑额的断面呈"T"字形。早期建筑一般不用普拍方，现存十几座唐和五代建筑中只有平顺大云院弥陀殿使用了普拍方，宋以后开始应用广泛（图3.3-16）。假昂和真昂一样出跳，真昂是斜置构件，用杠杆原理挑出，而假昂是水平构件。假昂与耍头的区分同样是看是否出跳，出跳托令栱的是昂（假昂），山西平顺北社观音堂就是不出跳的是耍头（图3.3-17）。

图3.3-16　普拍方与阑额

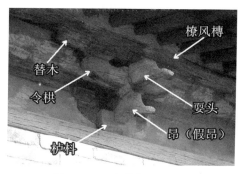

图3.3-17　假昂与耍头区分

山西沁县普照寺正殿，立于柱头的称柱头铺作，立于两柱之间阑额或普拍方上的是补间铺作，立于转角处角柱上的叫转角铺作（图3.3-18）。山西平遥镇国寺万佛殿七铺作，铺作数＝出跳数+3。双抄双昂出四跳是四层，另加栌科、耍头、衬方头各一层，共七层，称七铺作（图3.3-19）。

图3.3-18　铺作

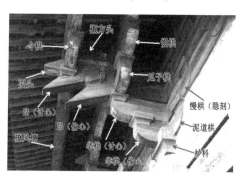

图3.3-19　七铺作

山西平遥镇国寺万佛殿，栌科：铺作层最下面的大科。华栱：栌科口内纵向伸出，出跳的栱是华栱。泥道栱：栌科口内横向伸出，与华栱相交的部分。瓜子栱：华栱（或昂）头上横出的栱（最外跳除外）。栱下是交互科，栱两头坐散科，上承慢栱：施于泥道栱和瓜子栱之上的横向栱。交互科：施于跳头，十字开口；施于替木下顺身开口。散科：施之于横向栱的两头或偷心造的跳头上。齐心科：是用于栱中心的科，令栱的中心位置用了一枚齐心科，令栱的两端则是散科。柱头方：是压在柱中线上的长方，长同屋面，与铺作结合为一体，把同一侧面的铺作联系起来。

山西早期大木作的常用做法是铺作横向第一跳为泥道栱，泥道栱之上即开始使用多层柱头方，慢栱隐刻于柱头方上。罗汉方：位于铺作出跳之上的长方，外转位于柱头方和橑风槫之间，里转位于柱头方和箅桯方之间。铺作最外跳上承托的槫称为橑风槫，也是整个屋架结构中最下面的槫。这一位置也有不用槫而用方的，称为橑檐方（图3.3-20）。山西绝大多数早期大木作使用橑风槫，但也有几处应用橑檐方的实例。唐代建筑山西芮城广仁王庙正殿，枓直接托替木不用令栱的情况很少见（图3.3-21），只在唐宋时期有些实例，

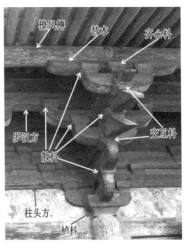

图 3.3-20　大木作使用橑槫

　　如果铺作跳头上使用了横栱称为计心造，没有使用横栱则称为偷心造。附图是一朵四跳七铺作枓栱，第二跳的跳头上使用了瓜子栱（横栱），第四跳的跳头上用了令栱（横栱），因此这两跳称为计心；第一、三跳的跳头上没有使用横栱，这两跳称为偷心造（图3.3-22）。

图 3.3-21　枓直接托替木不用令栱

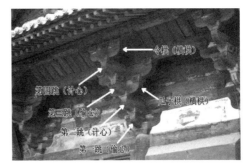

图 3.3-22　计心造、偷心造

　　山西屯留宝峰寺五方佛殿，铺作里转一般比较简单，使用了华栱和压跳，也有些直接只用华栱（图3.3-23）。在古建筑中，铺作狭义是指斗栱。因为，宋式建筑中对每朵斗栱的称呼，如"柱头铺作"、"补间铺作"等。铺作一词的由来是指斗栱由层层木料铺叠而成。广义说的是指斗栱所在的结构层。华栱又叫抄栱，所以斗栱在出檐方向向外出一跳华栱便称为单抄，出两跳便是双抄（此时华栱也是上下两层），一般提到唐宋辽金建筑斗栱的出跳情况都会说出几跳、几抄几下昂，例如佛光寺东大殿柱头铺作是出四跳、双抄双下昂，补间铺作是出两跳、双抄无昂。有些古建筑的枓栱昂与要头都采用斜置构件，且外形相似，区分昂与要头主看是否出跳，出跳的为昂不出跳的是要头（图3.3-24）。里转外转主要看向里跳或向外跳，如单抄双下昂六铺作里转五铺作（图3.3-25）。华栱或昂向前挑出一段称为"跳"，华栱和昂各向前挑出一段，各出一跳，这朵枓栱一共出两跳，要头不向前挑出为不出跳。山西武乡大云寺大雄宝殿，除了梁架上的结构，梁柱结构也很重要，照片中这座大

殿后槽用了减柱造，当心间两侧使用了粗大的横栿，两次间的梁落于横栿上，这样省去了两次间的两根内柱，殿内空间更宽敞。

图 3.3-23　华栱和压跳

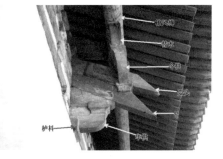

图 3.3-24　出跳的为昂不出跳的是要头

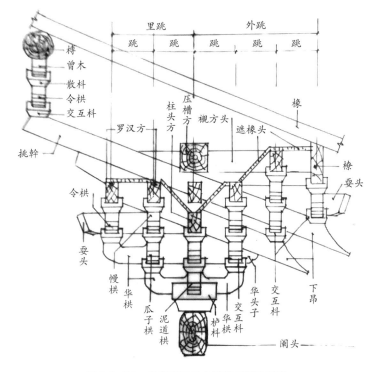

图 3.3-25　单抄双下昂六铺作里转五铺作

斗栱在柱头之上也叫柱头科；在柱间额枋上叫平身科；在屋角柱头之上角科。斗和栱，其实是两样东西：形如弓与建筑物表面平行的称为栱，栱的中间有卯口，而斗栱中承托横竖两个方向的重量，上开十字卯口的方形木块，叫斗。一个完整的斗栱是由五种部件构成的。除了斗和栱，还有翘、昂和升。与建筑物成直角，也和栱成直角的弓形木，称为翘。翘的形式和功能和栱相同；斗栱中在中心线上前后伸出，前端下斜带尖的木材部件称为昂，功能和翘一样；栱与翘或昂的交点之间，以及栱的两端与上层栱之间的斗状方木块，称作升，和斗不同，升只开一字口，只能承重一个方向的重量。斗栱是古代木结构建筑中的重要支承构件，一般出现在立柱与横梁的交接处，作用在于承受楼层或者屋檐的重力，并将其分散，先传递至额枋，

再重新集中在立柱上。这种结构有良好的抗震性，即便在遭遇地震时会"松动"，也不会"散架"，大大消耗了地震的能量。斗栱结构由一层或多层叠加组成。每层栱的垫木上方或者承载梁，或者承载更高层级的栱。垫木和栱之间的连接是榫卯结合结构，不用钉子。多层斗栱结构有四周对称的，也有非四周对称的；有的斗栱只在顶级斗栱处承担一根横梁，但是多数斗栱结构是非四周对称的，而且在不同层级上分别承载横梁。斗栱也是随着时代的发展不断演变的，如战国至三国时期的斗栱（图3.3-26），两晋时期的斗栱（图3.3-27），唐、宋、元、清代斗栱（图3.3-28）。

图 3.3-26 战国至三国时期的斗栱

图 3.3-27 两晋时期斗栱

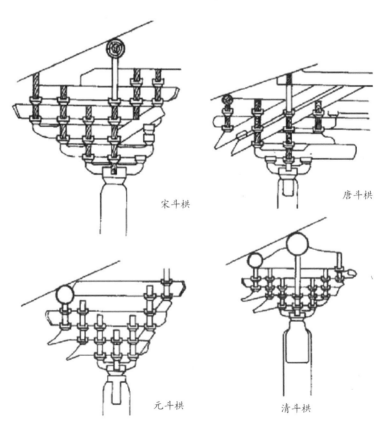

宋斗栱

唐斗栱

元斗栱

清斗栱

图 3.3-28 唐、宋、元、清斗栱

从美学角度，房屋四周的斗栱向外出挑，可以将最外侧的屋檐挑出一定的距离，使建筑看上去更加飘逸与优美，后来渐渐被纳入礼仪建制，成为了尊贵身份地位的象征，《明史·舆服志四》中写道："庶民庐舍，洪武二十六年定制，不过三间，五架，不许用斗栱，饰彩色。"斗栱结构的历史源远流长。战国时代的一些器皿陶器上的建筑图案中已经可以见到斗栱；汉代墓室的壁画上也可以看到早期的斗栱结构。斗栱结构发展初期，结构和外观都十分朴素。经过两晋南北朝至唐朝，斗栱迎来了发展的成熟期。但规定不允许民间使用。随着时间的推移，斗栱越来越繁复，甚至更多是为了表明建筑拥有者身份和地位的象征，在清朝，相当部分的斗栱结构已经成为了建筑的装饰，而非必不可少的承重结构。此外，檐角、悬山顶的处理也格外重视，如山西平顺淳化寺檐角（图3.3-29），悬山顶建筑山面，山西襄垣文庙大成殿悬山顶建筑山面（图3.3-30）。另外，在铺作中位于柱头中心线上横向的方材，同位置的最上一层称为压槽方。如山西五台唐代南禅寺大殿，第二跳华栱为殿内的四椽栿梁头伸出，压槽方在梁之上，到了宋代以后大部分梁不参与枓栱，而是压在铺作层之上，压槽方就到了梁的下面（图3.3-31）。

隐刻是古建筑中的一种常用手法，主要在柱头方上刻出了慢栱的形状，两端仍然使用了散枓，这种不使用单独构件而是在其他构件上刻出部分形状的做法称为"隐刻"（山西五台南禅寺大殿）。悬山顶和九脊顶两山伸出的部分称为"出际"，安装于出际处的椽子称为"厦头椽"。因为九脊顶又称"厦两头造"，而悬山顶没有两山出檐，又称"不厦两头造"。搏风板安装于山面出际处以挡风雨，垂鱼惹草既保护榑头又能起装饰作用（图3.3-32）。

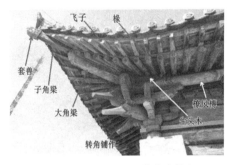

图3.3-29 山西平顺淳化寺檐角

图3.3-30 山西襄垣文庙大成殿悬山顶

图3.3-31 压槽方、刻隐

图3.3-32 悬山顶出际、惹草

殿阁多用四阿殿与九脊殿屋顶面阔达十一间，如有副阶则成重檐，斗栱出跳多至八铺作。屋面用瓦尺寸大，可用琉璃瓦与青掍瓦，正脊垒瓦可达 37 层。厅堂屋顶一般只用"厦两头造"和"出际"（又称"屋废"，即悬山顶），屋面或用筒瓦、或用板瓦作盖（如板瓦作盖则檐口用重唇板瓦和垂尖花头板瓦），正脊用兽而不用鸱尾。一栋古建筑整体上斗栱铺作如模型所示（图 3.3-29）。在古建筑构造上，殿阁的木架做法和厅堂不同，殿内常用平棋和藻井把房屋的结构和内部空间分为上下两部分；平棋以下要求宏丽壮观，柱列整齐，柱高一律，内柱及内额上置内槽斗栱以乘天花，殿内专修华美；平棋（棊）即今之顶棚，古代也叫做"承尘"。在木框间放较大的木板，板下施彩绘或贴以有彩色图案的纸这种形式在宋代成为平棊，后代沿用较多。一般居民用竹、高粱秆等轻材料作框架，然后糊纸。平棋以上因被遮蔽，无需讲究美观，但求坚牢即可，所以采用"草架"做法，槫、栿不必细致加工，枋木矮柱可以随意支撑，以求梁架稳固。厅堂，一般不用平棋藻井，内柱皆随屋顶举势升高，主外侧短梁（乳栿、三椽栿等）插入内柱柱身，使木架的整体性得到加强，斗栱较简单，通常只用斗口跳、四铺作，但也用至五铺作、六铺作。为了美化室内露明梁架，梁、柱、槫、枋等交接处用栱、斗、驼峰等作装饰。关、余屋，书中并无专论，仅从零星叙述中推测有两种情况：殿阁的廊屋，为了配合主殿，规格较高，可置鸱尾，用斗栱；一般余屋如官府廊屋、常行散屋、仓库营房等，则用柱梁作、单斗只替和把头绞项作等做法。殿阁多用四阿殿与九脊殿屋顶面阔达十一间，如有副阶则成重檐，斗栱出跳多至八铺作（图 3.3-33）。

图 3.3-33 斗栱在古建筑中的应用模型

屋面用瓦尺寸大，可用琉璃瓦与青掍瓦，正脊垒瓦可达 37 层。厅堂屋顶一般只用"厦两头造"和"出际"（又称"屋废"，即悬山顶），屋面或用筒瓦、或用板瓦作盖（如板瓦作盖则檐口用重唇板瓦和垂尖花头板瓦），正脊用兽而不用鸱尾。从《营造法式》的内容来考察，除了前述拼柱法以外，还可以在书中找到一些做法，在江南很流行而在北方则很少见到，例如竹材的广泛使用、"串"在木架中的重要作用，上昂的应用等。"串"这一构件在《营造法式》厅堂等屋的大木作里用得很多，主要起联系柱子和梁架的作用，这和江南常见的"串斗式"木架中的"串枋"

和"斗枋"的作用是相同的。例如，贯穿前后两内柱的称"顺栿串"（与梁的方向一致）；贯穿左右两内柱的称"顺身串"（与檩条方向一致）；联系脊下蜀柱的称"顺脊串"；相当于由额位置承受副阶椽子的称"承椽串"；窗子上下横贯两柱间的称"上串"、"腰串"、"下串"。这些串和阑额、由额、襻间、地栿等组成一个抵抗水平推力（风力、地震力等）的支撑体系，使木构架具有良好的抗风、抗震能力，若以此和串斗式木构架比较，不难看出其间的相似之处。大量的出土明器证明东汉时广东一带已盛行串斗式建筑，四川出土的东汉画像砖所示建筑图案中也有腰串加心柱做法，和《营造法式》很接近。至今江西、湖南、四川等地的农村，仍采用串斗构架建造房屋，二千年一脉相承，说明了它的存在价值。减柱造也是我国古建筑的一大特点，古建筑柱网平面中减掉部分金柱的做法。11世纪后，辽金时庙宇建筑常用此种做法，可使室内空间宽敞，明以后少用。紫禁城内保和殿、乾清宫、坤宁宫等尚保留此种做法。在古建筑最外侧靠近屋檐的一排称为檐柱，四角的柱子称为角柱，檐柱以内凡不在屋脊位置的都是金柱，屋脊正下方的一排称中柱，其中在山墙内直通屋脊的叫山柱。传统的木构建筑中四根柱子围成的空间单位称为"间"。在保证左右平面对称的情况下有时会减去或移动部分内柱，以获得更开阔的空间，这种手法被称为减柱法或移柱法，常见于宗教建筑。如图中就减去中柱两根（图3.3-34）。脊槫，又称脊檩，架在木结构屋架上面最高的一根横木。明清之前用叉手支撑，后用侏儒柱支撑。襻间，中国古建筑的一种构件。襻间用于椽下，是联系各梁架的重要构件，以加强结构的整体性，有单材、两材、实拍等组合形式。明清时期檩下只用垫板、枋，合称一檩三件，废除襻间。明清时襻间改称枋，并在它与檩间空隙处加竖板，称垫板。檩、垫板、枋联用是明清官式建筑通常做法。丁华抹颏栱，脊部叉手上角内，横向出耍头的栱，颏 kē，脸的最下部分，下巴。一般在平梁之上用蜀柱、叉手与丁华抹颏栱拖脊槫，捧节令栱，跟丁华抹颏栱有点类似，平顺县大云院弥陀殿做法（图3.3-35）。

图3.3-34　减去中柱两根

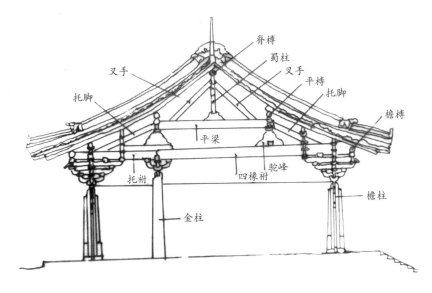

图 3.3-35　大云院弥陀殿横剖面

　　清工部《工程做法》称小木作为装修作，并把面向室外的称为外檐装修，在室内的称为内檐装修，项目略有增减。可分为外檐装修和内檐装修。前者在室外，如走廊的栏杆、屋檐下的挂落和对外的门窗等，后者装在室内，如各种隔断、罩、天花、藻井等。中国古代汉族建筑是按木工工艺的不同，把建造房屋木构架的叫作"大木作"，把建筑装修和木制家具的叫作"小木作"。前者工人称"大木匠"，后者工人称"小木匠"。在宋《营造法式》中将"小木作"分为悬鱼、惹草、板门、软门、破子棂窗、天花、藻井、勾栏、壁藏等共计 40 余种，大概可分为门类、窗类、栏杆类、天花类、木器类五种。大门类：包括实榻门、攒边门、撒带门、屏门等。隔扇类：包括隔扇、帘架、风门、碧纱橱等。窗类：包括槛窗、支摘窗、牖窗、什锦窗、横披及楣子窗等。栏杆、楣子类：包括坐凳楣子、倒挂楣子、寻杖栏杆、花栏杆、靠背栏杆等。天花藻井类：包括各种井口天花、海墁天花、木顶隔及藻井。花罩类：包括室内各种炕罩、花罩、几腿罩、栏杆罩、圆光罩、八角罩以及室内花罩等。其他，包括壁板、护墙板、隔断板、门头板、太师壁、博古架及楼梯等（图 3.3-36 ～图 3.3-56）。

图 3.3-36　实榻门

图 3.3-37　攒边门，又称棋盘门

图 3.3-38　撒带门，又叫穿带门

图 3.3-39　屏门

图 3.3-40　隔扇

图 3.3-41　帘架

图 3.3-42　碧纱橱固定隔扇与槛框之间

横陂窗

槛窗

踏板

槛墙

图 3.3-43　槛窗

图 3.3-44　支摘窗

图 3.3-45　上翻窗

图 3.3-46　什锦窗

图 3.3-47 横披窗也有叫卧窗

图 3.3-48 倒挂楣子和坐凳楣子

图 3.3-49 花栏杆

图 3.3-50 美人靠

图 3.3-51 天花

图 3.3-52 藻井

图 3.3-53 太师壁

图 3.3-54 隔断

图 3.3-55　木楼梯

图 3.3-56　落地罩

3.3.3　砖瓦作及土作石作

砖，在中国古建筑中主要用于台阶、台基、甬道、散水、墙面、室内室外地面等部位。正如中国传统的木构架体系一样，砖作技术的发展也是由探索到成熟的过程。砖，在西周时期，就开始使用在建筑物上了。在陕西岐山县赵家台就发现了一批西周时期的空心砖和条砖，这是迄今为止我国发现的年代最早的砖。空心砖呈长方形，中空，外面拍印细绳纹，制作规范方正，长 1m，宽 0.32m，厚 0.21m，壁厚 0.02m，一端有口，另一端封堵。经考古学家现场勘察鉴定，确认出土空心砖的灰坑为西周时期标准灰坑。出土的战国时代的砖数量也不多，有空心砖、铺地砖、小条砖等。在秦早期都城雍、栋阳、咸阳以及燕下都等战国遗址曾出土了一些铺地砖、大型空心砖等。空心砖中最长的可达 1.5m，这么长的砖只有制成空心才能烧透，同时使重量减轻，便于搬动。在秦都咸阳遗址中发现了多种砖，质地坚硬，颜色多为青灰，制法一般为模压成型，并模印纹饰。从出土文物看，当时的制坯方法主要有"片作"法和一次成型法。"片作"法是将坯泥拍打成片，铺在与砖坯同大的刻有纹饰的模板上拍打而成。以四块泥片合成一个方筒，再用小块泥片堵住一端，接缝处用软泥抹合。一次成型制坯法，砖壁壳较厚，是用坯泥堆捽垒叠而成。砖角无接缝，砖面的纹饰是坯成之后再刻划上去的。战国晚期，我国出现了一种空心砖椁墓。1988 年，在陕西临潼东陵发现了两座战国晚期砖室墓，这是我国迄今发现时代最早的砖室墓。两座墓，一座由 475 块砖平砌构筑；另一座由 155 块砖立砌而成。砖的规格约长 42cm，宽 15cm，厚 9cm，重 18kg。秦代，砖已较多地用于建筑，在秦始皇陵的遗址中，发现了三种条形铺地砖和一种曲尺砖。秦代的砖主要由官营手工业生产。在秦始皇陵曾出土带有"左司显瓦"、"左司高瓦"戳印的条砖。左司为左司空的简称，秦代的左司空主要是造砖瓦。西汉前期空心砖比较流行，在地面建筑中用来铺建阶沿或踏步，在地下用来砌造墓室。空心砖墓的结构可分为平顶箱子式和两坡顶式。所用砖少则十几块，多则一百余块，有长方形砖、柱形砖、三角形砖等式样。空心砖的形状和尺寸按每块砖所在的部位分别设计，制坯时还需刻划编号，以免组装时发生错乱，这可能是最早的装配式建筑。空心砖一般都是素面的或

拍印有简单的几何图案。但在河南有不少空心砖上模印有画像，其内容丰富多彩，如乐舞、骑射、车马、田猎、门阙、神话故事等。如1970年9月，在郑州新通桥附近发现了一座保存完好的汉代画像空心砖墓。整个墓室用133块各种不同形制的空心砖筑成。全墓所用空心砖，除封门砖和铺地砖为素面外，墓顶和四壁的砖都印有精美的画像。西汉时期，制砖业除官营手工业外，民间也有生产。在辽宁辽阳三道壕西汉村落遗址发现了7座砖窑，每窑约能容18000砖，窑旁多有水井。由于空心砖制作复杂，不宜大量生产，而小条砖具有制作容易、承重性强、砌筑方便，应用灵活等优点，至东汉时期，小条砖逐渐代替了空心砖。汉代小条砖尺寸逐渐规范化，长、宽、厚的比例约为4：2：1，使其在砌墙时可以灵活搭配。为配合条砖的使用，还创造了多种异形砖，如榫卯砖、企口砖、楔型砖、曲面砖等。魏晋以后，小条砖的应用更为广泛，产量也增加了。唐代，铺地砖的使用比较普遍，在唐长安城大明宫龙尾道遗址出土了大量的素面和莲花纹方砖。据专家推测，在龙尾道平级铺素面方砖，在坡道则铺莲花纹砖。明、清以来，常用的砖可分为城砖、方砖、开条砖等几种，每一种又各有若干规格，砖的砌筑方法，最初采用与土坯相类似的陡砌，后来采用平卧砌筑。明朝比较常用一顺一丁的砌法；清朝多用三顺一丁或五顺一丁的砌法。砌筑用的胶结材料，早期使用黄土泥浆，宋朝以后渐渐使用石灰浆。砖在墙体的应用，常见的几种做法有几种：落膛做法：即在墙面的中间部分凹进去，形成四边高中间低的"池子"。除了正式的落膛做法，还有在此基础上的简化的做法，如砖圈做法，砖池子（方池子和海棠池）做法。五进五出做法，即在墙的两端，以五层砖为一组，向上砌筑过程中，一组比它前一组收进一个丁砖长度，下一组再比这一组凸出一个丁砖长度，以此类推。墙的外边砌筑类型比墙心要细（高一个等级），如两端是淌白墙做法，墙心就可以是糙砌，甚至碎砖墙，也可以用抹灰做法。墙心抹灰又叫软心，砖砌则叫硬心。墙心一般比两端要凹进去一些。花墙子做法：墙体局部或大部使用花砖、花瓦做成镂空的墙体。其艺术形式多种多样，用在装饰性要求比较高的场合。墙体的结构 砖墙一般自下而上分为几部分 下碱：约占墙身高度的3/10。上身：一般"退花碱"，花碱宽度一公分左右，若上身抹灰，则另外要退出抹灰厚度。拔檐：头层檐出1寸，二层檐出0.8寸，博风砖出0.6寸或不出。签尖：一般做成45°坡面。墙体内包柱子叫包金，柱中以外成为外包金，柱中以内成为里包金。金边：墙体相对于台基一般要向里退一定距离，这段距离称为金边。

中国瓦的生产比砖早。《说文解字》：瓦，土器已烧之总名。象形。凡瓦之属皆从瓦。篆文 **另** 像两片凹凸交互钩连 **乙、叧** 的泥片。古人在瓦窑烧制栱形泥片，遮盖屋顶时将泥片凹、栱反向安装若干列的凹瓦和若干列的栱瓦，在每两列凹瓦之间，用一列栱瓦加以扣盖，使屋顶形成严密相连的瓦顶，以确保遮挡每一滴雨水，并通过凹列的瓦沟将雨水导向屋檐。西周前就发明和使用了瓦，在陕西岐山凤雏村西周早期遗址中发现遗存，数量较少，判断当时仅用于屋脊、天沟和屋脊部分。到西周中晚期从陕西扶风召陈遗址中发现的瓦的数量就比较多，有的屋顶已全部铺瓦，瓦的质量也有所提高，并且出现了半瓦当。东周春秋时期瓦被普遍使用，从山西侯马晋故都、河南洛阳东周故城、陕西凤翔秦雍城、湖北江陵楚郢都等地的春秋时期遗址中，发现了大量的板瓦、筒瓦以及一部分半瓦当和全瓦当。表面多刻有各种精美的图案，可知屋面也开始覆瓦。到了秦汉形成了独立的制陶业，并在工艺上作了许多改进，如改用瓦榫头使瓦间相接更为吻合，取代瓦钉和瓦鼻。西汉时期工艺上又取得明显的进步，使带有圆形瓦当的筒瓦，由三道工序简化成一道工序，瓦的质量也有较大提高，因称"秦砖汉瓦"（图3.3-57、图3.3-58）。在我国新石器时代晚期，制陶业进一步发展，陶窑室容量扩大，火膛加深，支炎道和窑箅孔眼加多，火力大而布热匀，再加上封窑严实与最后阶段采取灌水方法，使陶胚中的铁质还原，制成比红陶、褐陶硬度更大的灰陶与黑而光亮的蛋壳陶。这种制陶技术为后来砖、瓦、陶水管的出现，准备了条件。20世纪70年代，在河北省藁城县台西村商代中晚期遗址中发现用夯土和土坯混筑的墙。土坯是以后烧砖出现的前奏。20世纪50年代中期，在古周原中心的陕西岐山县凤雏村和扶风县召陈村，连续出土了多座西周大型建筑基址，并出土了大量的瓦及瓦当。从而以丰富的出土实物资料证明，我国在三千年前的西周时期，建筑用瓦就出现了。这是中国古代建筑的一个重要进步。不过瓦的使用到春秋时代才逐渐普遍。

图3.3-57　秦砖图

图3.3-58　汉瓦图

石作，一般都采用青白石：青白石种类较宽泛，同为青白石，其纹理颜色差别很大，并且有各自的名称：青石，白石，豆瓣绿，艾叶青等。青白石质地较硬，质感细腻，不易风化，多用于宫殿建筑，还可用于雕刻石活。汉白玉：根据质感分为水白、汉白、雪花白、青白4种。质地比较软，石纹细腻，适于雕刻。其强度、抗风化能力、耐腐蚀能力均不及青白石。花岗石：南方花岗石主要有麻石、金山石、焦山石，北方出产多为豆渣石、虎皮石，其中虎皮石呈黄褐色。花岗石质地坚硬，不易风化，适于做台阶、阶条、护岸、地面，不易雕刻。青砂石：青绿色，质地细软，易风化，多用于小式建筑。花斑石：又叫五音石，呈紫红色或黄褐色，表面带有斑纹，质地较硬，花纹华丽，多用于重要宫殿，制成方砖规格，用于铺地。石雕分为平活：平雕、线刻；凿活：浮雕；透活：透雕；圆身：圆雕、立体雕刻。台基石活分为，

普通台明：高 1/5 檐柱高、宽 1/5 ~ 3/10 檐柱高；须弥座：高 1/5 ~ 1/4 檐柱高、宽 1/5 ~ 3/10 檐柱高。月台：配房台明应比正方低一阶；金边：约 2 寸，土衬石、陡板石、埋头、阶条石、滴水石。柱顶石：2 倍柱径见方，鼓镜 1.2 倍柱径。石作在宋《营造法式》中所述的石作包括粗材加工、雕饰以及柱础、台基、坛、地面、台阶、栏杆、门砧限、水槽、上马石、夹杆石、碑碣拱门等的制作和安装等内容。清工部《工程做法》和《圆明园内工现行则例》内容基本相同，又增加了石桌、绣墩、花盆座、石狮等建筑部件的制作和安装，但不包括石拱门。台基、台阶、上马石、拱门等施工对象在《营造法式》中也列在砖作，形制基本相同，只是材料为砖。

柱础：承柱的础石，俗又称磉盘，又称柱础石，是中国古建筑的构件之一，用于檐柱、金柱、中柱、山柱的底端与台基之间，柱下的基础。墨子书中记载："山云蒸，柱础润"。据宋营造法式第三卷所载："柱础，其名有六，一曰础，二曰礩，三曰舄，四曰踬，五曰碱，六曰磩，今谓之石碇"。有的地方称之为"柱仔珠"、"石珠"、"柱珠"等。石柱础主要承受由柱子传来的屋顶荷载，并将其传达到地基上。石柱础选用抗压性能好的石料。其断面做得比柱子大（约每方大 10cm），而础下的方石更是柱径的 2 倍左右，使从柱子传来的荷载通过它，能均匀地扩散给地基。历史上众多的实例证明：我国传统建筑中的这种浅基明础的做法，抗震性能极好。因为放置在础石上的木柱，不受底端固定，可以任意移动，地震造成柱子偏离柱础中心，甚至落于地面上，但屋架却不受其影响，依然完好无损。其次，石柱础能隔绝地基的潮气，防止木柱受潮腐烂。石头不怕受潮，亦能隔潮。历代工匠根据各地的气候和柱础位置的不同采取不同的处理手法：多雨的南方和易受潮的天井四周及檐廊柱础做得较高，而少雨的北方则处理得较为低矮，甚至与地平齐。同时在石础上加"质"来隔潮也较为多见（即在木柱与石础间放置一块约一寸厚的磨光木板，多见于清代以前的建筑）。虽然它是木质的，但由于它的木纹是水平向的，消除了垂直向上的毛细吸管作用，所以这块木板亦能起到隔潮作用。在细部处理上，各地亦有不少独具匠心的方式。如皖南地区常在木柱的下端，垂直交叉的四个方向上做四个如意头形的孔槽。它们相互贯通，以便柱子底面与柱础顶面之间有空气流通，用以防止柱子受潮腐烂。此如意头形的孔槽，也是施工时校正柱子垂直度的标记；同时又是很好的柱脚装饰，可谓一举三得。下面图解石作的一些做法：（图 3.3-59 ~ 图 3.3-62）。

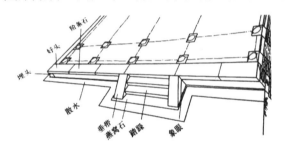

图 3.3-59　石作地面各部位名称

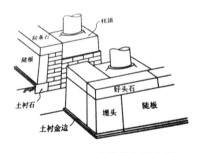

图 3.3-60　石作柱基各部名称

图 3.3-61　官式建筑柱础

图 3.3-62　南方较高的柱础

　　陛，本意指可以登高的台阶，特指帝王宫殿的台阶（图 3.3-63）。群臣与天子言，不敢直呼天子，以"陛下"成为对天子的尊称。抱鼓石一般是指位于宅门入口、形似圆鼓的两块人工雕琢的石制构件，因为它有一个犹如抱鼓的形态承托于石座之上，故此得名。抱鼓石民间称谓较多，如：石鼓、门鼓、圆鼓子、石镙鼓、石镜等。在传统民宅大门前很常见（如北京四合院的垂花门、徽州祠堂的版门等等）。宅门抱鼓石是门枕石的一种。抱鼓石发展了宅门的功能构件门枕石，其等级是由门的等级决定的。抱鼓石是中国宅门"非贵即富"的门第符号，是最能标志屋主等级差别和身份地位的装饰艺术小品。抱鼓石可分为"螺蚌"和"如意"两种形态，抱鼓石鼓顶的狮子是龙生九子之一的椒图。抱鼓石并非"门当户对"的门当，但可作为联姻家庭身份是否匹配的参照物（图 3.3-64 ~ 图 3.3-66）。民间住宅还有石挑檐、腰线石、角柱石等（图 3.3-67）。还有石栏杆（图 3.3-68）。在建筑物四周用柱网形成周圈回廊的称做"副阶周匝"，简称"副阶"（宋式称谓），明清时期称回马廊、回廊。这种形式常用于地位较高、较隆重的建筑物上，如宫殿、塔等（图 3.3-69）。

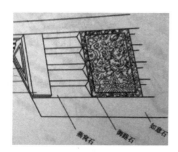

图 3.3-63　陛为帝王宫殿的台阶

图 3.3-64　抱鼓石

图 3.3-65　门枕石

图 3.3-66　滚墩石

图 3.3-67　民间住宅石挑檐等

图 3.3-68　石栏杆

图 3.3-69　蒲县东岳庙正殿副阶周匝

　　须弥座，是由佛座演变来的，形式与装饰比较复杂，一般用于高级建筑，如宫殿，坛庙的主殿，及塔、幢的台座。须弥座，又名"金刚座"、"须弥坛"，源自印度，系安置佛、菩萨像的台座。须弥即指须弥山，在印度古代传说中，须弥山是世界的中心。用须弥山做底，以显示佛的神圣伟大。我国最早的须弥座见于云冈北魏石窟，是一种上下出涩、中为束腰的形式。至唐、宋，上下涩加多，且有莲瓣之类为饰，束腰部分显著加高，并有束腰柱子（蜀柱）将之分割成若干段落，这类形制在宋代叫做"隔身版柱造"。但宋代南方有的不用束腰柱子，而用鼓凸出的曲线。唐塔上出现两层用须弥座作承托的佛像、塔幢、坛台、神龛、家具以至古玩与假山。须弥座已从神圣尊贵之物，发展成为由土衬、圭角、下枋、下枭、束腰、上枭和上枋等部分组成一种叠涩（线脚）很多的建筑基座的装饰形式，通常用于尊贵的建筑物基座。后来一些家具，如屏风之类的底座也经常采用这种形式。北魏石窟，形式比较简单，雕饰不多。从隋唐起使用渐多，成为宫殿、寺观等尊贵建筑专用的基座，造型也逐渐复杂华丽，并出现了莲瓣、卷草等花饰和角柱、力神、间柱、门等。宋《营造法式》中规定了须弥座的详细做法，上下逐层外凸部分，称为叠涩，中间凹入部分称束腰，其间隔以莲瓣。从元朝起须弥座束腰变矮，门、力神已不常用，莲瓣肥硕，多以花草和几何纹样做装饰，明清成为定式。但在相似大小的建筑物中，清式须弥座栏杆尺度较宋式为小（图3.3-70）。夹杆石是保护楼柱用来增加风荷载的（图

3.3-71）。夹杆石是木牌楼所特有的重要构件。它和石牌楼的抱鼓石一样，主要是起稳固楼柱作用的。别的建筑四平八稳，而木牌楼是个孤零零的单片建筑，风荷载特别大，所以对夹杆石的要求 也很严格。尤其像大高殿那种没有戗杆的牌楼，夹杆石要比普通的更长些（图3.3-72）。

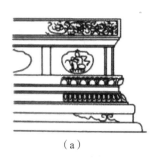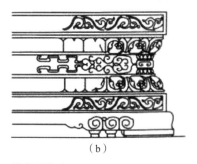

（a） （b）

图 3.3-70 宋、清代须弥座
（a）宋式须弥座；（b）清式须弥座

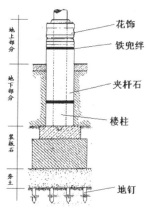

图 3.3-71 夹杆石

图 3.3-72 北岳庙夹杆石

古建筑基础灰土技术，即便不是发明于明代初期，至少可以肯定地说，它的推广、普及时期是在明代，成熟完善时期是在清代。它以完全崭新的姿态丰富了中国古建筑的工程技术。可以认为，明、清两代工程技术的这个飞跃，是明、清建筑并

没直停滞不前的明证。关于土作技术，未见专著传世。清代有关文献中的记载也未尽详细，土作技术的流传一直是以口传心授的方式进行。灰土分类及一般概念（一）灰土的步数、厚度及配比：古建灰土与现代灰土垫层相同，均应分层夯筑。每一层叫做"一步"，有几层就叫几步，最后一步又叫"顶步"。小式建筑的灰土步数为1～2步。一般大式建筑的灰土步数为2～3步。清代陵寝建筑的灰土多为十几步做法。紫禁城内的一些宫殿的灰土步数甚至多达30步。这与现代设计规范相差较大。灰土地基在中国古建筑中的应用：灰土作为建筑材料，在中国有悠久历史，南北朝公元6世纪时，南京西善桥的南朝大墓封门前地面即是灰土夯成的，北京明代故宫大量应用灰土基础。灰土基础的优点是施工简便，造价较低，就地取材，可以节省水泥、砖石等材料。缺点是它的抗冻、耐水性能差，在地下水位线以下或很潮湿的地基上不宜采用。灰土地基是用石灰与黄土拌和后铺在槽内，分层夯实做成的基础。常见的灰土比例有3∶7，4∶6，5∶5或7∶3，6∶4（前为石灰，后为土，以体积比计算）。清代还有泼江米汁做法，故宫基础就是按此法筑成。在两步灰土之间泼洒江米汁（即糯米汁）是为了增加两层次之间的结合力。按清陵工程历届成案，江米汁系以水1000斤、江米三合、白矾六钱的比例调制。灰土基础是由石灰、土和水按比例配合，经分层夯实而成的基础。灰土强度在一定范围内随含灰量的增加而增加。但超过限度后，灰土的强度反而会降低。这是因为消石灰在钙化过程中会析水，增加了消石灰的塑性。

3.3.4 绘画雕刻裱糊油作

中国古建筑梁上的装饰细部是梁枋、斗栱、檩椽等结构构件经过艺术加工而发挥其装饰作用的。古代建筑还综合运用了我国工艺美术以及绘画、雕刻、书法等方面的卓越成就，如枋上的匾阁、柱子上的楹联、门窗上的棂格等，都是丰富多彩、变化无穷，具有我国浓厚的传统的民族风格。色彩的使用也是我国古代建筑最显著的特征之一，如宫殿庙宇中用黄色琉璃瓦顶、朱红色屋身，檐下阴影里用蓝绿色略带点金色，白色台基，使各部分轮廓鲜明，建筑物富丽堂皇。在建筑上使用这样强烈的色彩而又得到如此完美的效果，在世界建筑史上也是少有的。在封建社会中有等级制度的限制的，一般住宅建筑多用青灰色的砖墙瓦顶，或用粉墙瓦檐、木柱、梁枋门窗等多用黑色、褐色或本色木面，也显得十分雅致。和玺彩画（图3.3-73），又称宫殿建筑彩画，这种建筑彩画在清代是一种最高等级的彩画，大多画在宫殿建筑上或与皇家有关的建筑之上。分为金龙和玺、金凤和玺、龙凤和玺、龙草和玺和苏画和玺5种。旋子

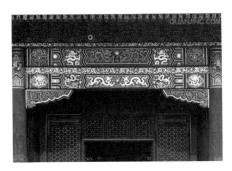

图3.3-73 和玺彩画

彩画（图3.3-74）俗称学子、蜈蚣圈，等级仅次于和玺彩画，其最大的特点是在藻头内使用了带卷涡纹的花瓣，即所谓旋子。旋子彩画最早出现于元代，明初即基本定型，清代进一步程式化，是明清时期汉族建筑中运用最为广泛的彩画类型。苏式彩画（图3.3-75），明永乐年间营修北京宫殿，大量征用江南工匠，苏式彩画因此传入北方。历经几百年变化，苏式彩画的图案、布局、题材以及设色均已与原江南彩画不同，尤以乾隆时期的苏式彩画色彩艳丽，装饰华贵，又称"官式苏画"。俗称"苏州片"。一般用于园林中的小型建筑，如亭、台、廊、榭以及四合院住宅、垂花门的额枋上。古建筑油饰常用的工艺有：地仗施工工艺；油漆（油皮）施工工艺；金饰施工工艺；烫硬蜡、擦软蜡、清漆施工工艺；匾额油饰施工工艺；一般大漆施工工艺；粉刷施工工艺；清式古建筑油作混线技术。

图3.3-74　旋子彩画

图3.3-75　苏式彩画

　　结语：我国古代的建筑不仅仅是营造技术展示，而且是一种文化的表现。中国古代建筑是经过长时期的不断继承和创新发展的过程，是历代政治、经济、社会、文化、技术的浓缩。今天，我们继承和学习它，更主要的是了解她的初衷和所以然。这样，我们才能创造出具有中国特色的现代建筑，为我们中华民族的现代化和复兴服务！

后 记

当大家领略了中国古建筑博大精深以后，一定会对我国悠久的历史传统和光辉的成就产生敬仰之情。但是，有学者认为，建筑一词是从日本引进的。还有学者不认同这样的说法，其依据主要是，清代出版的《古今图书集成》中华书局1934年影印本"沂州城按《沂州志》：迫康熙十二年，详情题奏，奉旨给帑节核八千余两，知州邵士重筑，凡延褒广阔一如旧制，女墙楼垛建筑重新，万年之图，得以永赖。"（第80册7页）；"西安府城池即隋唐时京城。皇清顺治六年建筑满城，割会城东北隅属邑治。"；（第101册10页）"娥眉县城池……则今之城基，自唐时始矣。明赵、吴两令建筑。今于皇清康熙乙丑岁，知县房屋著奉行估修。按总志，是金事卢翊督赵钺建筑"（第111册27页）。 看了《古今图书集成》的文字记载，我也怀疑建筑一词怎么是从日本引进的呢？《古今图书集成》系大型类书，原名《古今图书汇编》，为清康熙时陈梦雷等编辑，雍正时由蒋廷锡等重新编校，改为此名。共有10000卷。另外，建筑一词在我国的传统文化中有史可证、有典可查。不仅如此，作为华夏子孙，必须了解我们祖先留给我们的五千多年的文明史。其中，建字，金文 ⬚ =（"阜" ⬚ 表示山地，⬚ 表示墙基）⬚ （不是"聿"，⬚ 表示手持杵棒 ⬚，夯土筑墙），表示辟山为址，傍山筑屋。为了肥沃的土壤和方便灌溉，古人大多定居于河湖岸边；又为了地基牢靠和防洪防汛，古人常辟山为址，傍山筑屋，面河而居。筑字，金文 ⬚ = ⬚ （竹片）+ ⬚ （巩，持械击打）+ ⬚ （木板），造字本义：用竹木夹板垒墙。所以，建筑词意在我国文明史中早有所依。

文化，可是个大概念。笼统地说，文化是一种社会现象，是人们长期创造形成的产物。同时又是一种历史现象，是社会历史的积淀物。确切地说，文化是指一个国家或民族的历史地理、风土人情、传统习俗、生活方式、文学艺术、行为规范、思维方式、价值观念等等的总和。我们中国人理解文化概念，文就是"记录、表达和评述"，化就是"分析、理解和包容"。文化的特点是：有历史，有内容，有故事的记载。不少哲学家、社会学家、人类学家、历史学家和语言学家一直努力，试图从各自学科的角度来界定文化的概念。但是，从具体建筑文化内容来看，就是指人们居住的建筑物体、生活方式、宗教信仰、文学艺术、规范律法，制度思维、营造技术、审美情趣，精神图腾等等。从这种角度来认识建筑文化，我们就不难理解建筑文化的广泛性和复杂性了！但是，不管如何广泛和复杂，建筑的本质是人们用建筑材来料搭建的一种供人居住和使用的物体，如住宅，桥梁，驿馆，寺庙等等，其实园林也是建筑的一部分。在建筑学和土木工程的范畴里，建筑是指兴建的建筑物或发展基建的过程。建筑可以垒起文化，文化又是上层建筑。从这种意义来认识建筑文化，建筑文化又似乎如同创作的平台，人们利用建筑的物质平台，展现出无穷的想象力，构建出物质和精神的共同家园，这也是建筑文化的魅力。华夏中国几千年来，所形成的建筑文化和风格与日月同辉和山水同在，它上连衣食住行，下接风土人情。它可筑就江山社稷，又可垒砌广厦安得民众栖身。因此，建筑在人类文明的长河中，产生了无数的物质内容和文化现象，是人类与自然环境不断作用、融合的产物，也是物质与精神的交融、碰撞、促进的结果。在不同的时代，建筑文化的内涵与风格是丰富各异的，除去地理气候因素以外，在不同的地域，建筑的价值观也区别明显。如今，我们进一步地弘扬中国传统建筑文化，就是为了深入地了解我们古人是如何解决物质与精神、技术与艺术、继承与发展的问题，进而总结前人的创造，挥洒今天的创新。

参考文献

1. 刘泽华等. 中国古代史（上、下册）. 北京：人民出版社，1979.

2. 阴法鲁、许树安 主编. 中国古代文化史. 北京：北京大学出版社，1991.

3. 刘敦桢. 中国古代建筑史. 北京：中国建筑工业出版社，1984.

4. 中国社科院历史研究所. 简明中国历史读本. 北京：中国社会科学出版社，2012.

5. 王文光 著. 中国民族发展史（上、下册）. 北京：民族出版社，2005.

6. 张宏彦 编著. 中国史前考古学导论. 北京：科学出版社，2011.

7. 冯友兰 著. 中国哲学简史. 北京：北京大学出版社，2012.

8. 梁思成 著. 清式营造则列. 北京：中国建筑工业出版社，2006.

9.（英）斯蒂芬·加得纳 著 汪瑞等译. 人类的居所：房屋的起源和演变. 北京：北京大学出版社，2006.

10. 程平山 著. 夏商周历史与考古. 北京：人民出版社，2005.

11. 李琰君 编著. 陕西关中传统民居建筑与居住民俗文化. 北京：科学出版社，2011.

12. 广西住建厅编. 广西特色民居风格研究（上、中、下册）. 南宁：广西人民出版社，2015.

13. 陆院鼎 著. 岭南人文 . 性格 . 建筑. 北京：中国建筑工业出版社，2005.

14. 杨大禹，朱良文 编著. 云南民居. 北京：中国建筑工业出版社，2009.

15. 青海省社科院 崔永红. 青海历史文化的产生及演变. 攀登. 2006 年 05 期.

16. 赵晓峰 著. 河北地区古建筑文化及艺术风格研究. 石家庄：河北大学出版社，2008.

17. 王晓华 主编. 中国古建筑构造技术. 北京：化学工业出版社，2013.

18. 马炳坚 著. 中国古建筑木作营造技术. 北京：科学出版社，2003.

中国古建筑文化集锦